市場調查

（第二版）

主　編　劉　波
副主編　許　虹　王永昌

S 崧燁文化

前 言

　　市場調研是獲取市場信息,為行銷決策提供策略建議和決策支持的重要手段。隨著市場競爭的日益激烈,企業對行銷決策所需的信息也常常面臨著尷尬的局面:一方面是信息量的超載使決策者難以處理,另一方面有效信息却又顯得十分缺乏。在這種情形下,企業對高質量的調研工作要求也越來越迫切,這也對市場調研人員在界定和識別行銷問題、設計調研方案、採集數據和分析以及提供簡明扼要的調研報告等各方面提出了新的要求和挑戰。

　　本書理論聯繫實際,按市場調研實際運作過程展開。編寫者在參閱了大量參考文獻的基礎上,結合自己的教學、科研和調查項目的實踐經驗,對市場調研的內容編寫進行了新的嘗試,力求體現本書的科學性、基礎性和實踐性,尤其是突出了對學生實踐操作技能的培養。具體體現在以下三個方面:

　　其一是強調理論與實務的結合。在詳細介紹市場調研理論的同時,也突出了市場調查中操作性的知識和技巧,如問卷的設計、抽樣執行的過程、與被訪者的接觸、數據的編碼和錄入等市場調查工作者必須面對但常因理論性不強而易被忽略的內容。

　　其二是強調調查技術與計算機技術的結合。在現代調研工作中,離開了計算機的運用,調研工作是無法開展的,尤其在數據分析領域更是離不開統計分析軟件(例如 SAS、SPSS)的運用,但一般的市場調研教科書往往在涉及數據分析內容時,在統計原理公式方面闡述過多,而對實際操作中應當如何利用軟件輕鬆地完成數據分析工作極少涉及,本書在此方面盡可能地作了一些有益的嘗試。考慮到本書的讀者對象對 SPSS 或 SAS 等統計軟件未曾接觸的實際情況,書中對常見的調研數據分析方法如描述統計、交叉分析、方差分析、相關分析、迴歸分析等技術,利用最廣泛易得的微軟 Excel 軟件,給出了詳細的操作步驟予以指導,對運算後反饋的結果也進行了細緻的說明,這樣不僅有利於加深學生對統計原理和方法的理解,最重要的是由此可幫助他們破除「統計學很枯燥,統計方法很難掌握」的心理障礙,從而有利於學生對數據分析技術的真正入門。書中絕大多數例子(數據)都是學生可利用軟件重複驗證的,從而有利於提高學生的學習興趣。

　　其三,本書附列了大量的案例和問題討論,其目的是通過案例來引導學生的思維和提高其觀察問題、分析問題的能力。每章末都列有思考題,而且在設計上突出了練習性、實踐性導向的特徵。

本書由六位教師共同合作編寫完成,各章分工如下:第一、二章,王永昌;第三章,孟琳;第四、五章,許虹;第六章,劉波;第七章,孟琳;第八章,劉學偉;第九章,陳雅麗;第十章,劉波;第十一章,劉學偉;全書最后由劉波博士總撰定稿。

　　由於市場不斷地在發生變化,調研的手段和分析方法也會隨之而不斷更新,儘管我們作出了巨大的努力和嘗試,期望能奉獻給讀者一本滿意的教材,但疏漏和不足之處在所難免,敬請讀者批評指正。

　　本書在撰寫中參考了大量的文獻,有些是網路中的資料,在書末的參考文獻中沒有一一列出,特在此對這些文獻的作者表示感謝和敬意。

編者

目 錄

第一章　市場調研概論 ……………………………………………（1）
第一節　市場調研的概念和作用 …………………………………（1）
第二節　市場調研的內容和程序 …………………………………（4）
第三節　市場調研的分類體系 ……………………………………（13）
第四節　市場調研的方法 …………………………………………（15）
本章小結 ……………………………………………………………（19）
思考題 ………………………………………………………………（19）

第二章　市場調研方案設計及評價 ………………………………（21）
第一節　市場調研方案設計 ………………………………………（21）
第二節　市場調研方案的評價 ……………………………………（26）
本章小結 ……………………………………………………………（28）
思考題 ………………………………………………………………（28）

第三章　二手資料調研方法 ………………………………………（29）
第一節　二手資料收集的特點 ……………………………………（30）
第二節　二手資料的來源 …………………………………………（33）
第三節　二手資料收集的步驟和方式 ……………………………（34）
第四節　二手資料調研法 …………………………………………（36）
第五節　特殊資料收集工具 ………………………………………（39）
本章小結 ……………………………………………………………（41）
思考題 ………………………………………………………………（42）

第四章　一手資料調研方法：定量調研技術 ……………………（43）
第一節　定量調研概述 ……………………………………………（43）
第二節　訪問調查法 ………………………………………………（44）
第三節　網路調研法 ………………………………………………（54）
第四節　觀察調查法 ………………………………………………（59）
第五節　實驗研究法 ………………………………………………（63）
本章小結 ……………………………………………………………（67）

思考題 ………………………………………………………………… (67)

第五章　一手資料調查法：定性調研技術 ……………………………… (69)
　　第一節　定性調研概述 ………………………………………………… (69)
　　第二節　深層訪談法 …………………………………………………… (71)
　　第三節　焦點小組訪談法 ……………………………………………… (76)
　　第四節　投影技法 ……………………………………………………… (81)
　　本章小結 ………………………………………………………………… (86)
　　思考題 …………………………………………………………………… (86)

第六章　問卷設計 …………………………………………………………… (87)
　　第一節　概述 …………………………………………………………… (87)
　　第二節　問卷的設計過程 ……………………………………………… (89)
　　第三節　問卷設計技巧 ………………………………………………… (93)
　　第四節　問卷中的量表 ………………………………………………… (99)
　　第五節　問卷測量的信度和效度 ……………………………………… (106)
　　本章小結 ………………………………………………………………… (110)
　　思考題 …………………………………………………………………… (111)

第七章　抽樣與樣本設計 ………………………………………………… (113)
　　第一節　抽樣調查概述 ………………………………………………… (114)
　　第二節　抽樣技術的類別及應用 ……………………………………… (118)
　　第三節　抽樣誤差及其測定 …………………………………………… (128)
　　第四節　樣本容量的確定 ……………………………………………… (134)
　　第五節　對於敏感性問題的隨機化回答技術 ………………………… (137)
　　本章小結 ………………………………………………………………… (140)
　　思考題 …………………………………………………………………… (141)

第八章　調研的組織與實施 ……………………………………………… (144)
　　第一節　市場調研行業 ………………………………………………… (144)
　　第二節　培訓調研人員 ………………………………………………… (149)
　　第三節　進行調查 ……………………………………………………… (151)

第四節　控制調查費用和質量 …………………………………（154）
　　本章小結 …………………………………………………………（155）
　　思考題 ……………………………………………………………（155）

第九章　數據資料的整理 ………………………………………（156）
　　第一節　資料的整理 ……………………………………………（156）
　　第二節　資料的編輯 ……………………………………………（158）
　　第三節　資料的編碼和錄入 ……………………………………（161）
　　第四節　統計預處理 ……………………………………………（172）
　　本章小結 …………………………………………………………（174）
　　思考題 ……………………………………………………………（174）

第十章　數據資料的分析 …………………………………………（175）
　　第一節　基本的數據分析技術 …………………………………（175）
　　第二節　假設檢驗概述 …………………………………………（188）
　　第三節　關於均值和比例的假設檢驗 …………………………（192）
　　第四節　交叉表分析的 χ^2 假設檢驗 …………………………（195）
　　第五節　方差分析 ………………………………………………（200）
　　第六節　相關分析與迴歸分析 …………………………………（206）
　　本章小結 …………………………………………………………（215）
　　思考題 ……………………………………………………………（216）

第十一章　撰寫調研報告 …………………………………………（218）
　　第一節　有效的溝通 ……………………………………………（218）
　　第二節　調研報告格式 …………………………………………（219）
　　第三節　有效利用圖形 …………………………………………（222）
　　第四節　調研報告的撰寫過程 …………………………………（223）
　　第五節　讓調研報告真正發揮作用 ……………………………（227）
　　本章小結 …………………………………………………………（230）
　　思考題 ……………………………………………………………（230）

參考文獻 ……………………………………………………………（235）

第一章　市場調研概論

本章學習目標：
1. 瞭解市場調研概念、作用
2. 掌握市場調查活動的原則、內容和程序
3. 掌握市場調研的方法
4. 瞭解市場調研的簡單分類

第一節　市場調研的概念和作用

一、市場和市場調研

（一）市場含義

市場是按照公開價格交易的領域。企業是市場主體，企業的生產和經營必須重視市場的需求，企業家是按照自己對市場的瞭解來組織經營活動的。市場這個概念的內涵十分豐富，目前對市場較為普遍的理解主要有以下幾點：

1. 市場是商品交換的場所

商品交換活動一般都要在一定的空間範圍內進行，市場首先表現為買賣雙方聚在一起進行商品交換的地點或場所。這是人們對市場最初的認識，雖不全面但仍有現實意義。

2. 市場反應了商品的需求量

從市場行銷者的立場來看，市場是指具有特定需要和慾望、願意並能夠通過交換來滿足這種需要或慾望的全部顧客。顧客是市場的中心，而供給者都是同行的競爭者，只能形成行業，不能構成市場。

人口、購買能力和購買慾望這三個相互制約的因素，結合起來才能構成現實的市場，並決定著市場的規模與容量。通常說的「市場很大」，並不都是指交易場所的面積寬大，而是指某某商品的現實需求和潛在需求的數量很大。這樣理解市場，對開展市場調研有直接的指導意義。

3. 市場存在著商品供求雙方的相互作用

通常使用的「買方市場」或「賣方市場」的說法，就是反應商品供求雙方交易力量的不同狀況。在買方市場條件下，市場調研的重點應放在買方；反之，則應放在賣方。

4. 市場反應了商品交換關係

商品的市場交易要經歷商品—貨幣—商品的循環過程。一種形態是由商品轉化為貨幣，另一種則是由貨幣轉化為商品。這種互相聯繫、不可分割的商品買賣過程，就形成了社會整體市場。

(二) 市場的作用

市場的作用一般表現為，商品的供求雙方在交易過程中，體現出來的客觀職能。概括如圖1.1所示：

圖1.1　市場的作用

其作用表現如表1.1所示：

表1.1　　　　　　　　　　市場作用的具體表現

作用	具體表現
交換作用	商品交換是市場作用的核心。通過市場進行商品的購銷，能實現商品所有權與貨幣持有權的互相轉移，使買賣雙方都得到滿足
價值實現作用	商品的價值是在勞動過程中創造的，但其價值的實現則是在市場上通過交換來完成的
反饋作用	市場是洞察商品供求變化的窗口，以它特有的信息反饋作用把供求正常或供求失調的信息反饋給生產經營者，以利於商品生產和流通的正常進行
調節作用	市場的調節作用是通過價值規律和競爭規律來體現的

自發地調節商品供求關係是市場最基本的功能，它包括調節商品供求總量的狀況、商品供求構成狀況、商品供求的主要品種狀況和本行業商品的供求狀況。供求關係是市場調研人員研究市場問題最重要的信息。

二、市場調研的概念和特點

市場調研是應用科學的方法，系統、全面、準確地收集、整理市場現象的各種信息資料的過程，是有組織、有計劃的市場調查研究活動。市場調研的結果，使調研者獲得了客觀反應市場情況的資料，對把握市場發展變化規律、進行市場預測奠定了良好的基礎。現實市場的情況非常複雜，對市場的調研也要採取不同的方法，從多方面

對市場進行全面系統地調查研究。

(一) 市場調查的概念

市場調研也叫市場調查，是應用各種科學的調查方式與方法，有計劃地收集、整理和分析市場的信息資料，提出解決問題的建議的一種科學方法。市場調查也是一種以顧客為中心的研究活動。

以上是市場調研的一般概念，具體地講，市場調研有廣義與狹義之分，狹義的市場調研是指針對顧客行為所作的市場調查；廣義的市場調研除了顧客行為之外還包括市場行銷過程的每一階段。美國市場行銷學會對市場調研是這樣定義的：一種借助於信息把消費者、顧客以及公共部門和市場聯繫起來的特定活動，這些信息用以識別和界定市場行銷的機會和問題，產生、改進和評價行銷活動，監控行銷績效，增進對行銷過程的理解。

(二) 市場調研的特點

市場調研的主要特點可以概括為系統性、目的性、社會性、科學性和不穩定性，不同特點有不同表現，見表1.2。

表1.2　　　　　　　　　　　　　　市場調研的特點

特點	具體表現
系統性	第一，市場調研作為一個系統，首先調研活動是一個系統，包括編製調研計劃、設計調研、抽取樣本、訪問、收集資料、整理資料、分析資料和撰寫分析報告等。第二，影響市場調研的因素也是一個系統，諸多因素互聯構成一個整體
目的性	任何一種調研都應有明確的目的，並圍繞目的進行具體的調研，提高預測和決策的科學性
社會性	第一，調研主體與對象具有社會性，調研的主體是具有豐富知識的專業人員，調研的對象是具有豐富內涵的社會人。第二，市場調研內容具有社會性
科學性	第一，科學的方法；第二，科學的技術手段；第三，科學的分析結論
不穩定性	市場調研受多種因素的影響，其中很多影響因素本身都是不確定的

三、市場調研的作用

市場調研的作用取決於調研者怎麼運用調研結果，主要作用表現為以下幾方面：

(一) 獲得全面的市場信息，為經營決策提供依據

只有在瞭解市場的情況下，企業才能有針對性地制定市場行銷策略和企業經營發展策略。在企業管理部門和有關人員要針對某些問題進行決策時，如進行產品策略、價格策略、分銷策略、廣告和促銷策略的制定，通常要瞭解的情況和考慮的問題是多方面的，主要有：本企業產品在什麼市場上銷售較好，有發展潛力；在哪個具體的市場上預期可銷售數量是多少；如何才能擴大企業產品的銷售量；如何掌握產品的銷售價格；如何制定產品價格，才能保證在銷售和利潤兩方面都能上去；怎樣組織產品推

銷、銷售費用又將是多少；等等。

（二）提供正確的市場情報，為企業提供發展契機

市場競爭日益激烈，因而促使市場不斷地發生變化。變化的原因主要有產品、價格、分銷、廣告、推銷等市場因素和有關政治、經濟、文化、地理條件等市場環境因素。這兩類因素往往又是相互聯繫和相互影響的。

企業為適應這種變化，就只有通過廣泛的市場調研，及時地瞭解各種市場因素和市場環境因素的變化，從而有針對性地採取措施，通過對市場因素，如價格、產品結構、廣告等的調整，去應付市場競爭。對於企業來說，能否及時瞭解市場變化情況，並適時適當地採取應變措施，是企業能否取勝的關鍵。

（三）瞭解最新的技術指標，為企業提高競爭能力

當今世界，科技發展迅速，新發明、新創造、新技術和新產品層出不窮，日新月異。這種技術的進步自然會在商品市場上以產品的形式反應出來。通過市場調研，可以有助於及時地瞭解市場經濟動態和科技信息的資料信息，為企業提供最新的市場情報和技術生產情報，以便更好地學習和吸取同行業的先進經驗和最新技術，改進企業的生產技術，提高人員的技術水平，提高企業的管理水平，從而提高產品的質量，加速產品的更新換代，增強產品和企業的競爭力，保障企業的生存和發展。

（四）收集定量的數據資料，為市場預測奠定基礎

通過市場調研所獲得的資料，除了可供瞭解目前市場的情況之外，其中定量的數據資料，利用定量性的方法，可以對市場變化趨勢進行預測，從而可以提前對企業的應變做出計劃和安排，充分地利用市場的變化，從中謀求企業的利益。

第二節　市場調研的內容和程序

一、市場調研的內容

市場調研的真實意義就在於能使管理者通過市場調研數據和現狀的分析，來明確企業的發展方向和企業競爭力。企業的方向由決策來把握、競爭實力由差異化來賦予，調研的信息收集的大部分屬一種表面的信息採集行為，而決策和差異化卻需要在信息資料分析的基礎上通過企業策劃的職能來實現，所以，市場調研沒有脫離企業策劃的領域。但從市場調研的內容來看，涉及的範圍比較廣泛。

（一）市場宏觀環境調研

中國逐漸成為國際市場的重要力量，在對外貿易和交往中，瞭解對方的真實需求，尊重對方的交易規則，是實現市場交易雙贏的重要條件。對別國進行市場宏觀環境的調研是十分必要的。

1. 國家政治環境調研

國家政治環境調研，主要瞭解對市場影響和制約的國內外政治形勢以及國家管理市場的有關方針政策。對於國際市場，由於國別不同，情況就複雜得多，主要可以從以下幾個方面進行調研：國家制度和政策、國家或地區之間的政治關係、社會秩序狀況、國有化政策等。

2. 社會法律環境調研

社會法律環境調研主要調研一個國家的合同法、商標法、專利法、廣告法、環境保護法、反不正當競爭法等多種經濟法規和條例，這些都對企業行銷活動產生了重要的影響。另外，加入世界貿易組織（WTO）後，中國與世界各國的交往愈來愈密切，由於許多國家都制定有各種適合本國經濟的對外貿易法律，其中規定了對某些出口國家所施加的進口限制、稅收管制及有關外匯的管理制度等。這些都是企業進入國際市場時所必須瞭解的。

3. 社會經濟環境調研

經濟環境直接作用於市場活動，具體來講，對經濟環境的調研，主要可以從生產和消費兩個方面進行：

（1）生產方面。生產決定消費，市場供應、居民消費都有賴於生產。生產方面調研主要包括這樣幾項內容：能源和資源狀況，交通運輸條件，經濟增長速度及趨勢產業結構，國民生產總值，通貨膨脹率，失業率以及農業、輕工業、重工業比例關係等。

（2）消費方面。消費對生產具有反作用，消費規模決定市場的容量，也是經濟環境調研不可忽視的重要因素。消費方面調研主要是瞭解某一國家（或地區）的國民收入、消費水平、消費結構、物價水平、物價指數等。

4. 歷史文化環境調研

一個國家的歷史文化、傳統觀念在很大程度上決定著人們的價值觀念和購買行為，它影響著消費者購買產品的動機、種類、時間、方式以至地點。經營活動必須適應所涉及國家（或地區）的文化和傳統習慣，才能為當地消費者所接受。

5. 科技發展環境調研

及時瞭解新技術、新材料、新產品、新能源的狀況，國內外科技總的發展水平和發展趨勢，本企業所涉及的技術領域的發展情況，專業滲透範圍、產品技術質量檢驗指標和技術標準等。這些都是科技環境調研的主要內容。

6. 地域氣候環境調研

世界上不同國家和地區由於地理位置不同，氣候和其他自然環境也有很大的差異，它們不是人為造成的，也很難通過人的作用去加以控制，只能在瞭解的基礎上去適應這種環境。應注意對地區條件、氣候條件、季節因素、使用條件等方面進行調研。

(二) 市場需求情況調研

需求通常是指人們對外界事物的慾望和要求，根據心理學家馬斯洛的需要層次理論，人們的需求是多方面、多層次的。有維持肌體生存的生理需求，如衣、食、住、行等；也有精神文化生活的需求，如讀書看報、文娛活動、旅遊等；還有社會活動的

需求，如參加政治、社會集團及各種社交活動等。需要的層次越高，滿足的難度就越大。市場需求調研主要包括以下幾點：

1. 社會購買力總量及影響因素調研

（1）社會購買力的含義與構成。社會購買力是指在一定時期內，全社會在市場上用於購買商品和服務的貨幣支付能力。社會購買力包括三個部分，即居民購買力、社會集團購買力和生產資料購買力。其中，居民購買力尤其是居民消費品購買力是社會購買力最重要的內容，是市場需求調研的重點。

（2）影響居民消費品購買力的因素調研主要包括居民貨幣收入、居民非商品性支出、結余購買力和流動購買力等。

2. 購買力投向及影響因素調研

（1）購買力投向的含義。購買力投向是指在購買力總額既定的前提下，購買力的持有者將其購買力用於何處，購買力在不同商品類別、不同時間和不同地區都有一定的投放比例，對購買力投向及其變動的調研，可為企業加強市場預測、合理組織商品行銷活動和制定商品價格提供參考依據。

（2）購買力投向調研的內容主要是搜集社會商品零售額資料，並對其做結構分析，它是從賣方角度觀察購買力投向變動，其方法是將所搜集到的社會商品零售額資料按商品主要用途（如吃、穿、用、住、行等）進行分類，計算各類商品零售額占總零售額的比重，並按時間順序排列，以觀察其特點和變化趨勢，它直接反應了一定時期全國或某地區的銷售構成。

3. 消費人口狀況調研

某一國家（或地區）的購買力總量及人均購買力水平的高低決定了該國（或地區）市場需求的大小。在購買力總量一定的情況下，人均購買力的大小直接受消費者人口總數的影響，為研究人口狀況對市場需求的影響，便於進行市場細分，就應對人口情況進行調研。這主要包括總人口、家庭及家庭平均人口、人口地理分佈、年齡及性別構成、教育程度及民族傳統習慣等。

4. 消費者購買動機和行為調研

（1）消費者購買動機調研。所謂購買動機，就是為滿足一定的需要，而引起人們購買行為的願望和意念。人們的購買動機常常是由那些最緊迫的需要決定的，但購買動機又是可以運用一些相應的手段誘發的。消費者購買動機調研的目的主要是弄清購買動機產生的各種原因，以便採取相應的誘發措施。

（2）消費者購買行為調研。消費者購買行為是消費者購買動機在實際購買過程中的具體表現，消費者購買行為調研，就是對消費者購買模式和習慣的調研，即通常所講的「3W」「1H」調研，即瞭解消費者在何時購買（When）、何處購買（Where）、由誰購買（Who）和如何購買（How）等情況。

①消費者何時購買的調研。消費者在購物時間上存在著一定的習慣和規律。某些商品銷售隨著自然氣候和商業氣候的不同，具有明顯的季節性。如在春節、勞動節、中秋節、國慶節等節日期間，消費者購買商品的數量要比平時增加很多。按照季節的要求，適時、適量地供應商品，才能滿足市場需求。此外，對於商業企業來說，掌握

一定時間內的客流規律，有助於合理分配勞動力，提高商業人員的勞動效率，把握住商品銷售的黃金時間。

例如，某商場在對一週內的客流進行實測調研后發現，一週中客流量最多的是周日，最少的是周一；而在一天內，客流最高峰為職工上下班時間，即上午11時和下午5時；其他時段的客流人數也均有一定的分佈規律。據此，商場對人員和貨物都做出了合理安排，做到忙時多上崗、閒時少上崗，讓售貨員能在營業高峰到來時，以最充沛的精力和最飽滿的精神面貌迎接顧客，從而取得了較好的經濟效益和社會效益。

②消費者在何處購買的調研。這種調研一般分為兩種：一是調研消費者在什麼地方決定購買，二是調研消費者在什麼地方實際購買。對於多數商品，消費者在購買前就已做出決定如：購買商品房、購買電器等，這類商品信息可通過電視、廣播、報紙雜誌等媒體所做的廣告和其他渠道獲得。而對於一般日用品、食品和服裝等，具體購買哪種商品，通常是在購買現場，受商品陳列、包裝和導購人員介紹而臨時做出決定的，具有一定的隨意性。

此外，為了合理地設置商業和服務業網點，還可對消費者常去哪些購物場所進行調研。

例如，某商場所做的市場行銷環境調研瞭解到：有59%的居民選擇距家最近的商店，有10%的居民選擇距工作地點最近的商店，有7%的居民選擇上下班沿途經過的商店；有18%的居民選擇有名氣的大型、綜合、專營商店；有6%的居民則對購物場所不加選擇，即隨意性購物。

③家庭購買由誰負責的調研。對於這個問題的調研具體可包括三個方向，一是在家庭中由誰做出購買決定，二是誰去購買，三是和誰一起去購買。有關調研結果顯示：對於日用品、服裝、食品等商品，大多由女方做出購買決定，同時也主要由女方實際購買；對於耐用消費品，男方做出決定的較多，當然在許多情況下也要同女方共同商定，最后由男方獨自或與女方一同去購買；對於兒童用品，常由孩子提出購買要求，由父母決定，與孩子一同前往商店購買。此外，通過調研還發現，男方獨自購買、女方獨自購買或男女雙方一同購買對最后實際成交有一定影響。

上述三個方面的調研能為商店經營提供許多有價值的信息，如瞭解到光臨某商場或某櫃臺的大多為年輕女性，就可著意營造一種能夠吸引她們前來購物的氣氛，並注意經銷商品的顏色和包裝等；如果以男性為主，則可增加特色商品或系列商品的陳列和銷售。

④消費者如何購買的調研。不同的消費者具有各自不同的購物愛好和習慣，如從商品價格和商品牌子的關係上看，有些消費者注重品牌，對價格要求不多，他們願意支付較多的錢來購買自己所喜愛的品牌；而有些消費者則注意價格，他們購買較便宜的商品，而對品牌並不在乎或要求不高。

(三) 市場供給情況調研

市場供給是指整個社會在一定時期內對市場提供的可交換商品和服務的總量。它與購買力相對應，由三部分組成，即居民供應量、社會集團供應量和生產資料供應量。

它們是市場需求得以實現的物質保證。對市場供給的調研，可著重調研以下幾個方面：

1. 商品供給來源及影響因素調研

市場商品供應量的形成有著不同的來源，從全部供應量的宏觀角度看，除由國內工農業生產部門提供的商品、進口商品、國家儲備撥付和挖掘社會潛在物資外，還有期初結余的商品供應量。可先對不同的來源進行調研，瞭解本期市場全部商品供應量變化的特點和趨勢，再進一步瞭解影響各種來源供應量的因素。

影響各種來源供應量的因素可歸納為：社會商品生產量、結余儲存、市場價格水平、商品預期價格等方面。

2. 企業商品供應能力調研

商品供應能力調研是對工商企業的商品生產能力和商品流轉能力進行的調研。調研主要包括以下幾個方面的內容：

第一，企業現有商品生產或商品流轉的規模、速度、結構狀況；

第二，企業現有的經營設施、設備條件、技術水平；

第三，企業的生產規模和折舊程度；

第四，企業資金狀況、企業的現實盈利狀況和綜合效益；

第五，企業員工的數量、構成、思想文化素質、業務水平等。

3. 社會商品供應範圍調研

商品供應範圍及其變化，會直接影響到商品銷售量的變化。範圍擴大意味著可能購買本企業商品的用戶數量的增加，在正常情況下會帶來銷售總量的增加；反之，則會使銷售總量減少。此項調研內容主要包括：

（1）銷售市場的區域變化。在調研中要瞭解有哪些地區、哪些類型的消費者使用本企業的商品，瞭解他們在今後一段時期的購買是否會發生變化。

（2）企業商品銷售所占比例變化。要隨時瞭解本企業商品與其他企業商品相比所存在的優勢和差距，這些同類商品在市場上受消費者歡迎的程度，消費者對各種同類商品的印象、評價和購買習慣等。通過調研，使企業對市場比例變化的狀況、趨勢及其原因有較深入和全面的瞭解，有利於企業在爭取市場的過程中獲得更多的份額。

（四）市場行銷活動調研

市場行銷活動調研也要圍繞行銷組合活動展開。其內容主要包括：競爭對手狀況調研、商品實體和包裝調研、價格調研、銷售渠道調研、產品壽命週期調研和廣告調研等，現分述如下：

1. 競爭對手狀況調研

調研的內容主要包括：①有沒有直接或間接的競爭對手，有哪些競爭對手，競爭對手的地理位置和活動範圍；②競爭對手的生產經營規模和資金狀況，競爭對手生產經營商品的品種、質量、價格、服務方式及在消費者中的聲譽和形象，競爭對手技術水平和新產品開發經營情況；③競爭對手的銷售渠道，競爭對手的宣傳手段和廣告策略；④現有競爭程度（市場、佔有率、市場覆蓋面等）、範圍和方式，潛在競爭對手狀況。

通過調研，可將本企業的現有條件與競爭對手進行對比，為制定有效的競爭策略提供依據。

2. 產品實體和包裝調研

市場行銷中的商品概念是一個整體的概念，不僅包括商品實體，還包括包裝、品牌、裝潢、商標、價格以及和商品相關的服務等。例如，中國許多出口商品質量過硬，但往往由於樣式、工藝、裝潢未採用國際標準，或未用條形碼標價等原因，在國際市場上只能以遠低於具有同樣內在質量和使用價值的外國商品的價格出售，造成了嚴重的經濟損失。

(1) 產品實體調研。產品實體調研是對商品本身各種性能的好壞程度所做的調研，它主要包括以下幾個方面：

①產品性能調研。產品的有用性、耐用性、安全性、維修方便性等方面都是人們在購買商品時經常考慮的因素。通過調研可以瞭解哪些問題是最主要的，是生產經營中應該強調和狠抓落實的重點。

②商品的規格、型號、式樣、顏色和口味等方面的調研。通過調研，瞭解消費者對上述方面的意見和要求。

例如，在國際市場上，各國對顏色有不同的喜好。在法國和德國，人們一見到墨綠色就會聯想起納粹，因而許多人厭惡墨綠色；利比亞、埃及等伊斯蘭國家將綠色視為高貴色；在中國，紅色則象徵著歡快、喜慶。可見，企業只有在對此瞭解的基礎上，投其所好，避其所惡，才能使商品為消費者所接受。

③商品製作材料調研。這種調研主要是調研市場對原料或材料的各種特殊要求。如近年來美國許多青年人喜歡穿純棉製作的襯衫，而不喜歡穿化纖類襯衫；中國的不少消費者喜歡喝不含任何添加劑的飲料等。

(2) 商品包裝調研。商品包裝主要包括銷售包裝和運輸包裝，如表1.3所示。

表1.3　　　　　　　　　　商品包裝調研的內容

包裝種類		調研內容
銷售包裝	消費品包裝	①包裝與市場環境是否協調；②消費者喜歡什麼樣的包裝外形；③包裝應該傳遞哪些信息；④競爭產品需要何種包裝樣式和包裝規格
	工業品包裝	①包裝是否易於儲存、拆封；②包裝是否便於識別商品；③包裝是否經濟、是否便於退回，回收和重新利用，等等
運輸包裝		①包裝是否能適應運輸途中不同地點的搬運方式；②是否能夠保證防熱、防潮、防盜以及適應各種不利的氣候條件；③運輸的時間長短和包裝費用為多少等

(3) 產品生命週期調研。任何產品從開始試製、投入市場到被市場淘汰，都有一個誕生、成長、成熟和衰亡的過程，這一過程稱為產品的壽命週期，它包括導入期、成長期、成熟期和衰退期四個階段。因此，企業應通過對銷售量、市場需求的調研，進而判斷和掌握自己所生產和經營的產品處在什麼樣的壽命週期階段，以做出相應的對策。產品生命週期調研主要通過產品銷售量及銷售增長率調研和產品普及率調研來完成。

3. 商品市場價格調研

從宏觀角度看，價格調研主要是對市場商品的價格，水平、市場零售物價指數和居民消費價格指數等方面進行調研。居民消費價格指數與居民購買力成反比，當居民貨幣收入一定時，價格指數上升，則購買力就相對下降。

從微觀角度看，價格調研的內容可包括：①國家在商品價格上有何控制和具體的規定；②企業商品的定價是否合理，如何定價才能使企業增加盈利；③消費者對什麼樣的價格容易接受，以及接受程度？消費者的價格心理狀態如何；④商品需求和供給的價格彈性有多大、影響因素是什麼，等等。

4. 企業銷售渠道調研

企業應善於利用原有的銷售渠道，並不斷開拓新的渠道。對於企業來講，目前可供選擇的銷售渠道有很多，雖然有些工業產品可以對消費者採取直銷方式，但多數商品要由一個或更多的中間商轉手銷售，如批發商、零售商等，對於銷往國際市場的商品，還要選擇進口商。為了選好中間商，有必要瞭解以下幾個方面的問題：

①企業是否有通暢的銷售渠道？企業現有銷售渠道能否滿足銷售商品的需要？

②銷售渠道中各個環節的商品庫存是否合理？能否滿足隨時供應市場的需要？有無積壓和脫銷現象？銷售渠道中的每一個環節對商品銷售提供哪些支持？能否為銷售提供技術服務或開展推銷活動？

③市場上是否存在經銷某種或某類商品的權威性機構？如果存在，他們促銷的商品目前在市場上所占的份額是多少？

④市場上經營本商品的主要中間商，對經銷本商品有何要求？

通過上述調研，有助於企業評價和選擇中間商，開闢合理的、效益最佳的銷售渠道。

5. 企業促銷手段調研

（1）廣告促銷調研。廣告調研是用科學的方法瞭解廣告宣傳活動的情況和過程，為廣告主制定決策，達到預定的廣告目標提供依據。廣告調研的內容包括廣告訴求調研、廣告媒體調研和廣告效果調研等。

廣告訴求調研也就是消費者動機調研，包括消費者收入情況、知識水平、廣告意識、生活方式、情趣愛好以及結合特定產品瞭解消費者對產品接受程度等。只有瞭解消費者的喜好，才能製作出打動人心的好廣告。

廣告媒體調研的目的是使廣告宣傳能達到理想的效果，廣告媒體是廣告信息傳遞的工具，目前各種媒體廣告種類繁多，大致可歸納為以下四類：①視聽廣告，這包括廣播、電視和電影等；②閱讀廣告，包括報紙、雜誌和其他印刷品；③郵寄廣告，這包括商品目錄、說明書和樣本等；④戶外廣告，這包括戶外廣告牌、交通廣告、燈箱廣告等。同時，每一類媒體中又包含許多具體媒體。

（2）人員推銷調研。人員推銷調研包括對人員推銷基本形式的調研和對推銷人員本身的調研兩方面。人員推銷有上門推銷、櫃臺促銷、會議推銷等基本形式。推銷人員的調研瞭解企業推銷人員應該具備的素質、選拔程序等內容。

（3）營業推廣調研。營業推廣是指企業通過直接顯示、利用產品、價格、服務、

購物方式與環境的優點、優惠或差別性，以及通過推銷、經銷獎勵來促進銷售的一系列方式方法的總和。它能迅速刺激需求，鼓勵購買。營業推廣調研包括營業推廣對象的調研和營業推廣形式的調研兩方面。

（4）公共關係調研。由於公共關係促銷是企業的一種「軟推銷術」，它在樹立企業形象和產品現象時，能促進產品的銷售，滿足消費者高層次的精神需要，不斷贏得新老顧客的信賴。因此在進行市場調研時應重點調研公共關係的作用以及哪種公共關係形式對企業產品銷售所起的作用最大。通常所用的公共關係促銷形式有創造和利用新聞、舉行各種會議、參與社會活動和建設企業文化等。

二、市場調研的程序

市場調研的重要環節主要在兩個方面：信息收集和調研分析。信息收集是為調研分析提供數據；調研分析是對信息數據的剖析，並寫出調研報告。企業戰略目標、管理計劃等管理方案就是根據調研的報告來制訂，見圖1.2。

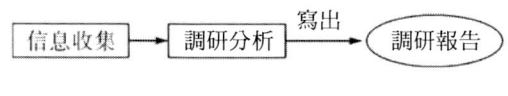

圖1.2 市場調研的程序

（一）信息資料收集

信息收集就是對市場環境的信息資料採集，採集資料的真實性和有效性對調研分析的科學性產生著直接的影響，而採集資料的真實性和有效性直接取決於信息採集的調研方法。最有效的信息採集方式是深入市場，現實性管理稱之為深入調研法。深入調研法是根據調研目的，通過深入市場來採集信息資料的一種實效性調研方法，該調研方法具有針對性、經濟性、實效性等特點。深入調研法的中心任務是通過深入市場，確保採集信息的實效價值。

企業管理需要的信息資料很多，而市場正是一個龐大的信息系統，為了信息收集的針對性，深入調研法和專業調研標準一樣，也要求進行信息收集時根據調研目的制訂出調研課題、確定出調研範圍，最科學的標準是擬訂出詳細的調研計劃，調研計劃包括調研課題、調研時間、調研人員、調研地點、調研費用、調研對象、調研方法等相關內容，調研超過三人小組時還需進行責權分工，選出臨時負責人，提高調研效率。

深入調研法同常規調研法的不同之處在於強調信息收集過程中調研人的調研技巧和行業領悟能力，通常調研技巧包含調研人的處事風格和對調研渠道的把握。在調研技巧上，要求根據調研課題選擇出代表性的專業渠道和輔助渠道，並根據調研效果來設定合理的渠道比例來進行信息採集，行業賣場、經銷商、行業展會等渠道為專業性渠道，構成信息採集的重點；報紙、書店、網路、電話簿、電視等渠道為輔助性渠道，構成專業性的補充渠道，通過輔助性渠道的選擇，有利於促進對專業性渠道採集信息的充實和論證。此外，行業的領悟性要求調研者在信息收集過程中要善於採用觀、記、問、領會等調研手法，利用收集信息的同時分析市場，透過表面的市場現象捕捉真實

的市場資料。

(二) 調研資料分析

調研資料分析是運用管理思想和專業的眼光，在通過對遠景市場展望的基礎上來對調研信息資料進行資料的整理與分析。即對所收集的資料進行「去粗取精、去偽存真、由此及彼、由表及裡」的處理。從而得出對企業有實效價值的調研分析結論。通常調研分析應該由專家級的人物組成。是對調研信息資料匯總和解析，並需根據分析結論寫出調研報告。

(三) 調研報告撰寫

調研報告是針對調研課題在分析基礎上擬定的總結性匯報書，可以根據調研分析提出一些看法和觀點。調研報告是通過調研資料對調研實效價值的具體體現。市場調研報告一般由引言、正文、結論及附件四個部分組成，其基本內容包括開展調研的目的、被調研單位的基本情況、所調研問題的事實材料、調研分析過程的說明及調研的結論和建議等。提出了調研的結論和建議後，不能認為調研過程就此完結，而應繼續瞭解其結論是否被重視和採納、採納的程度和採納後的實際效果以及調研結論與市場發展是否一致等，以便累積經驗，不斷改進和提高調研工作的質量。

三、市場調研的工作步驟

(一) 調研前準備階段

這個階段的工作主要有：提出問題並進行實驗性調研。實驗性調研就是對精通有關問題的人進行訪問，探詢一些建設性意見，主要包括生產廠商、設計人員、經銷商、批發商和零售商等。

(二) 調研活動策劃階段

這個階段的工作主要有：確定調研項目，比如對企業的銷售渠道、產品價格、產品質量、產品包裝、售後服務等方面進行調研；確定信息資料的來源；估算調研費用（資料費、差旅費、統計費、交際費、調研費、勞務費及其他雜費）。

(三) 調研計劃制定階段

調研計劃對市場調研起到綱領性指導作用，調研計劃要對調研的內容進行明確，根據調研的組織安排，制定出調研進度表（策劃、實施、統計、分析、提高分析書）。

(四) 計劃實施階段

1. 查詢文字資料的階段

本階段主要是通過圖書館、網路、刊物等途徑，以及其他免費信息資料，如公開的產品說明書、報告、報表等政府統計資料來收集調研資料。這樣得到信息資料的局限性是某些信息原則上不可用，某些信息時效性差。

2. 實地調研階段

這個階段是整個市場調查過程中最關鍵的階段，對調查工作能否滿足準確、及時、完整及節約等基本要求有直接的影響。這個階段有兩個步驟：①對調查人員進行培訓，讓調查人員理解調查計劃，掌握調查技術及同調查目標有關的經濟知識。②實地調查，即調查人員按計劃規定的時間、地點及方法具體地收集有關資料，不僅要收集第二手資料（現成資料），而且要搜集第一手資料（原始資料）。實地調查的質量取決於調查人員的素質、責任心和組織管理的科學性。

本階段實地調查採用的主要方法中，面談調研法對調研者的調研技巧性要求很高，電話調研法受到時間限制，郵寄調研法時間長、質量也無法估計。除了這些調研方法之外，還可以採用觀察法和實驗法，觀察法是通過人工或借助儀器直接到現場進行觀察的方法。實驗法是在影響調研目標的諸多因素中找出一至兩個因素，將其置於模擬環境中進行小規模試驗，然后對實驗結果進行分析判斷，以便決策。

（五）信息處理階段

通過調研獲取數據資料后，對所獲取的資料進行編輯整理，在誤差分析之後，對數據進行分類（編號）、統計、分析，並盡可能得出一定的結論，在此基礎上撰寫調研報告。對一些不清楚的問題，進一步採取措施，可以安排追蹤調研。

第三節　市場調研的分類體系

一、按照調研的目的分類

（一）探測性調研

探測性調研通常是最無結構性和最不正式的調研，進行探測性調研的目的是為了獲得有關調研問題大體性質的背景資料。探測性調研通常在項目開始的階段進行。

探測性調研的實施方法主要有，從經驗豐富的人員處獲得有用信息的經驗調研，回顧與分析問題相似的可用信息的案例分析，進行焦點（小組）訪談，召開座談會，利用頭腦風暴法、投射技術等。

（二）描述性調研

當調研的目的只是要瞭解現狀時可以實施描述性調研。描述性調研通常通過對誰、什麼、哪裡、何時、怎樣等問題的回答來進行。描述性調研可以分為橫向研究與縱向研究兩大類型。所謂橫向研究是指僅在一個時間點上對研究總體進行測定。縱向研究則通過對相同樣本的重複測定來完成。

（三）因果關係調研

因果關係調研是為了瞭解市場出現的有關現象之間的因果關係而進行的市場調研。因果關係調研的主要目的是解決「為什麼」。在兩個以上的變量中尋找原因與結果的關

係,確定自變量與因變量,明確變化方向,並建立變化函數。

(四) 預測性調研

預測性調研是為了預測未來市場的變化趨勢而進行的調研,它著眼於對未來市場狀況的調研。預測性調研是預測的一個重要步驟,並建立在描述性調研、因果關係調研的基礎之上。

二、按照調研對象包括的範圍分類

(一) 全面調研

全面調研是對調研對象中所有單位全部進行調研的一種市場調研,其目的在於要獲得研究總體的全面、系統的總量資料。全面調研一般僅限於在調研對象有限的情形下使用,當調研對象太多時,全面調研需要花費大量的調研費用。僅當全面調研非常必要時,可以進行全面調研。

(二) 非全面調研

非全面調研是對調研對象中的一部分樣本所進行的調研,一般按照代表性原則以抽樣的方式挑選出被調研單位。常見的市場調研多為非全面調研。非全面調研的優點是更容易實施並且費用低廉。

三、按照調研的連續性與否分類

(一) 經常性調研

經常性調研是在選定市場調研的樣本之後,組織長時間、不間斷的調研,以收集由時間序列的信息資料。經常性調研常用於對銷售網點產品銷售量的調研。

(二) 定期性調研

定期調研是在確定市場調研的內容后,每隔一定的時期進行一次調研,每次調研間隔的時間大致相等。通過定期調研可以掌握調研對象的發展變化規律和在不同環境下的具體狀況。常見的定期調研有月度調研、季度調研與年度調研。

(三) 一次性調研

一次性調研是為了某一特定目的,只對調研對象作一次臨時性的瞭解而進行的調研。大多數情況下,企業所進行的調研都是一次性調研。

四、按照調研的地域範圍分類

從行政區域來講,按照調研的地域範圍,市場調研可以分為國際性市場調研、全國性市場調研、地方性市場調研。從國內市場調研的角度講,又可以分為農村市場調研和城市市場調研等。

第四節　市場調研的方法

一、文案調研法

文案調研法又稱直接調研法，是利用企業內部和外部的現有的各種信息、情報資料，對調研內容進行分析研究的一種調研方法。與實地調研法相比，文案調研法具有以下幾個特點：文案調研是收集已經加工過的次級資料，而不是對原始資料的搜集；文案調研以收集文獻性信息為主，它具體表現為各種文獻資料；文案調研所收集的資料包括動態和靜態兩個方面，尤其偏重於動態角度。

(一) 文案調研的作用

文案調研的作用具體表現在以下幾個方面：文案調研可以發現問題並為市場研究提供重要參考依據；文案調研可為實地調研創造條件；文案調研可用於有關部門和企業進行經常性的市場調研，不易受時空限制，等等。

(二) 文案調研的渠道

文案調研應圍繞調研目的，收集一切可以利用的現有資料。從企業經營的角度講，現有資料包括企業內部資料和企業外部資料，因此文案調研的渠道也主要是這兩種。

(三) 文案調研的方法

要想研究現有資料，必須先查找現有資料。對於文獻性資料來說，科學地查尋資料具有十分重要的意義。從某種意義上講，文案調研方法也就是對資料的查尋方法，文獻性資料的查尋方法主要有參考文獻查找法和檢索工具查找法（主要有手工檢索和計算機檢索兩種）。

二、實地調研法

(一) 訪問法

訪問法就是調研人員採用訪談詢問的方式向被調研者瞭解市場情況的一種方法，它是市場調研中最常用的、最基本的調研方法。訪問法的類型主要有：①按訪問方式分類：直接訪問和間接訪問；②按訪問內容分類：標準化訪問和非標準化訪問；③按訪問內容傳遞方式分類：面談法、電話法、郵寄法、留置法和日記法等。

各種調研方法各有所長，並無高下優劣之分，我們綜合一下上面所討論的幾種調研方法，將其各自的優缺點匯總如表 1.4 所示。實際調研工作中，要結合調研項目要求和調研所具備的條件綜合考慮並加以運用。

表1.4　　　　　　　　　　　五種訪問法優缺點的比較

指標＼訪問法	面談法	電話法	郵寄法	留置法	日記法
調研範圍	較窄	較窄	廣	較廣	較廣
調研對象	可控可選	可控可選	一般	可控可選	可控可選
影響回答的因素	能瞭解控制和判斷	無法瞭解控制判斷	難瞭解控制和判斷	能瞭解控制和判斷	能瞭解控制和判斷
回收率	高	較高	較低	較高	較高
回答速度	可快可慢	最快	慢	較慢	慢
回答質量	較高	高	較低	較高	較高
平均費用	最高	低	較低	一般	一般

(二) 觀察法

觀察法是調研員憑藉自己的感官和各種記錄工具，深入調研現場，在被調研者未察覺的情況下，直接觀察和記錄被調研者的行為，以收集市場信息的一種方法。觀察調研法簡稱觀察法。觀察法不直接向被調研者提問，而是從旁觀察被調研者的行動、反應和感受。觀察調研法的基本類型有直接觀察和測量觀察兩種基本類型。觀察中會用到各種觀察技術，觀察技術是指觀察人員實施觀察時所運用的一些技能手段，主要包括卡片、符號、速記、記憶和機械記錄等。適當的觀察技術對提高調研工作的質量有很大的幫助。觀察調研法的主要內容有：觀察顧客的行為、觀察顧客流量、觀察產品使用現場、觀察商店櫃臺及櫥窗布置以及營業員的服務態度如何等。

(三) 實驗法

實驗法是指市場調研者有目的、有意識地改變一個或幾個影響因素，來觀察市場現象在這些因素影響下的變動情況，以認識市場現象的本質特徵和發展規律。實驗調研既是一種實踐過程，又是一種認識過程，並將實踐與認識統一為調研過程。

實驗法按照實驗的場所可分為實驗室實驗和現場實驗。實驗室實驗是指在人造的環境中進行實驗，研究人員可以進行嚴格的實驗控制，比較容易操作，時間短，費用低。現場實驗是指在實際的環境中進行實驗，其實驗結果一般具有較大的實用意義。

應用實驗調研法的一般步驟是：根據市場調研的課題提出研究假設；進行實驗設計，確定實驗方法；選擇實驗對象；進行實驗；分析整理實驗資料並做實驗檢測；得出實驗結論。實驗調研只有按這種科學的步驟來開展，才能迅速取得滿意的實驗效果。

實驗法的優點是通過實驗活動提供市場發展變化的資料，不是等待某種市場現象發生了再去調研，而是積極主動地改變某種條件，來揭示或確立市場現象之間的相關關係。它不但可以說明是什麼，而且可以說明為什麼，還具有可重複性，因此其結論的說服力較強。實驗調研法對檢驗宏觀管理的方針政策與微觀管理的措施辦法的正確性來說，都是一種有效的方法。但是另一方面，進行市場實驗時由於不可控因素較多，

很難選擇到有充分代表性的實驗對象和實驗環境。因此實驗結論往往帶有一定的特殊性，實驗結果的推廣會受到一定的影響。實驗調研法還有花費時間較多、費用較高、實驗過程不易控制、實驗情況不易保密、競爭對手可能會有意干擾現場實驗的結果等缺點。這些缺點使實驗調研法的應用有一些局限性，市場調研人員對此應給予充分的注意。

(四) 網路調研法

互聯網幾乎徹底改變了人們的溝通方式。作為以信息收集為主的市場調研，隨著互聯網的迅猛發展，也得到了空前的發展，利用互聯網進行市場研究，與其他調研方式相比，網上調研的費用低，數度快，可進行縱向調研，能夠獲得大量樣本，還可以利用多媒體音像技術等。

1. 網路調研常用方法

(1) E-mail 問卷調研法。

①主動問卷法。其步驟是：先建立被訪者 E-Mail 的地址信息庫，再選定調研目標，然后再設計調研問卷，最后再進行調研結果分析。例如，美國消費者調研公司 (American Opinion) 是美國的一家網上市場調研公司。通過互聯網在世界範圍內徵集會員，只要回答一些關於個人職業、家庭成員組成及收入等方面的個人背景資料問題即可成為會員。該公司每月都會寄出一些市場調研表給符合調研要求的會員，詢問諸如「你最喜歡的食物是那些口味、你最需要哪些家用電器」等問題，在調研表的下面註著完成調研後被調研者可以獲得的酬金，根據問卷的長短以及難度的不同，酬金的範圍在 4～25 美元，並且每月還會從會員中隨即抽獎，至少獎勵 50 美元。該公司會員註冊十分積極，目前已有網上會員 50 多萬人。

②被動問卷法。被動問卷調研法是將問卷放置在站點上，等待訪問者訪問時主動填寫問卷的一種調研方法。與主動問卷調研法的主動出擊尋找被調研者相比，被動問卷調研法更像是守株待兔，此方法無需建立被訪者 E-Mail 地址信息庫，在進行數據分析之前也無法選定調研目標，但他所涉及的被調研者範圍要比主動問卷調研法廣闊得多，幾乎每個網民都可以成為被調研者。

被動問卷調研法通常應用於類似於人口普查似的調研，特別時對網站自身建設的調研。例如，中國互聯網路自身發展狀況調研 CNNIC（中國互聯網路信息中心）每半年進行一次的「中國互聯網路發展狀況調研」採用的就是被動問卷調研法。在調研期間，為達到可以滿足統計需要的問卷數量，CNNIC 一般與國內一些著名的 ISP（網路服務提供商）/ICP（網路媒體提供商）設置調研問卷的連結，如新浪、搜狐、網易等，進行適當的宣傳以吸引大量的互聯網瀏覽者進行問卷點擊，感興趣的人會自願填寫問卷並將問卷寄回。

(2) 網上焦點座談法。這種方法是在同一時間隨即選擇 2～6 位被訪問者，彈出邀請信，告知其可以進入一個特定的網路聊天室，相互討論對某個事件、產品或服務等的看法和評價。

(3) 使用 BBS 電子公告板進行網路市場調研。網路用戶通過 TELNET 或 WEB 方式

在電子公告欄發布消息，BBS上的信息量少，但針對性較強，適合行業性強的企業。

（4）委託市場調研機構調研。企業委託市場調研機構開展市場調研，主要針對企業及其產品的調研。調研內容通常包括：網路瀏覽者對企業的瞭解情況；網路瀏覽者對企業產品的款式、性能、質量、價格等的滿意程度；網路瀏覽者對企業的售後服務的滿意程度；網路瀏覽者對企業產品的意見和建議。

（5）合作方式的網路市場調研。由企業和媒體合作進行，調研題目也各出一半。

2. 網路市場調研步驟

網路市場調研應遵循一定的程序。具體如下：

（1）選擇適合的搜索引擎。搜索引擎是指能及時發現需要調研對象的內容的電子指針，它們能提供有關的市場信息、閱讀分析存儲數以萬計的資料；

（2）確定調研對象：企業產品的消費者，企業的競爭者；

（3）查詢相關調研對象；

（4）確定適用的信息服務；

（5）信息的加工、整理、分析和運用。

3. 網路調研應注意的事項

（1）認真設計在線調研問卷。比如用冷色調的表格來保護被調研者的眼睛，靈活使用圖表、色彩及語氣，使調研氣氛活躍，簡短調研，多張短頁的效果強於單張長頁的效果等。

（2）公布保護個人信息聲明。應尊重個人隱私，強調自願參加調研等。

（3）盡可能地吸引網民參與調研，特別是被動問卷調研，可以提供物質獎勵和非物質獎勵，或者尋找大家最有興趣的話題等。

（4）盡可能多種調研方式相結合進行市場調研。比如適當的問卷設計、選擇合適的抽樣方法等。

（五）抽樣調研法

嚴格說來，抽樣調研並不是一種獨立的調研方法。在觀察法、網路調研法甚至文獻調研法中，都可能涉及抽樣問題，實際上這是一種在各種調研方法中都會用到的樣本選取技術。它是按照一定方式，從調研總體中抽取部分樣本進行調研，用所得的結果說明總體情況的調研方法。抽樣調研是現代市場調研中的重要組織形式，是目前國際上公認和普遍採用的科學的調研手段。抽樣調研的理論原理是概率論，概率論中諸如中心極限原理等一系列理論，為抽樣調研提供了科學的依據。抽樣調研可以分為隨機抽樣和非隨機抽樣兩類。抽樣調研節約人力、物力和財力，更節省時間，具有較強的時效性。通過抽樣調研，可使資料搜集的深度和廣度都大大提高。但它也存在著某些局限性，它通常只能提供總體的一般資料，而缺少詳細的分類資料，在一定程度上難以滿足對市場經濟活動分析的需要。此外，當抽樣數目不足或抽樣方法有誤時，會產生較大的偏差，可能嚴重影響調研結果的準確性。

本章小結

（1）瞭解市場、分析市場是企業進行正確的生產經營決策的基礎。市場調研是企業應用各種科學的調查方式與方法，有計劃地搜集、整理和分析市場的信息資料，提出解決問題的建議的一種行為。這種行為在市場中表現為系統性、目的性、社會性、科學性和不穩定性。

市場調研可以使企業瞭解到最新的行業技術指標，收集到定量的數據資料和一系列市場情報，為企業進行市場預測、生產經營決策提供依據。

（2）市場調研的內容非常豐富，有市場宏觀環境調研，主要是市場所在國法律法規、文化觀念等方面；也包括具體的市場供求狀況、市場行銷活動等方面的調研。

市場調研要取得良好成效，就要按照信息收集、調研分析、撰寫報告的程序，通過調研前期準備、調研計劃制定及實施、信息處理等工作步驟合理進行。

（3）市場調研的類別體系比較龐大，無論從哪個角度分類，市場調研都是定量或定性的研究工作。

（4）市場調研的方法很多，歸納為文案調研法和實地調研法兩方面。其中實地調研法包括訪問詢問法、觀察調研法、實驗調研法、網路調研法和抽樣調研法等。在調研工作中，很多情況下是幾種調研方法同時使用。

本章內容是市場調研的基本知識，其中有些內容在后面的相關章節中會深入學習，比如市場調研的方法，后面章節安排了一、二手資料調研和抽樣與樣本設計的內容。另外，本章沒有涉及調研人員的素質要求和業務培訓等方面的內容，可以結合其他參考資料進行學習。

思考題

1. 市場調研有哪些特點？市場調研應按什麼程序進行？
2. 上網瀏覽后說明：因特網可應用於哪些市場調研領域？
3. 舉例說明企業發展中文化環境的重要性。
4. 幾種實地調研法分別有哪些優缺點？
5. 要開一家新的超市，在其店址的選擇過程中，應該採用哪種調研方法獲取信息？

案例分析

美國的一家公司在得知日本市場上買不到番茄醬后，就向日本運進了大量的暢銷品牌的番茄醬，該公司的這一決策給公司帶來了很大的損失。不幸的是，該公司至今還沒有弄明白為什麼在日本不能夠將番茄醬銷售出去。該公司在決策時認為，日本市場容量大且民眾富裕，恐怕任何遲疑都會使競爭對手領先。

市場調研

　　后來發現,進行一次市場調查就會清楚地說明番茄醬在日本滯銷的原因:黃豆醬才是最受歡迎的調味品。

　　結合本案例,說明市場調研的重要性。

第二章　市場調研方案設計及評價

本章學習目標：
1. 瞭解市場調研方案設計的意義
2. 明確市場調研方案如何設計
3. 掌握市場調研方案的基本內容
4. 掌握對市場調研方案進行可行性研究和評價

第一節　市場調研方案設計

一、市場調研方案設計的概念和意義

(一) 市場調研方案設計的概念

市場調研方案設計，就是根據調研研究的目的和調研對象的性質，在進行實際調研之前，對調研工作總任務的各個方面和各個階段進行的全盤考慮和安排，提出相應的調研實施方案，制定出合理的工作程序。

市場調研的範圍可大可小，但無論是大範圍的調研，還是小規模的調研工作，都會涉及相互聯繫的各個方面和各個階段。這裡所講的調研工作的各個方面是對調研工作的橫向設計，就是要考慮到調研所要涉及的各個組成項目。例如，對某市商業企業競爭能力進行調研，就應將該市所有商業企業的經營品種、質量、價格、服務、信譽等方面作為一個整體，對各種相互區別又有密切聯繫的調研項目進行整體考慮，避免調研內容上出現重複和遺漏。

這裡所說的全部過程，則是對調研工作縱向方面的設計，它是指調研工作所需經歷的各個階段和環節，即調研資料的搜集、調研資料的整理和分析等。只有對此事先作出統一考慮和安排，才能保證調研工作有秩序、有步驟地順利進行，減少調研誤差，提高調研質量。

(二) 市場調研方案設計的意義

市場調研是一項複雜的、嚴肅的、技術性較強的工作，一項全國性的市場調研往往要組織成千上萬的人參加，為了在調研過程中統一認識、統一內容、統一方法、統一步調，圓滿地完成調研任務，就必須事先制定出一個科學、嚴密、可行的工作計劃和組織措施，以使所有參加調研工作的人員都依此執行。具體來講，市場調研方案設

計的意義有以下三點：

第一，從認識上講，市場調研方案設計是從定性認識過渡到定量認識的開始階段。雖然市場調研所搜集的許多資料都是定量資料，但應該看到，任何調研工作都是先從對調研對象的定性認識開始的，沒有定性認識就不知道應該調研什麼和怎樣調研，也不知道要解決什麼問題和如何解決問題。

例如，要研究某一工業企業生產經營狀況，就必須先對該企業生產經營活動過程的性質、特點等有詳細的瞭解，設計出相應的調研指標以及搜集、整理調研資料的方法，然後再去實施市場調研。可見，調研設計正是定性認識和定量認識的連接點。

第二，從工作上講，調研方案設計起著統籌兼顧、統一協調的作用。現代市場調研可以說是一項複雜的系統工程，對於大規模的市場調研來講，尤為如此。在調研中會遇到很多複雜的矛盾和問題，其中許多問題是屬於調研本身的問題，也有不少問題則並非是調研的技術性問題，而是與調研相關的問題。例如，抽樣調研中樣本量的確定，按照抽樣調研理論，可以根據允許誤差和把握程度大小，計算出相應的必要抽樣數目，但這個抽樣數目是否可行，要受到調研經費、調研時間等多方面條件的限制。

第三，從實踐要求上講，調研方案設計能夠適應現代市場調研發展的需要。現代市場調研已由單純的搜集資料活動發展到把調研對象作為整體來反應的調研活動，與此相適應，市場調研過程也應被視為是市場調研設計、資料搜集、資料整理和資料分析的一個完整工作過程，調研設計正是這個全過程的第一步。

二、市場調研方案設計

市場調研的方案設計是對調研工作各個方面和全部過程的通盤考慮，包括了整個調研工作過程的全部內容。調研總體方案是否科學、可行，是整個調研成敗的關鍵。市場調研總體方案設計的步驟如圖2.1，它主要包括下述幾個內容：

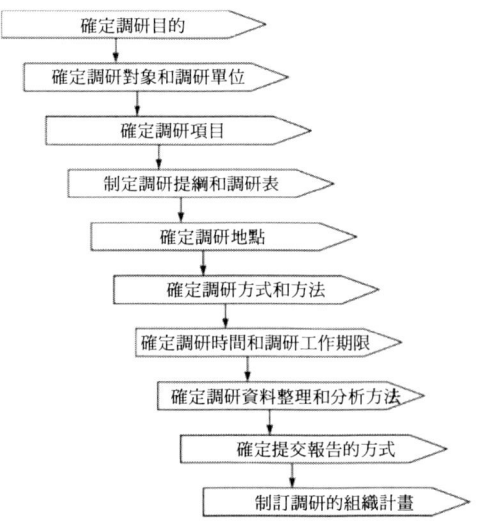

圖 2.1　市場調研總體方案設計的主要內容

(一) 確定調研目的

　　明確調研目的是調研設計的首要問題，只有確定了調研目的，才能確定調研的範圍、內容和方法，否則就會列入一些無關緊要的調研項目，而漏掉一些重要的調研項目，無法滿足調研的要求。例如，1990年中國第四次人口普查的目的就規定得十分明確，即「準確地查清第三次人口普查以來中國人口在數量、地區分佈、結構和素質方面的變化，為科學地制定國民經濟和社會發展戰略與規劃，統籌安排人民的物質和文化生活，檢查人口政策執行情況提供可靠的依據」。可見，確定調研目的，就是明確在調研中要解決哪些問題，通過調研要取得什麼樣的資料，取得這些資料有什麼用途等。衡量一個調研設計是否科學的標準，主要就是看方案的設計是否體現調研目的的要求，是否符合客觀實際。

(二) 確定調研對象和調研單位

　　明確了調研目的之後，就要確定調研對象和調研單位，這主要是為了解決誰是調研的對象和由誰來具體提供資料的問題。調研對象就是根據調研目的、任務確定調研的範圍以及所要調研的總體，它是由某些性質上相同的許多調研單位所組成的。調研單位就是所要調研的社會經濟現象總體中的個體，即調研對象中的具體單位，它是調研中要調研登記的各個調研項目的承擔者。例如，為了研究某市各廣告公司的經營情況及存在的問題，需要對全市廣告公司進行全面調研，那麼，該市所有廣告公司就是調研對象，每一個廣告公司就是調研單位。又如，在某市職工家庭基本情況一次性調研中，該市全部職工家庭就是這一調研的調研對象，每一戶職工家庭就是調研單位。

　　在確定調研對象和調研單位時，應該注意以下四個問題：

　　第一，由於市場現象具有複雜多變的特點，因此，在許多情況下，調研對象也是比較複雜的，必須以科學的理論為指導，嚴格規定調研對象的涵義，並指出它與其他有關現象的界限，以免造成調研登記時由於界限不清而發生的差錯。如：以城市職工為調研對象，就應明確職工的涵義，劃清城市職工與非城市職工、職工與居民等概念的界限。

　　第二，調研單位的確定取決於調研目的和對象，調研目的和對象變化了，調研單位也要隨之改變。例如，要調研城市職工本人基本情況時，這時的調研單位就不再是每一戶城市職工家庭，而是每一個城市職工了。

　　第三，調研單位與填報單位是有區別的，調研單位是調研項目的承擔者，而填報單位是調研中填報調研資料的單位。例如，對某地區工業企業設備進行普查，調研單位為該地區工業企業的每臺設備，而填報單位是該地區每個工業企業。但在有的情況下，兩者又是一致的，例如，在進行職工基本情況調研時，調研單位和填報單位都是每一個職工。在調研方案設計中，當兩者不一致時，應當明確從何處取得資料並防止調研單位重複和遺漏。

　　第四，不同的調研方式會產生不同的調研單位。如採取普查方式，調研總體內所包括的全部單位都是調研單位；如採取重點調研方式，只有選定的少數重點單位是調研單位；如果採取典型調研方式，只有選出的有代表性的單位是調研單位；如果採取

抽樣調研方式，則用各種抽樣方法抽出的樣本單位是調研單位。

(三) 確定調研項目

調研項目是指對調研單位所要調研的主要內容，確定調研項目就是要明確向被調研者瞭解些什麼問題，調研項目一般就是調研單位的各個標誌的名稱。例如，在消費者調研中，消費者的性別、民族、文化程度、年齡、收入等，其標誌可分為品質標誌和數量標誌，品質標誌是說明事物質的特徵，不能用數量表示，只能用文字表示，如上例中的性別、民族和文化程度。數量標誌表明事物的數量特徵，它可以用數量來表示，如上例中的年齡和收入。標誌的具體表現是指在標誌名稱之後所表明的屬性或數值，如上例中消費者的年齡為30歲或50歲，性別是男性或女性等。

在確定調研項目時，除要考慮調研目的和調研對象的特點外，還要注意以下幾個問題：

第一，確定的調研項目應當既是調研任務所需，又是能夠取得答案的。凡是調研目的需要又可以取得的調研項目要充分滿足，否則不應列入。

第二，項目的表達必須明確，要使答案具有確定的表示形式，如數字式、是否式或文字式等。否則，會使被調研者產生不同理解而做出不同的答案，造成匯總時的困難。

第三，確定調研項目應盡可能做到項目之間相互關聯，使取得的資料相互對照，以便瞭解現象發生變化的原因、條件和后果，便於檢查答案的準確性。

第四，調研項目的涵義要明確、肯定，必要時可附調研項目的解釋。

(四) 制訂調研提綱和調研表

當調研項目確定后，可將調研項目科學地分類、排列，構成調研提綱或調研表，方便調研登記和匯總。

調研表一般由表頭、表體和表腳三個部分組成。

表頭包括調研表的名稱、調研單位（或填報單位）的名稱、性質和隸屬關係等。表頭上填寫的內容一般不作統計分析之用，但它是核實和復查調研單位的依據。

表體包括調研項目、欄號和計量單位等，它是調研表的主要部分。

表腳包括調研者或填報人的簽名和調研日期等，其目的是為了明確責任，一旦發現問題，便於查找。

調研表分單一表和一覽表兩種，單一表是每張調研表只登記一個調研單位的資料，常在調研項目較多時使用。它的優點是便於分組整理，缺點是每張表都註有調研地點、時間及其他共同事項，造成人力、物力和時間的耗費較大。一覽表是一張調研表可登記多個單位的調研資料，它的優點是當調研項目不多時，能使人對資料一目了然，還可將調研表中各有關單位的資料相互核對；其缺點是對每個調研單位不能登記更多的項目。

調研表擬定后，為便於正確填表、統一規格，還要附填表說明。它的內容包括調研表中各個項目的解釋、有關計算方法以及填表時應注意的事項等，填表說明應力求準確、簡明扼要、通俗易懂。

（五）確定調研時間和調研工作期限

調研時間是指調研資料所屬的時間。如果所要調研的是時期現象，就要明確規定資料所反應的是調研對象從何時起到何時止的資料。如果所要調研的是時點現象，就要明確規定統一的標準調研時點。

調研期限是規定調研工作的開始時間和結束時間。它包括從調研方案設計到提交調研報告的整個工作時間，也包括各個階段的起始時間，其目的是使調研工作能及時開展、按時完成。為了提高信息資料的時效性，在可能的情況下，調研期限應適當縮短。

（六）確定調研地點

在調研方案中，還要明確規定調研地點。調研地點與調研單位通常是一致的，但也有不一致的情況，當不一致時，尤其有必要規定調研地點。例如，人口普查，規定調研登記常住人口，即人口的常住地點。若登記時不在常住地點，或是不在本地常住的流動人口，均須明確規定處理辦法，以免調研資料出現遺漏和重複。

（七）確定調研方式和方法

在調研方案中，還要規定採用什麼組織方式和方法取得調研資料。搜集調研資料的方式有普查、重點調研、典型調研、抽樣調研等。具體調研方法有文案法、訪問法、觀察法和實驗法等。在調研時，採用何種方式、方法不是固定和統一的，而是取決於調研對象和調研任務。在市場經濟條件下，為準確、及時、全面地取得市場信息，尤其應注意多種調研方式的結合運用。

（八）確定調研資料整理和分析方法

採用實地調研方法搜集的原始資料大多是零散的、不系統的，只能反應事物的表象，無法深入研究事物的本質和規律性，這就要求對大量原始資料進行加工匯總，使之系統化、條理化。目前這種資料處理工作一般已由計算機進行，這在設計中也應予以考慮，包括採用何種操作程序以保證必要的運算速度、計算精度及特殊目的。

隨著經濟理論的發展和計算機的運用，越來越多的現代統計分析手段可供我們在分析時選擇，如迴歸分析、相關分析、聚類分析等。每種分析技術都有其自身的特點和適用性，因此，應根據調研的要求，選擇最佳的分析方法並在方案中加以規定。

（九）確定提交報告的方式

它主要包括報告書的形式和份數、報告書的基本內容、報告書中圖表量的大小等。

（十）制訂調研的組織計劃

調研的組織計劃，是指為確保實施調研的具體工作計劃。它主要是指調研的組織領導、調研機構的設置、人員的選擇和培訓、工作步驟及其善後處理等。必要時候，還必須明確規定調研的組織方式。

第二節　市場調研方案的評價

一、調研方案的可行性研究

在對複雜社會經濟現象所進行的調研中，所設計的調研方案通常不是唯一的，需要從多個調研方案中選取最優方案。同時，調研方案的設計也不是一次完成的，而要經過必要的可行性研究，對方案進行試點和修改。可行性研究是科學決策的必經階段，也是科學設計調研方案的重要步驟。對調研方案進行可行性研究的方法有很多，現主要介紹邏輯分析法、經驗判斷法和試點調研法三種方法。

1. 邏輯分析法

邏輯分析法是檢查所設計的調研方案的部分內容是否符合邏輯和情理。例如：要調研某城市居民的消費結構，而設計的調研指標卻是居民消費結構或職工消費結構，按此設計所調研出的結果就無法滿足調研的要求，因為居民包括城市居民和農民，城市職工也只是城市居民中的一部分。顯然，居民、城市居民和職工三者在內涵和外延上都存在著一定的差別。又如，對於學齡前兒童，要調研其文化程度，對於沒有通電的山區要進行電視廣告調研等等，都是有悖於情理的，也是缺乏實際意義的。邏輯分析法可對調研方案中的調研項目設計進行可行性研究，而無法對其他方面的設計進行判斷。

2. 經驗判斷法

即組織一些具有豐富調研經驗的人士，對設計出的調研方案加以初步研究和判斷，以說明方案的可行性。例如，對勞務市場中的保姆問題進行調研，就不宜用普查方式，而適合採用抽樣調研；對於棉花、茶葉等集中產區的農作物的生長情況進行調研，就適宜採用重點調研等等。經驗判斷法能夠節省人力和時間，在比較短的時間內做出結論。但這種方法也有一定的局限性，這主要是因為人的認識是有限的、有差異的，且事物是在不斷變化的，各種主客觀因素都會對人們判斷的準確性產生影響。

3. 試點調研法

試點是整個調研方案可行性研究中的一個十分重要的步驟，對於大規模市場調研來講尤為重要。試點的目的是使調研方案更加科學和完善，而不僅是搜集資料。

試點也是一種典型調研，是解剖麻雀。從認識的全過程來說，試點是從認識到實踐，再從實踐到再認識，兼備了認識過程的兩個階段。因此，試點具有兩個明顯的特點，一個是它的實踐性，另一個是它的創新性，兩者互相聯繫、相輔相成。試點正是通過實踐把客觀現象反饋到認識主體，以便起到修改、補充、豐富、完善主體認識的作用。同時，通過試點，還可以為正式調研取得實踐經驗，並把人們對客觀事物的瞭解推進到一個更高的階段。

具體來說，試點的任務主要有以下兩個：

（1）對調研方案進行實地檢驗。調研方案的設計是否切合實際，還要通過試點進

行實地檢驗，檢查目標制定的是否恰當，調研指標設計是否正確，哪些需要增加，哪些需要減少，哪些說明和規定要修改和補充。試點后，要分門別類地提出具體意見和建議，使調研方案的制訂既科學合理，又解決實際問題。

（2）實戰前的演習。本環節可以瞭解調研工作安排是否合理，哪些是薄弱環節。例如，第二次全國工業普查，包括調研300多個指標，進行500多個行業分類，涉及40多萬個企業填報。因此，必須通過試點取得這方面的實踐經驗，把分散的經驗集中起來，形成做好普查工作的各項細則，成為各個階段、各項工作應當遵循的規則。

試點調研應該注意以下幾個問題：

其一，應建立一個精干有力的調研隊伍，隊伍成員應該包括有關領導、調研方案設計者和調研骨幹，這是搞好試點工作的組織保證。

其二，應選擇適當的調研對象。要選擇規模較小、代表性較強的試點單位。必要時可採取少數單位先試點，再擴大試點範圍，然后全面鋪開的做法。

其三，應採取靈活的調研方式和方法。調研方式和方法可以多用幾種，經過對比后，從中選擇適合的方式和方法。

其四，應做好試點的總結工作。即要認真分析試點的結果，找出影響調研成敗的主客觀原因。不僅要善於發現問題，還要善於結合實際探求解決問題的方法，充實和完善原調研方案，使之更加科學和易於操作。

二、調研方案的綜合評價

對於一個調研方案的優劣，可以從不同角度加以評價，現結合第二次全國工業普查的情況，簡要說明如下：

1. 方案設計是否體現調研目的和要求

方案設計是否基本上體現了調研的目的和要求，這一條是最基本的，例如，第二次工業普查從摸清中國工業家底的目的出發，根據方案確定的調研範圍、調研單位、調研內容，據此設置的一系列完整的指標體系，反應了中國工業的現狀和全貌。方案指標設置的重點基本上能夠體現國家調整工業內部結構、發展科學技術；提高職工素質、提高經濟效益等方面的要求。

2. 方案設計是否科學、完整和適用

例如，此次普查對生產、流通、分配和消費各個環節，設置了許多相互聯繫、相互制約的指標，形成一套比較完整的指標體系，其特點是全面、系統和配套，適用性較強。

3. 方案設計能否使調研質量有所提高

影響調研數據質量高低的因素是多方面的，但調研方案是否科學、可行，對最后的調研數據質量有直接的影響，這次工業普查由於方案設計合理，使調研的實際差錯率大大低於20%的規定。

4. 調研實效檢驗

評價一項調研方案的設計是否科學、準確，最終還要通過調研實施的成效來體現。即必須通過調研工作的實踐檢驗，來觀察方案中哪些符合實際，哪些不符合實際，產

生的原因是什麼，肯定正確的做法，找出不足之處並尋求改進方法，這樣就可以使今後的調研方案設計更加接近客觀實際。

本章小結

　　市場調研方案設計，就是根據調查研究的目的和調研對象的性質，在市場調研的準備工作中，對調研工作總任務的各個方面和各個階段進行的全盤考慮和綜合安排，提出切實可行的調研實施方案，制定出合理的工作程序。調研方案設計對整個市場調研工作的順利開展具有重要的意義。

　　市場調研總體方案設計包括確定調研目的、對象、項目，制訂調研提綱和組織計劃，選擇調研方法和分析方法等一系列工作。其中確定調研對象需要根據調研目的，進行慎重選擇。

　　對市場調研總體方案設計的評價，可以利用邏輯分析法、經驗判斷法、試點調研法等進行可行性分析，然後再從不同角度予以綜合性評價。方案設計的可行性是其價值所在。

　　本章內容是市場調研的程序性工作，為整個調研工作指明了方向，理清了程序，有利於市場調研工作的順利進行。

思考題

1. 總體方案設計主要包括哪些內容？
2. 以某一個產品為調查對象，對幾種調查方案進行評價分析。
3. 方案評價中應注意哪些問題？
4. 簡述市場調查問卷設計的格式和技術。
5. 設計對某校大學生手機消費的總體調研方案。

第三章　二手資料調研方法

本章學習目標：
1. 瞭解二手資料概念、來源、收集方法
2. 瞭解二手資料的優點和不足
3. 瞭解二手資料的主要來源
4. 掌握二手資料的步驟和方法
5. 掌握收集二手資料使用的檢索工具

【引導案例】

　　日本人對大慶油田早有耳聞，直到 1964 年 4 月 20 日在《人民日報》上看到「大慶精神大慶人」的字句后，才判斷大慶油田確有其事。但是，大慶究竟在什麼位置，還沒有確切材料。之后在 1966 年 7 月的《中國畫報》上出現了鐵人王進喜在鑽井旁邊的那張著名照片，他們根據照片上人的服裝衣著判定大慶油田是在冬季為零下三十度的北滿，大致在哈爾濱與齊齊哈爾之間；之后，日本人坐火車時發現油罐車上有很厚一層土，從土的顏色和厚度證實了「大慶油田在北滿」的論斷。至於大慶的地點，根據 1966 年 10 期《人民中國》上關於王進喜的事跡中分析得到啓發：「最早鑽井是在安達東北的北安附近下手的，並且從鑽進設備運輸情況看，離火車站不會太遠。」還有這樣一段話：王進喜到馬家窑看到大片荒野說：「好大的油海！把石油工業落后的帽子丟到太平洋去。」日本人從偽滿舊地圖上查到「馬家窑是位於黑龍江海倫縣東南的一個小村，在北安鐵路上一個小車站東邊十多公里處」。終於大慶油田的準確地理位置搞清楚了。

　　至於大慶油田的規模是根據這樣一段話作出的判斷：馬家窑位於大慶油田的北端，即北起海倫的慶安，西南穿過哈爾濱與齊齊哈爾鐵路的安達附近，包括公主峰西面的大賚，南北 400 公里的範圍。估計從北滿到松遼油田統稱為「大慶」。

　　日本人在 1966 年第 7 期《中國畫報》上發現一張煉油廠反應塔的照片，他們通過這張照片推算出大慶煉油廠的規模。推算方法也很簡單，首先找到反應塔上的扶欄杆，扶手欄杆一般是一米多點，以扶手欄杆和反應塔的直徑相比，得知反應塔內徑是 5 米。因此日本人推斷大慶煉油廠的加工能力為每日 90 萬升，如以殘留油為原油的 30% 計算，原油加工能力為每日 300 萬升，一年以 330 天計算，年產量為 10 億升。而中國當時在大慶已有 820 個井出油，年產是 360 萬噸。估計到 1971 年大慶油田的年產量將有 1200 萬噸。日本情報機構已經知道大慶油田的原油產量驚人，但通過照片發現它的煉油能力明顯跟不上採集原油的速度。根據油田出油能力與煉油廠規模，日本人推論：

中國在最近幾年必將感到煉油設備不足,很有可能購買日本的輕油裂解設備,而且設備規模和數量能滿足每日煉油1,000萬升的需要。日本化工企業據此做好了進軍中國市場的準備。

從上面這個案例可以看出日本借助現有的報紙、雜誌資料進行分析,從中獲取有用的信息,現成的文獻資料在決策中起到了相當大的作用,那麼,怎樣能夠方便地獲取這些市場信息呢?

第一節　二手資料收集的特點

一、二手資料的概念

在市場調研中,調研資料通常要通過一定的手段與方法來獲取,按照數據資料來源的不同,調研資料的獲取方法可以分為兩類:一類為原始資料的收集方法,另一類為二手資料的收集方法。原始資料也稱一手資料,是指調查者為了某種特定的目的而通過專門調研直接收集到的資料;二手資料也稱次級資料,是指按某種目的對原始資料進行加工、整理後形成的資料。

二手資料比較容易得到,相對來說也比較便宜,並能很快地獲取。有些資料,使用原始數據收集方法也不可能得到想要的數據,例如國家統計局提供的普查結果,是不可能由任何一個調查公司能夠去收集完成的。

儘管二手數據不可能提供特定調研問題所需的全部答案,但二手數據在許多方面都是很有用的。例如,二手資料可以幫助我們:快速掌握調查問題存在的現狀;熟悉行業狀態、確定概念、術語和數據;明確調查問題的構成與成因;尋找處理問題的途徑;通過對二手資料分析來設計適當的調查方案;利用二手資料更深刻地解釋特定調研項目所收集的原始數據。

因此,考查研究可能得到的二手資料是收集原始資料的先決條件。一般應從二手資料開始分析。只有二手資料的來源已經全部用完或者有了一定的剩餘以後,才能考慮進行調研收集原始資料。

【小案例】蘭美抒產品的成功

天津中美史克製藥有限公司生產的蘭美抒產品藥效非常好,但消費者並不瞭解,於是公司請精信廣告公司進行市場調查,並為蘭美抒產品進行品牌策劃。

廣告公司首先開展了同行業的市場調查,通過調查取得了大量關於主要競爭對手西安楊森公司以及其產品達克寧的消費者、行業現狀的二手資料,這些資料為其進行科學市場決策提供了基礎依據。天津中美史克製藥有限公司正是在正確應用二手資料的基礎上,結合市場行業以及自身的具體情況確定目標消費者人群,進行品牌策劃和形象宣傳的。

他們選擇了一個簡單的V字型符號作為核心的創意圖案,利用V字型的腳丫子作

為提示。在很大的範圍內傳播一個廣告片,通過消費者自述使用該產品后的滿足感,讓更多的患者知道原來腳氣病是可以治好的。考慮到廣告傳播的單一性,自 2002 年 3 月份上市到 2002 年年底,中美史克整合了各路資源:在藥店零售方面,發動兩百多個城市展開大規模的推廣活動,進行了全面的店員培訓工作;調動大量人力走進醫院,對醫生進行推廣,獲取他們專業的認可;在二十個城市裡招募首批患者,並對他們的療效進行跟蹤,讓醫生和患者進行完全交流。這樣通過各種活動,蘭美抒總體上已快速成長為整體市場第二位的品牌。

(資料來源:蘭美抒新產品上市行銷戰役 [N]. 經濟觀察報,2003 - 07 - 28 (119))

二、二手資料收集的特點

二手資料收集又稱文案調查,是指調查員通過搜集各種相關的文獻資料,從中摘取與調查目的有關的資料加以整理、銜接、調整及融合,進而提出市場調研報告及市場行銷建議的市場調研方法。

二手資料收集的特點主要表現在如下三個方面:

(一) 調查不受時空限制

二手資料收集可以超越時空條件的限制,搜尋古今中外有關的資料,資料範圍廣、數量多。

(二) 收集容易,成本低

二手資料調研只要找到相關資料就可以查閱,在較短時間內就可獲得有用的數據,節省了人力、調查經費和時間,與第一手資料收集相比成本大大降低。

(三) 獲取資料方式靈活,調查方法實用性強

二手資料調研過程具有較大的機動性和靈活性,受外界干擾少。對調查人員來說,大多數問題並不是全新的,完全可以充分利用、借鑑別人的研究成果,極大地節省了自己的時間和精力,具有相當的實用性。

儘管二手資料收集的特點證明了這種信息的查找對調研是很有幫助的,但是調研者在使用二手資料時應當謹慎,因為二手資料有一定局限性。二手資料對當前問題的幫助在一些重要方面是有缺陷的:資料的相關性和準確性都不夠。一方面,收集二手資料的目的、性質和方法不一定適合當前的情況。由於二手資料是他人為實現自己的目的,在過去搜集或整理的各種文獻資料,反應的是研究對象過去的某些特徵。這與現在的調查目的往往不能很好吻合,對解決當前問題不完全適用。另一方面,二手資料的時效性差。二手資料收集得到的主要是歷史數據和資料,往往缺乏最新的信息資料,隨著時間推移和市場條件的變化,資料難免會過時或發生變化。所以,在使用二手資料之前,有必要先對二手資料的質量進行評估。

三、二手資料的評估

二手資料的獲取僅僅是開展調查研究工作的第一步。更重要的是要對所收集到的

資料作適當的判斷和處理，使之能夠滿足當前調研目的的需要。因此，對二手資料進行評估是有必要的。

對於市場調研者來說，主要從以下兩方面對二手資料進行評估：

(一) 準確性評估

市場資料是否可信，與第一手資料的接近程度如何是評價二手資料的重要問題。在調查過程中，研究方案設計，抽樣，數據的收集、分析以及項目報告等方面都有可能出現誤差，而且由於調研者並沒有實際參與，所以很難評價資料的準確性。其次在二手資料的來源上，不同調研機構的可信賴程度也是不一樣的。評價數據準確性的方法主要有兩條途徑：

1. 檢驗提供數據來源渠道的專業水平、聲譽及可信度

資料是否準確可通過考查調研機構的信譽、名聲來判斷。對於為了特殊利益關係或為了進行宣傳而出版發表的資料要抱懷疑的態度。匿名發表的或是企圖隱瞞資料收集方法和過程細節的二手資料也是令人懷疑的。盡可能選取信譽好、能力強的機構提供的信息。例如國家統計機關提供的統計年鑒資料中的數據信息就值得信賴。此外，還要考查二手資料是直接來自原始的收集機構，還是間接地由其他機構再次進行處理後生成的。一般來說，來自原始收集機構的二手資料可能在收集方法等細節方面規定得很詳細，比較準確和完整。

2. 對不同來源的數據信息進行對比驗證

調研人員可以將幾種獨立機構調查的數據進行對比，以確定資料的準確性和可信程度。如果幾個獨立機構提供的數據相似，那麼認為數據的可信程度比較高；如果數據之間不一致，那麼調研人員就應該努力找出數據間誤差的原因，並確定哪種數據最可能準確。如果信息仍然可疑，此時最好聘請專業調研公司進行專門調查。例如某城市人口普查數據為男性占51%，女性為49%，該城市另一機構進行單獨的相關調查後提供數據為男性占51.2%，女性為48.8%，那麼應該認為這項調查基本可信。

(二) 有效性評估

二手資料並不是為滿足當前研究的需要而專門設計的，因此這些資料數據與所研究項目的相關程度如何，即數據滿足當前調研問題和目標需要的適用程度如何，就成為調研人員評估二手資料的重要內容。對二手資料的有效性評估主要考慮以下方面：

(1) 調查資料的範圍與調研問題的範圍是否一致。調查資料要全面和精確地包括調研問題的要求，調研對象的範圍應一致。

(2) 數據涉及的關鍵變量的定義、測量的單位、使用的分類以及研究方法與調研問題是否一致。獲取的資料與研究問題必須同質、相關並可比，還要明確統一的定義標準和計量單位。

(3) 資料的時期範圍是否適當，有無過時。數據資料都有一定的時效，如果資料反應的情況發生變化了，就失去了利用價值。因此應該及時收集、分析和利用各種最新的資料，提高資料的時間價值。

第二節　二手資料的來源

二手資料的種類繁多、數量巨大，按照來源來分可將二手資料分成兩大類：內部資料和外部資料。

一、內部資料

內部資料指的是出自我們所要調查的企業或公司內部的資料，屬於企業專有資料，主要是與企業生產經營和管理活動有關的各種數據記錄，主要包括以下四種：

（一）業務資料

企業業務資料是反應企業生產經營業務活動的一些原始記錄資料，是企業開展經營活動，進行決策分析、判斷的重要依據，主要包括訂貨單、進貨單、發貨單、存貨單、銷售記錄、購銷合同、顧客反饋信息、業務員的各種記錄等。通過對這些資料的分析，可以瞭解企業的生產經營的情況以及地區、用戶的需求變化。

（二）財務資料

企業財務資料是企業財務部門提供的各種會計報表、財務分析資料，主要包括企業的資產、負債、權益、收入、成本、利潤等的會計核算記錄和財務分析資料。通過對這些資料的研究，可以確定企業的發展前景，考核企業的經濟效益。

（三）統計資料

企業統計資料是研究企業經營活動數量特徵及規律的重要定量依據，主要包括各類統計報表和統計分析資料。通過對這些資料的研究，可以對企業的各項經濟活動進行綜合反應，為企業的決策與預測提供依據。

（四）其他資料

除上述資料外，企業還有一些平時搜集整理的各種文件、工作計劃和總結、經驗總結、顧客意見和建議、調研報告、照片、錄音、剪報等。這些資料對市場調研也有著一定的參考作用。

二、外部資料

外部資料指的是來自被調查的企業或公司以外的信息資料。各級政府、商業協會以及各類組織都能產生大量的信息。這類信息包括出口國國內的資料和來自進口國市場的資料。一般來說，外部資料在二手資料調研項目中占主要部分。外部資料主要來自以下幾種渠道：

（一）政府機構

為了管理國家和經濟的發展，每個國家的政府都會利用自己的統計機構收集許多關

於人流、資金流、物流、信息流等方面的資料，用以指導國民經濟的發展和推動社會的進步。在政府收集的資料中有很大一部分會向社會公開（例如統計年鑒、經濟年鑒、統計資料匯編、人口普查數據、經濟普查數據等），這些數據是權威性最強的，在調研中一般可以直接應用。如《中國統計年鑒》，是由國家統計局編製，全面反應了中國經濟和社會發展情況的資料，提到了各方面的統計數字，企業需要時就可以直接使用。

（二）行業協會

許多國家都有行業協會，許多行業協會都定期搜集、整理和發布本行業的各種統計數據、市場分析報告、市場行情報告、產業研究、商業評論、政策法規研究等的信息資料，這些資料是研究行業狀況和市場競爭的重要依據，行業協會逐步成為行業性的信息中心。

（三）新聞媒體

電視、廣播、報紙、廣告、期刊、書籍、論文和專利文獻等傳播媒介，不僅含有技術情報，也含有豐富的經濟信息，調研人員可以很容易地從中找到關於調研主題的各種信息資料，對預測市場、開發新產品、進行投資具有重要的參考價值。特別是電視、廣播、報紙，能提供最近期的信息資料，為企業的短期經營決策提供依據。

（四）專門調研機構

這裡的調研機構主要指專業的諮詢公司、調研公司。這些專門從事調研和諮詢的機構經驗豐富，搜集的資料很有價值，他們將信息作為產品來生產，一般收費較高。

（五）各種博覽會、交易會、經驗交流會等會議

各國或各地區經常都會組織各種博覽會、展銷會、交易會、學術經驗交流會等會議，在會議上各廠家、單位都會發放一些有關本企業或產品的相關材料或文件，這些資料在一定程度上也會給調研人員進行調查提供一定的幫助。

（六）其他信息來源

除上述資料來源外，還有一些包括來自高等院校、科研所、圖書館、檔案館、互聯網等的信息資料，是重要的二手資料的來源地，對調研人員查詢某些專門資料，具有其他資料來源所不能替代的作用。

進行二手資料收集時，應先收集比較容易得到的和公開發表的現成的信息資料，最好先從企業內部資料收集開始，然後再收集相關的外部信息資料。由於信息資料具有時效性，在收集時間上也應注意從近期資料開始搜集，逐步查閱遠期信息。

第三節　二手資料收集的步驟和方式

一、二手資料的收集步驟

二手資料來源渠道多種多樣，在收集資料過程中容易讓人陷入「為收集而收集」

的狀態，收集信息效率低下，甚至，由於信息質量良莠不齊，還可能得到錯誤的數據。如何才能快速、全面、準確的收集到對工作有參考價值的信息資料，在有限的時間裡完成高價值信息的收集、分析呢？調研人員在收集二手資料時必須遵循一些基本的步驟，達到調查的預期目的。二手資料的收集步驟為：

(一) 確定市場調查的目的和內容

在收集信息資料前，調查者應該明確調查的目的、研究的範圍、研究的時間長短，只有先明確目的、確定方向，才能知道自己真正需要的是什麼資料。

(二) 擬訂調查計劃，細化信息收集內容

擬訂詳細的調查計劃，將收集內容逐一分化，能對調研的經費、時間、人員進行合理分配，保證調查的全面實施。例如：麥當勞公司在進入中國市場前花費了 8 年時間研究中國市場，從國家政策、市場環境、原料產地、飲食習慣、文化習俗、收入水平、家庭結構等方面對市場狀況進行研究，將研究內容細化，最終找到了進軍中國市場的突破口，占領了中國的快餐市場。

(三) 查閱信息來源

儘管研究者不可能在某個信息源發現所有與研究主題有關的資料，但他應當能有效地使用各種檢索工具，以減少尋找信息的時間並且提高查找效率。內部資料通常可以從企業內有關部門或企業內部數據庫獲得；外部資料可以從公開出版物、信息提供商、外部數據庫、網路等渠道獲得。

(四) 記錄、篩選、整理並評價信息資料

在收集過程中一定要對信息進行登記，記錄信息資料時，一定要記錄下這些資料的詳細來源（作者、文獻名、刊名或出版商、刊號或出版時間、頁碼等），以便在以後檢查和使用資料時，能夠準確、快速地查到其來源和內容；在使用二手資料之前，一定要對其可信度進行評價，並分析已收集信息與所需信息的差別；對凌亂資料要進行篩選、比較分析，剔除與調研問題無關或不夠完整的部分，選取對研究主題最有價值的資料。

(五) 提出調查報告

為了更好地利用收集到的資料，在對資料進行整理分析之後，要通過撰寫調研報告的方式客觀、準確地提出調查結論和對未來事態發展的估計和建議，使資料更加條理化、層次化，為市場調查人員使用資料提供優質的服務。

二、獲取二手資料的方式

獲取二手資料的方式主要有有償收集和無償收集兩種方式。有償收集方式是通過經濟手段獲得文獻資料，如採購（訂購）、複製、交換，這種方式更講究情報信息的針對性、可靠性、及時性和準確性。無償收集方式不需要支付費用就可以獲取信息資料，但往往這種方式所獲資料的參考價值有限。

在二手資料的收集中，可以依不同情況採用不同的方式。

一般來說，內部資料收集相對比較容易。調查障礙小、獲取資料迅速，能夠準確知道資料的來源、準確性高、調查費用低，基本屬於無償收集方式。

外部資料收集中，對於具有宣傳廣告性質的資料，如產品使用說明書、產品功能介紹資料、會議宣傳資料等，是企業為了宣傳、推銷自己的產品，提高產品或企業的知名度，爭取客戶而免費提供的資料，可以採用無償收集方式；對於公開出版、發行的資料，一般要通過採購、複製等經濟手段才能獲得，即為有償收集方式獲取。

收集二手資料時要根據調研目的、要求，綜合考慮調研的各種條件（如調研經費）來選取適當的獲取二手資料的方式。

第四節　二手資料調研法

一、傳統獲取二手資料的方法

明確了文獻資料的來源渠道和步驟，還需掌握文獻資料的查尋方法。傳統的查尋方法一般有：文獻資料篩選法、檢索工具查找法、情報聯絡網法。

（一）文獻資料篩選法

文獻資料篩選法是從各類文獻資料（如圖書、產品目錄、使用說明書、宣傳資料以及與調研活動有關的文章、報告、簡訊、新聞）中分析和篩選出與調研項目有關的信息和情報。這種方法是企業獲取信息最基本、最主要的方法。採用文獻資料篩選法收集二手資料，應根據調查目的和要求有針對性地查找有關文獻資料。

（二）檢索工具查找法

檢索工具查找法是獲取二手資料的一種基本方法。利用檢索工具進行查找可分為手工檢索法與計算機檢索法兩種。手工檢索是以手工方式，利用目錄、文章摘要等檢索工具從企業的信息資料庫或外部的公共機構（如圖書館、書店、資料室、出版單位）等地方查找資料的方法；計算機檢索是通過計算機及網路設備，利用光、磁等媒介存貯檢索查找資料信息的方法。一般情況下，計算機檢索速度快、範圍廣、效率高，現代圖書館大多數採用計算機檢索。利用檢索工具查找資料時應該熟悉檢索系統和資料目錄，以便提高效率，得到完善可靠的信息。

（三）情報聯絡網法

情報聯絡網法是企業在一定範圍內設立情報聯絡網，用以收集市場情報、競爭對手活動、技術情報等資料。情報聯絡網的建立，一般由企業派遣專業人員在重點地區設立固定情報資料收集點或同相關部門以及有關情報中心定期互通情報信息，以獲取有關市場供求趨勢、消費者購買行為、價格情況、經濟活動研究成果、科技最新發明等信息。情報聯絡網法涉及範圍廣、獲取的情報信息量大、綜合性強，是企業進行二手資料收集的有效方法。

二、互聯網調研法

【小資料】中國互聯網路發展狀況統計

2008年7月CNNIC公布了中國互聯網路發展狀況統計報告,本次調查統計數據截止日期為2008年6月30日。調查數據顯示,中國互聯網路繼續呈現持續快速發展的趨勢。

截至2008年6月底,中國網民數量達到2.53億人,網民規模躍居世界第一位。比2007年同期增長了9,100萬人,同比增長56.2%。在2008年上半年,中國網民數量淨增量為4,300萬人。中國互聯網普及率達到19.1%,這一普及率略低於全球21.1%的平均互聯網普及率,這種互聯網普及狀況說明,中國的互聯網處在發展的上升階段,發展潛力較大。越來越多的居民認識到互聯網的便捷作用,隨著上網設備成本的下降和居民收入水平的提高,互聯網正逐步走進千家萬戶。

享受寬帶接入服務的網民越來越多,中國的互聯網接入情況越來越好。目前中國網民中接入寬帶比例為84.7%,寬帶網民數已達到2.14億人。

臺式機仍為目前上網設備的主流,有87.3%的網民使用臺式機上網。筆記本電腦和手機已經成為網民的重要選擇,分別有30.9%和28.9%的網民使用這兩種設備上網。就總體趨勢而言,臺式機的使用比例在下降,筆記本和手機的使用比例在上升。截至2008年6月底,中國的手機上網網民數已達到7,305萬人。2.53億網民中,半年內有過手機接入互聯網行為的網民比例達到28.9%。手機上網以其特有的便捷性,在中國發展迅速。手機上網的發展,使得網民的上網選擇更加豐富,手機上網情況的變化也從一個側面反應了網民上網條件的變化,手機上網成為網路接入的一個重要發展方向。

中國網民中女性比例上升到46.4%,比2007年底上升了3.6個百分點,中國網民逐漸走向性別均衡。目前中國男性居民中的互聯網普及率為19.9%,女性為18.3%。

中國網民的主體仍舊是30歲及以下的年輕群體,這一網民群體占到中國網民的68.6%,超過網民總數的2/3。從學歷的角度分析,互聯網顯現向下擴散的趨勢。目前高中學歷的網民比例最大,占到39%。隨著網民規模的逐漸擴大,網民的學歷結構正逐漸向中國總人口的學歷結構趨近,這是互聯網大眾化的表現。

家裡、網吧、單位是網民上網的主要地點,比例分別為74.1%、39.2%和22.7%。隨著上網條件的改善,在家上網的比例總體呈上升趨勢。

在網路應用方面,目前排名前十位的網路應用是:網路音樂、網路新聞、即時通信、網路視頻、搜索引擎、電子郵件、網路游戲、博客/個人空間、論壇/BBS和網路購物。十大互聯網應用中,互聯網基礎應用是網民使用互聯網的重要方面,在網民中有很強的生命力。中國網民的搜索引擎使用率為69.2%,2008年上半年搜索引擎用戶增加了2,304萬人,半年增長率達到15.5%。網民學歷越高,搜索引擎使用率越高。在本科及以上的網民中,搜索引擎使用率已經超過93%。電子郵件的使用率為62.6%,2008年上半年用戶增長量較高,半年增長了3,973萬人。某些網路應用的發展,如電子商務等,對電子郵件的使用有一定的促進作用。即時通信使用率為77.2%,用戶規模達到1.95億人,半年增加了2,442萬人,半年增長率14.3%。

上述有關中國互聯網路發展狀況統計的資料顯示，互聯網的發展使信息搜集變得越來越容易，二手資料的來源也越來越豐富，網上調研逐步成為二手資料調研的一種重要方法。

　　互聯網，是將世界各地的計算機聯繫在一起的網路，它是獲取信息的最新工具，對任何調查而言，互聯網都是最重要的信息來源。在互聯網上，要查找的東西，只要在正確的地方查尋就可能找到，許多寶貴的信息都是免費的。從網上獲取資料比用其他方法查找方便得多。例如想要瞭解某些信息的具體細節，利用搜索引擎查找，打入需要查尋的關鍵字，電腦就自動幫助找出來，可以獲得包含該條文的原始文件的全文。互聯網調研法是利用互聯網路獲取信息的最新調研方法。這是一種集網路技術和傳統方法為一體，方便、經濟、快捷等優點的調研方法。互聯網上的電子信息比其他任何形式存在的信息都更多，這些電子信息裡面，有很多內容是調查所需要的情報，還可以通過連結功能，發現更多有關的信息資料。

（一）互聯網調研法的特點

　　1. 查詢速度快，數據信息多

　　網路信息能迅速傳遞給連接上網的任何用戶，信息傳播速度快，只要使用互聯網的人都可以利用某些搜索工具快速查找到所需資料，甚至通過相關連結，查到許多與調研主題相關的信息。互聯網能使你進入許多網站，獲得比任何一家圖書館都要多的信息資料。

　　2. 無時空限制

　　互聯網的傳播範圍廣泛，可以通過國際互聯網路把廣告信息全天候 24 小時不間斷地傳播到世界各地。互聯網的普及在很大程度上改變了舊有的調查方式和交流模式，打破了傳統媒體對時間和空間的限制，為調查人員提供了全新而高效的手段和工具，各種搜索引擎檢索功能的增強更為調查人員查找網上信息帶來了極大的方便。

　　3. 費用低廉

　　互聯網調研在信息收集過程中不用外派調研人員，不受天氣和距離的影響，極大地節省了調研人員的時間、費用和精力。

　　儘管互聯網市場調研法有很多優點，但也應看到它有很多缺點：許多信息是沒有用的，或信息不準確、不完整；許多信息過於陳舊。因此對收集到的資料也要進行篩選和評價。

（二）互聯網調研法的方法

　　1. 利用搜索引擎收集資料

　　搜索引擎能閱讀、分析並儲存從該搜索網站網頁上獲得的信息。利用搜索引擎，可以進入相關的主題搜索。每個搜索引擎都有自己的優勢。選擇哪個搜索引擎來收集資料，要根據市場調查的對象和內容而定。目前網上 80% 的信息都是英文的，中文網站經過幾年的發展，數目急遽增加。如果用中文信息，使用較多的中文搜索引擎是：百度（http：//www.baidu.com）、中國雅虎全能搜索（http：//www.yahoo.cn）、搜狗搜索（http：//www.sogou.com）、有道搜索引擎（http：//www.yodao.com）、Google 簡

體中文（http://www.google.cn）等。

中文引擎分別可以按分類網站和網頁來搜索關鍵字。國內搜索引擎一般都是採用分類層次目錄結構，使用時可以從大類再找小類，直到找到相關網站。為提高查找效率和準確度，可以通過搜索引擎提供的搜索功能直接輸入幾個恰當、貼切、準確的查詢關鍵字進行查找相應內容。注意的是按分類只能粗略查找，按網頁可以比較精確查找，但查找結果比較多，因此搜索最多的還是按網站搜索。在使用搜索時，可以用一些高級命令，同時搜索多個關鍵字，以提高檢索的命中率和效率。例如要瞭解海爾集團生產的洗衣機的價格，可以直接輸入百度網址（http://www.baidu.com），進入網站後在引擎提供的搜索功能框內輸入關鍵詞「海爾、洗衣機、價格」後在網頁中進行搜索，就可以查找到許多關於海爾集團生產的各種洗衣機價格的資料信息。

2. 利用公告欄收集資料

公告欄（BBS）就是在網上提供一個公開「場地」，任何人都可以在上面進行留言回答問題或發表意見和提出問題，可以聊天討論，也可以查看其他人的留言，甚至用於發布商業求購信息。利用 BBS 收集資料主要是到與調研主題相關的 BBS 網站去瞭解市場情況。

3. 利用新聞組收集資料

新聞組就是一個基於網路的計算機組合，這些計算機可以交換以一個或多個可識別標籤標示的文字（或稱之為消息），一般稱作 Usenet 或 Newsgroup。由於新聞組內容廣泛，其中包含的各種不同類別的主題涵蓋了人類社會所能涉及的所有內容，因此每天都吸引眾多的訪問者。利用新聞組收集信息的方法與 BBS 類似，但新聞組能夾帶圖片。

4. 利用電子郵件收集資料

E-mail 是 Internet 使用最廣的通信方式，它不但費用低廉，而且使用方便快捷，很受用戶的歡迎。目前許多信息服務提供商和傳統媒體，以及一些企業都利用 E-mail 給用戶發送信息、發布企業的最新動態、產品或配件的最新信息、有關產品服務信息等，通過電子郵件收集信息是最快捷的方式。

互聯網上的經濟信息資料非常豐富，這裡僅有選擇地介紹了一些代表性的收集資料的方法，調研人員要想得心應手地從互聯網上查找到所需資料，必須親自動手實踐並不斷地總結經驗，以使互聯網上豐富的經濟信息資源得到更廣泛的開發和利用。

第五節　特殊資料收集工具

一、辛迪加數據

辛迪加（Syndicated），又稱綜合信息服務提供商。辛迪加數據指的是一種具有高度專業化，從一般數據庫中獲得所需的外部數據信息，許多從事專業市場調研的機構都可以提供這類數據。辛迪加機構收集這些信息的目的並非為了某一個客戶的具體項

市場調研

目進行市場調研,而是為了滿足某一類客戶的需求。辛迪加數據可以通過直郵、收集短信、電子郵件、電話交流等方式非常快地獲得所需的信息,通過辛迪加機構收集信息,通常比直接收集原始信息更經濟。

辛迪加數據的一個優點就是可以分攤信息的成本。由於有許多企業要求提供信息服務,信息供應商把信息賣給多個信息需要者,成本對每個單獨的信息需要者來說就可以大大地減少。例如2003年尼爾森媒介在中國32個城市追蹤年齡在15歲或以上受眾的收聽率,提供深度分析報告,發布的第一輪數據顯示,中國有近半數的15歲以上人士每週都會收聽電臺節目。在北京,將近一半的人聽廣播的時間是每週平均14.5個小時。在上海,93%的人每個星期平均要花14個小時聽收音機。這跟澳大利亞悉尼市的居民以及新加坡人收聽廣播的時間長短很相近。這項收聽率調查會每季度進行,定期向電臺經營者和廣告商提供。河南、杭州、南京、青島、哈爾濱等省市的多家電臺與尼爾森簽約,使用有關服務。

另一個優點就是信息需要者可以非常快地獲得所需的信息,原因在於辛迪加數據公司建立了一套完整的工作運行模式和通過反覆實踐的數據收集方法來不間斷地收集有關的行銷信息。只要信息需要者需要就能很快提供相關的信息資料。

辛迪加數據也有它的缺點:首先,用戶對辛迪加服務下的信息控制很少或幾乎無法控制。其次,每個希望使用這種服務的用戶必須認真評價辛迪加信息者所能提供的信息服務,因為這些公司通常要求長期的合作,幾個月或者最少一年的預定。另外,辛迪加標準化服務無法按照每個用戶的特殊要求提供特定的服務,標準化的商業信息同樣提供給每個用戶,相同競爭的公司可能使用同樣的信息。

辛迪加數據的主要應用於:消費者意見調查、確定市場細分、進行市場追蹤、監督媒體的使用和促銷效果幾個方面。

二、各種數據庫

數據庫指的是按照一定要求收集且具有相關信息的數據集合體,是信息搜集最好的工具之一,可分為內部數據庫和外部數據庫兩種。內部數據庫的信息是企業內部收集的,主要存放企業客戶和潛在顧客信息,為企業瞭解消費者行為、確定顧客群,細分市場、制定行銷決策等方面提供重要的信息資料。外部數據庫指的是公司外部的組織所提供的相關的數據信息庫。它們也是二手資料的重要來源。例如電信公司可以提供企業和個人的電話(座機和小靈通)號碼數據庫;移動、聯通公司可以提供擁護手機號碼數據庫;航空公司提供各航班時刻表數據庫等等。數據庫提供機構把自己整理好的數據庫製作成光盤、印刷品或網路版本,然後向需要使用信息的用戶提供數據庫並收取一定的費用。外部數據庫資料存放地點,主要是圖書館、檔案館、在線數據庫、商業數據服務機構、國際互聯網等。外部數據庫可分為全文數據庫(包含文獻資料來源的所有信息的數據庫)、數值數據庫(按一定時間順序提供數值信息和統計信息的數據庫)、目錄數據庫(只包含文獻題名、責任者、出版事項、分類號、主題詞等簡單信息,一般便於查詢的數據庫)、專業數據庫(為了專業目的而編製的數據庫)。儘管得到的數據庫不會是最新的,但它們很容易查詢,並能幫助增加對調查對象的歷史背景

的瞭解。例如許多學校圖書館購買並開通了一系列的數據庫（如萬方數據、超星數字圖書館、維普數據庫等），通過使用數據庫，可以迅速查閱許多相關學科的圖書、期刊、學術論文等的資料，能增加對相關知識的瞭解。

雖然數據庫容易查詢，但它也有很多缺點。得到的信息不一定就是最新信息。如果需要得到有關最新信息，數據庫不一定就是最好的信息源。數據庫的信息常常是1個月甚至1年前的。因此，通過數據庫獲取的信息需要注意如下問題：

1. 信息資料的日期

例如一本圖書從編輯到出版，可能需要幾個月才能出版出來。在數據庫編寫人員收到圖書後，又需要一定的時間將其錄入數據庫。信息收集者得到信息資料時往往是半年甚至一年以後了。

2. 數據庫信息的選擇

由於數據庫的容量、編輯人員的時間和經驗限制，它常常不收錄文章全文，而是從中選擇部分進行刊登，往往造成信息不完整或遺漏。

3. 收錄內容的重點選擇

當不同的期刊和報紙刊登同樣的新聞文章時，數據庫人員往往只選其中一篇錄入，結果可能造成信息損失。由於每一記者的信息來源、思考角度不同，因此所提供的信息自然有差異，一篇文章只能是整個事實的一部分。

4. 更新週期的缺陷

數據庫的更新有一定的間隔期，數據庫人員不可能隨時對數據庫進行更新，那麼，數據庫不會反應更新后的最新信息，直到下次更新時才能補充新資料。例如數據庫反應公司財務報表信息，財務報表每月才更新一次，那麼一個公司的財務報告就不會反應隨后直到下月之間一個月的最新信息了，而一個月對有些公司來說有可能會發生翻天覆地的變化，調查人員依靠數據庫得到的財務報告就沒有任何價值了。

本章小結

二手資料也稱次級資料，是指按某種目的對原始資料進行加工、整理后形成的資料。二手資料收集的特點主要有：①調查不受時空限制；②收集容易、成本低；③獲取資料方式靈活、調查方法實用性強。但二手資料有一定局限性，主要是：資料的相關性和準確性都不夠。這些體現在：①收集二手資料的目的、性質和方法不一定適合當前的情況；②二手資料的時效性差。在使用二手資料之前，有必要先對二手資料的質量進行評估。評估主要包括：準確性評估和有效性評估兩個方面。

二手資料來源有：內部資料和外部資料。內部資料主要為企業內部的業務資料、財務資料、統計資料和除上述以外的其他資料。外部資料主要來自以下幾種渠道：政府機構、行業協會、新聞媒體、專門調研機構、各種博覽會、交易會、經驗交流會等會議、其他信息來源。

二手資料的收集步驟為：①確定市場調查的目的和內容；②擬訂調查計劃，細化

信息收集內容；③查閱信息來源；④記錄、篩選、整理並評價信息資料；⑤提出調查報告。查尋方法一般有四種：文獻資料篩選法、報刊剪輯分析法、情報聯絡網法、互聯網調研法。

隨著網路的迅速發展，互聯網調研法成為獲取信息的最新工具。互聯網調研法的特點是：①查詢速度快，數據信息多；②無時空限制；③費用低廉。互聯網調研法的方法有：①利用搜索引擎收集資料；②利用公告欄收集資料；③利用新聞組收集資料；④利用電子郵件收集資料。

還可以利用辛迪加數據和各種數據庫等特殊資料收集工具來收集信息資料。

思考題

1. 二手資料的概念和特點是什麼？
2. 如何對二手資料進行評價。
3. 二手資料的來源有哪些？
4. 二手資料的收集步驟是怎樣的？
5. 互聯網調研法的特點是什麼？
6. 互聯網調研法的具體方法有哪些？
7. 怎樣利用一些特殊資料收集工具來收集信息資料？

案例分析

你是行銷專業的一名學生，現在面臨畢業，來到一家轎車銷售企業應聘，雖然你通過了面試，但名額只有一個。人事經理要求你們在三天之內分別提交一份關於該地區轎車市場發展前景的報告，公司將根據報告質量決定錄用誰，由於時間緊迫，你該怎樣完成這份報告？

提示：報告內容可包括目前該地區轎車市場的宏觀環境狀況、轎車現有市場規模和主要銷售特點、市場上轎車的領導品牌、影響消費者購買的主要因素、對轎車的市場前景展望和相應的對策等內容。

第四章　一手資料調研方法：定量調研技術

本章學習目標：
1. 瞭解定量調研的含義及優點
2. 掌握面談訪問、郵寄訪問、電話訪問等訪問調查方法
3. 掌握網路市場調研的含義特點及方法
4. 掌握觀察調查法的概念、種類及記錄技術
5. 瞭解實驗研究法的概念、工作程序，掌握幾種實驗設計方法

第一節　定量調研概述

　　定量調研是指利用結構式調查表或問卷，對一定數量的樣本，依據一定的程序來收集數據和信息的調查方式，是市場調查中應用最為廣泛的主流的調查方法。傳統市場調查主要用這種方法。

一、定量調研與定性調研的比較

　　定性調研更注重對消費者的態度、感覺及動機的調查瞭解，注重對事物性質的調查。而定量調研則更側重於對調查對象及事物的統計特徵——數量方面的資料收集和分析。從調查方法來看，定量調研可以通過人員操作進行，也可以通過計算機操作進行，而定性調研只能用人員操作進行。定量調研的方法可以歸納為三大類，即訪問調查法、觀察調查法和實驗研究法。

　　定性調研的結果常常是由眾多小樣本（被調查的樣本數目少）所決定的，這一點也是定性調研受到限制的地方，從而影響了它的應用。許多管理者都不願意根據小樣本調查進行重大戰略決策，因為他們認為樣本數目少，不足以代表總體，並且定性調研在很大程度上依賴於調查者的主觀認識和個人的解釋。管理者更願意參考經過計算機分析的、列成表格的大樣本。大樣本和統計性強的分析是市場調查中管理者感覺比較放心的，因為這些資料是通過精確而科學的方法搜集的。表4.1從幾個方面比較了定性調研和定量調研。

表 4.1　　　　　　　　　定性調研和定量調研比較

	定性調研	定量調研
問題的類型	探測性	有限的探測性
樣本規模	較小	較大
每一訪談對象的信息	大致相同	不同
執行人員	需要特殊的技巧	不需太多特殊技巧
分析類型	主觀性的、解釋性的	統計性的、摘要性的
硬件條件	錄音機、投影設施、錄像機等	調查問卷、計算機、打印輸、錄音機、錄像機
重複操作的能力	較低	較高
對調查者的培訓內容	心理學、社會學、行銷學、市場調查	統計學、決策模型、決策支持系統、計算機程序設計、行銷學、市場調研
研究的類型	說明性、試探性的	說明性的、因果性的

二、定量調研的優點

在進行大量數據收集的工作中，定量調研更為經濟和有效，而且它特別適用於大規模樣本的採集。使用定量調研法進行數據的收集具有五個方面的優點：①標準化；②操作容易；③能揭示「隱性」問題；④易於製表和統計分析；⑤敏銳地反應子群的差異性（見表 4.2）。

表 4.2　　　　　　　　　　定量調研的五個優點

標準化	所有被調查者的問題都是一致的且順序相同，答案選擇也如此
操作容易	調查者閱讀問題和記錄答案迅速簡便，被調查者也可自填問卷
揭示「隱性」問題	有可能詢問關於事件的動機、細節、結果等問題
易於製表和統計分析	大樣本容量和計算機處理能迅速排序、交叉製表和進行統計分析
反應子群差異性	將被調查者細分成子群、根據不同要求分析比較

第二節　訪問調查法

一、訪問調查法的含義及分類

(一) 訪問調查法的含義

訪問調查法簡稱訪問法或詢問法，是指調查者以訪談詢問的形式，或通過電話、郵寄、留置問卷、小組座談、個別訪問等詢問形式向被調查者搜集市場調查資料的一

種方法。基本原理是以問和聽的形式獲取信息、挖掘信息。訪問法是市場調查資料搜集最基本、最常用的調查方法，主要用於原始資料的搜集。

(二) 訪問調查法的分類

訪問法按不同標誌劃分，可以分為許多類型，主要有如下幾種。

(1) 按訪問形式不同分，有面談訪問、電話訪問、留置問卷訪問、郵寄訪問等方法，這幾種方法將在后面作重點介紹。

(2) 按與被訪者接觸方式不同分，有直接訪問和間接訪問。直接訪問是調查者與被調查者直接面對面地進行訪問交談，如面談訪問。這種方法可以直接深入到被調查對象家中進行訪問，也可以把調查者請到一定的地點進行訪問。間接訪問是調查者通過電話或書面形式間接地向被調查者進行訪問，如電話詢問、郵寄詢問、留置問卷詢問等。

(3) 按訪問內容不同分，有標準化訪問和非標準化訪問。標準化訪問又叫結構性訪問，是指調查者事先擬好調查問卷或調查表，有條不紊地向被調查者訪問，主要應用於數據收集和市場的定量研究。非標準化訪問又叫非結構性訪問，是指調查者按粗略的提綱自由地對被調查者進行訪問，主要應用於非數據信息收集和市場的定性問題的研究。

二、面談訪問

面談訪問是指調查者與被調查者面對面地進行交談，以收集市場資料的方法，又稱直接訪問法。面談訪問按照訪問的對象不同，分為家庭訪問和個人訪問法；按訪問的地點不同分為入戶訪問和街頭/商場攔截式面談訪問調查，根據所用的設備不同分為普通的面訪調查和計算機輔助面訪調查。

(一) 入戶面訪調查

入戶面訪調查是指調查員到被調查者的家中或工作單位進行訪問，直接與被調查者接觸后，利用訪問式問卷逐個問題進行詢問，並記錄下對方的回答的調查方式。

入戶面訪調查是最常用的原始資料收集的調查方法，適用於調查項目比較複雜的產品測試、廣告效果測試、消費者調查、顧客滿意度研究、社情民意調查等。其工作程序如圖4.1所示。

在入戶面訪調查中，被訪問對象的確定非常重要。若抽樣方案中已經給出了具體地被訪對象的名單和地址，調查員必須按抽樣方案中指定的地址去訪問。但是在許多情況下，抽樣方案無法給出具體的被訪對象的名單，僅僅給出若干個抽樣點（如居委會）和如何抽取被訪對象的具體規定，這種情況下，調查員就有一定的確定被訪對象的主動權。而且，在被訪對象確定后，調查員還將面臨入戶以後決定訪問家庭中的哪一位成員或單位的哪一級別的職員的問題。應該注意的是，在確定被訪問對象的時候，調查員的抽樣權利必須得到約束，否則，必然出現現場選樣誤差的問題。

作為調查樣本，因為有事情，有時候第一次到訪時卻不能訪問到合適的被訪對象，調查員就需要根據回訪程序在其他時間重新聯絡，安排對這個調查樣本的調查。入戶

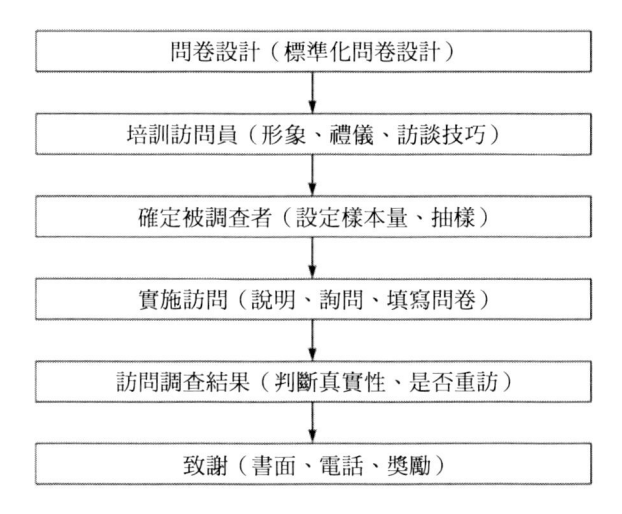

```
┌─────────────────────────────────┐
│  問卷設計（標準化問卷設計）      │
└─────────────────────────────────┘
              ↓
┌─────────────────────────────────┐
│  培訓訪問員（形象、禮儀、訪談技巧）│
└─────────────────────────────────┘
              ↓
┌─────────────────────────────────┐
│  確定被調查者（設定樣本量、抽樣）│
└─────────────────────────────────┘
              ↓
┌─────────────────────────────────┐
│  實施訪問（說明、詢問、填寫問卷）│
└─────────────────────────────────┘
              ↓
┌─────────────────────────────────┐
│  訪問調查結果（判斷真實性、是否重訪）│
└─────────────────────────────────┘
              ↓
┌─────────────────────────────────┐
│  致謝（書面、電話、獎勵）        │
└─────────────────────────────────┘
```

圖4.1　入戶面訪調查程序

面訪調查中由於那些在家而且願意接受訪問的人，一般都是老人、家庭主婦或退休人員等，可能與抽樣方案中確定的調查對象不符。入戶訪問可能漏掉某些潛在的應答者，如那些工作在外的人。因為不在家的應答者同那些在家的應答者可能存在很大差異。因此，安排回訪是減少不應答誤差的重要保證措施。由於訪員親自到應答者家裡，可以增加完成面訪調查的可能性，也可以訪問到那些電話不易聯繫到的人，幫助解決不應答的問題，由此可能提供一個更具有代表性的總體樣本。

由於入戶面訪調查要到選定的樣本家中或單位中尋找適當的調查對象進行訪問，一次訪問成功的概率較低，嚴格的回訪程序安排為減少不應答誤差提供保證，但是卻增加了調查成本。較低的一次訪問成功率和較高的調查成本，致使入戶面訪調查的使用越來越少。

入戶面訪調查有以下優點：

（1）調查有深度。

調查者可以提出許多不宜在人多的場合討論交談的問題，可深入瞭解被調查者的狀況、意願和行為，亦可在訪問中發現新情況和新問題。

（2）直接性強。

由於是面對面的交流，調查者可以採用如圖片、表格、產品演示等的方法來激發被調查者的興趣，當被調查者因各種原因不願回答時，調查者可進行解釋、啟發，爭取被調查者的合作。

（3）靈活性較強。

由於是訪問員與被調查者當面交流，因此還可以根據具體情況靈活掌握提問順序。

（4）準確性較強。

調查者可以解釋一些被調查者沒有理解或不清楚的地方，把不回答程度及答覆誤差減少到最低，可觀察被調查者回答問題的態度和表情，判別資料的真實可信程度。

(5) 拒答率較低。

通過面談訪問，被調查者一般不會拒絕回答問題，遇到拒絕回答時，也可通過訪談技巧爭取被調查者回答或作二次訪問。

入戶面訪調查有如下缺點：

(1) 費用高。

由於大規模的市場調查需耗費大量人力、物力和財力，因此，該方法適宜規模較小的市場調查。

(2) 時間長。

因為一對一的面對面交談，需花費較多時間才能完成調查。

(3) 對訪問員要求高。

由於是調查者與被調查者通過交談調查，要求訪問員必須具有較高的訪談技巧和個人素質。

(4) 易受干擾。

調查質量容易受氣候、調查時間、被訪者情緒等其他因素的干擾。

(二) 留置問卷訪問

留置問卷訪問指調查者將調查問卷當面交給被調查者，說明調查目的和要求，由被調查者自行填寫回答，按約定的時間收回的一種調查方法。它是入戶訪問的另一種形式。

留置問卷訪問的主要優點：

(1) 問卷回收率高，被調查者的意見可以不受調查人員的影響。

(2) 問卷涉及的問題可以多一些。

(3) 問卷留給被調查者填答，被調查者有時間進行詳細思考，認真作答，避免由於時間倉促或誤解產生誤差。

留置問卷訪問的主要缺點：

(1) 由於調查區域範圍的限制，難以進行大範圍的留置問卷調查。

(2) 時間長，費用相對較高。

(三) 攔截式訪問

攔截式訪問是指在公共場所（比如商場、街道、醫院、車站等）攔截在現場的一些人進行面訪調查。這種方法常用於商業性的消費者意向調查。例如在街上攔截過往的行人，進行商品房消費的調查。

攔截式訪問有以下三種方式：

1. 街頭攔截法

由經過培訓的調查員在事先選定的若干街頭、地段選取訪問對象，徵得其同意后在現場按問卷進行面訪調查。這種方式常用於需要快速完成的探索性研究，如對某種新上市商品的反應。

2. 商場攔截法

商場攔截法是在商場中，將顧客攔截下來，將事先設計好的問卷（主要針對商品

消費、商場環境、商品陳列、服務態度和商場滿意度等測評問題）提交給被調查對象，將其回答記錄下來。

3. 定點攔截法

它是先在街頭、車站、碼頭、娛樂場所、購物場所等地點，由調查員攔截訪問對象，徵得其同意後，帶到該場所附近租定的面訪室進行問卷調查。這種方式常用於需要進行實物顯示或特別要求有現場控制的探索性研究，如廣告效果測試等。

攔截式訪問的程序如圖 4.2 所示、應用時應重點注意：一是問卷內容不宜過多，問題應簡單明瞭，因為在公共場所調查以不涉及有關個人隱私方面的問題為好；二是在訪問過程中要控制其他人包括受訪者的同伴對受訪者的影響。對主動要求接受採訪的人，調查人員要善於辨別，對不合適的對象，應婉言謝絕。

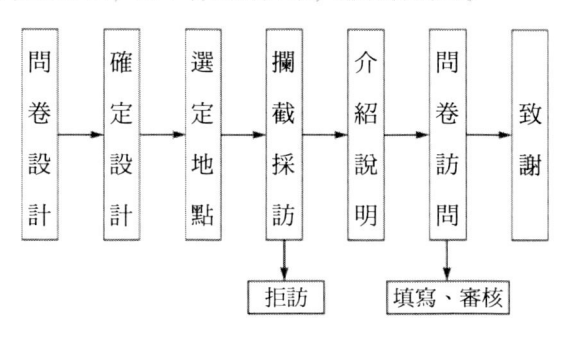

問卷設計 → 確定設計 → 選定地點 → 攔截採訪 → 介紹說明 → 問卷訪問 → 致謝

攔截採訪 → 拒訪
問卷訪問 → 填寫、審核

圖 4.2　攔截式訪問程序

攔截式面訪調查最主要的主要優點是：訪問地點比較集中、時間短，可節省訪問費和交通費；將調查對象帶到訪問中心調查比訪問員去樣本戶家中拜訪調查更為便利，可以避免訪問的一些困難；便於對訪問員進行監控；攔截式面訪調查執行個人訪問的頻率要比入戶面訪調查要高得多；對拒訪者可以放棄，重新攔截新的受訪者，確保樣本量不變。

攔截式訪問的主要缺點表現在三方面：一是不適合內容較複雜、不能公開的問題的調查；二是調查對象的身分難以識別，應答者可能並不是總體的代表性樣本，在調查地點出現帶有偶然性，因為並非目標總體中的每一個個體都喜歡逛街或逛商場，也並非目標總體中的每一個個體都恰恰是某一個商場的忠實顧客，可能影響樣本的代表性和調查的精確度；三是拒訪率高，行人或購物者一般都很匆忙，行人、顧客可能因為要趕車、處理公務或私務，怕耽擱時間等原因而拒訪。所以拒絕接受採訪的概率比較高，平均在50%左右。因此，在使用時應附有一定的物質獎勵。

（四）計算機輔助個人面訪

計算機輔助個人面訪調查（Computer Aided Personal Interview，CAPI）在一些發達國家使用比較廣泛。它是將問卷設置在筆記本電腦或臺式電腦中，以輔助入戶訪問或攔截式訪問。

計算機輔助個人面訪調查主要有兩種方式，第一種是調查員操作型，即調查員手

持普通的筆記本電腦或最近發展起來的面訪專用的無鍵盤輕型電腦，按照屏幕上顯示的問題逐題提問，並及時將答案通過鼠標、鍵盤或專用電腦筆輸入計算機。第二種方式是被調查者操作型，即被調查者經過簡單的培訓或指導後自己操作計算機，通過鍵盤、鼠標或專用電腦筆，逐題地回答電腦屏幕上的問卷，並將答案輸入計算機。這種方式與第一種方式比有兩個重要的區別，一個是調查員僅提供必要的指導和幫助，不知道被訪者輸入的答案；二是被訪者更多地參與調查過程，分享與計算機交互操作的感受與樂趣。

三、郵寄訪問

(一) 郵寄訪問的含義

郵寄訪問是指調查者將印製好的調查問卷或調查表，裝入信封內，通過郵寄方式遞送給選定的調查對象，由被調查者按要求填寫後，按約定的時間寄回的一種調查方法。有時，也可在報紙上或雜誌上利用廣告版面將調查問卷登出，讓讀者填好後寄回。調查者通過對調查問卷或調查表的審核和整理，即可得到有關數據和資料。

郵寄訪問是以郵遞員取代調查員，並以郵資的形式取代了訪問員的支出。它克服了電話訪問和攔截式訪問只能調查簡單問題的缺陷。但同時也完全依賴於「問卷與被調查者」交流。因此，郵寄訪問對問卷設計要求較高。

(二) 郵寄問卷訪問調查的步驟

郵寄問卷調查的一般步驟如下：

（1）根據研究目的收集調查對象名單、地址或電話，抽樣確定調查對象（由於郵寄訪問的問卷回收率一般較低，因而樣本量的確定應大於理論上的必要抽樣數目）。

（2）通過電話、明信片或簡短的信件，與調查對象進行事先接觸，請求他們協助填寫問卷，說明填寫要求和獎勵辦法。

（3）向調查對象寄出調查郵件，郵件中包括致被調查者的信件、調查問卷、貼好郵票的回郵信封。

（4）通過電話或簡短的信，與調查對象再次接觸，提示是否收到了問卷，並再次請求合作。

（5）對回收問卷及時登記編碼，統計回收數量，決定是否需要再打電話或郵寄提示信。

（6）如果回收率還達不到研究的要求，應考慮採取措施修正低回收率所造成的誤差。

（7）數據處理與分析。郵寄訪問結束後，則可以對問卷進行分類、匯總和統計分析。

(三) 郵寄調查的優點和缺點

郵寄調查的優點是：

(1) 保密性強。

郵寄調查一般都是匿名的，保密性強，被調查者有安全感，對問題的回答較真實，特別適合於敏感問題的研究。

(2) 調查區域廣。

一般來說，凡是通郵的地方都可以進行郵寄調查，因此用該種調查方法，調查面比面訪調查或電話調查更廣，如某商品的邊遠地區或海外地區的使用者。

(3) 費用較低。

由於只需要問卷設計和印刷及郵寄等費用，郵寄調查的費用比面訪和電話調查都低。

(4) 無調查員偏差。

面訪調查和電話調查的質量與調查員自身的素質有很大的關係，而郵寄調查可以完全避免由於調查員的原因而產生的偏差。

郵寄調查的缺點是：

(1) 回收率低。

在幾種調查方法中，郵寄調查的回收率是最低的，有許多受訪者由於工作繁忙或對調查問題不感興趣而不回答。因此在郵寄調查中要特別注意採取有效的措施提高回收率，同時對由於回收率低所造成的偏差要進行必要的處理。

(2) 花費的時間長。

在幾種調查方法中，郵寄調查所需的時間是最長的，因此只適用於那些時效性要求不高的項目。

(3) 填答問卷的質量難以控制。

調查對象可能會因為忙或其他原因找他人代為回答，或只填了問卷中的部分問題就停止了，這些都將影響數據的質量。

(4) 調查對象的限制。

郵寄調查的最大限制之一是被調查者必須有較高的文化程度。

(四) 提高郵寄問卷調查的回應比率

如果問卷令人感到乏味、表述不清楚或者過於複雜，就很容易被應答者丟進垃圾桶。郵寄問卷如果設計不夠合理，可能僅有15%的人會回覆，也就是說只有15%的回應比率。回應比率低並不僅僅是回收問卷的數量達不到要求那樣簡單，更重要的問題可能是，回應者與那些未回應者是否存在某些重要的系統性的差別。如果兩者存在系統性差別，那麼完成問卷的應答者就很難代表樣本中的未作出應答者，那麼依據回收問卷所作的統計推斷就可能出現系統性偏差。

為了減少上述偏差，克服郵寄訪問的缺陷，調研人員需要採取一系列措施來保證和提高郵寄問卷調查的回應比率。有些郵寄問卷調查還需要格外的激勵措施，以保證和提高回應比率，其方法包括以下幾種方式。

1. 附函

附函是伴隨問卷的信件，勸導讀者完成並且返回問卷，一般印製在問卷的第一

頁上。

2. 設置一定的物質獎勵

調研人員還可以通過提供金錢方面的刺激或獎賞，來促使應答者回覆郵件問卷。如可以預先聲明在規定的時間內回信將給予少量的報酬或紀念品（鋼筆、彩票或贈送樣品等）。為了提高回應比率，附函經常使用某些信息，如「我們知道附上的金錢不能彌補您的時間，這只是代表我們對您的感激」。

3. 有趣的問題

在不改變調研問題的前提下，調研設計者可以在問卷開頭部分加入幾道有趣的題目，以提高應答者的興趣及合作的積極性或可以增加問卷的趣味性，如填空、補句、判斷、圖片等。

4. 后續行動

對大部分郵寄問卷調查來說，在問卷開始回覆的前兩週內，回應比率相對是很高的，隨後便逐漸降低。在第二輪應答者回覆之後，調研人員可以開始后續行動，如使用信件、電話或者明信片，提醒應答者返回問卷。后續行動可以包括另一份問卷，或僅僅提醒應答者填寫最初郵寄的問卷。

5. 提前通知

注意提前通知或致謝，需要使用信件或電話提前通知應答者關於問卷的事宜，也是提高回應比率的一項額外措施。據業內人士分析，提前通知的最佳時間是在郵件調查到達之前3天左右。提前通知距離正式問卷到達的時間越短，產生的效果就越好。

6. 選定公開的調查發起人

在郵寄問卷調查中，對應答者公布的調查發起人可能是影響回應比率和是否發生重要主體偏差的重要因素。有些調查發起者極可能引起調查的主體偏差，而選擇另外一些調查發起者則可能完全避免主體偏差，並提高回應比率。例如，某企業行銷人員希望調查自己的批發商，瞭解他們的存貨政策及對其他競爭廠商的態度。印有該公司名稱的郵件問卷也許只能收到很少的回覆。最好由知名度較高且受人尊敬的機構主辦，如大學、政府機構、私人調查機構等發出的郵件問卷可能得到較積極的回應。

四、電話訪問調查

電話訪問調查是調查者通過查找電話號碼簿用電話向被調查者進行訪問，以搜集市場資料的一種調查方法。電話訪問調查分為傳統電話訪問調查和計算機輔助電話訪問調查兩種方式。

(一) 傳統的電話調查

傳統的電話調查使用的工具是普通的電話、印刷問卷和書寫用筆。經過培訓的調查員在電話室內（可以是設置有多部電話的調查專用的電話室，或是一般的辦公室，條件不允許的情況下也可能是在各個調查員的家中），在合適的時間內（晚上或節假日），按照事先抽取的調查號碼或所規定的隨機撥號的方法，撥打電話。如果一次撥通，則按照準備好的問卷和培訓的要求，篩選被訪對象再按照問卷逐題提問，並迅速

將回答的答案記錄下來。

傳統的電話調查一般在電話室內有專門的督導員，負責電話調查的管理和應急問題的處理。對於傳統的電話調查的訪問員，他們需要以下一些特別要求，主要是發音正確、口齒清楚、聲速適中和聽力良好。

隨機撥號的方法是根據隨機抽樣的原理設計的，常用的有以下兩種做法：

1. 電話簿抽樣法

利用最新出版的電話簿上的號碼作為抽樣框，可以採用簡單隨機抽樣、系統抽樣或集團抽樣。如果採用簡單隨機抽樣必須先計算號碼總數（樣本框），然后借助隨機數字表抽選出號碼，不過用此方法工程浩大，特別是大城市的電話動輒上百萬，很不容易。如果採用系統抽樣，可分頁數、欄數、行數抽選所要的號碼，工作量少得多。如果採用集團抽樣則可以以頁為集團，或以欄為集團工作量又更少得多。住宅部分的電話簿抽樣以系統抽樣為常見，不過無私人電話簿的地區則可以採用隨機撥號法。

2. 隨機撥號法

抽樣時按照所調查地區的具體情況和抽樣方案先確定撥打號碼的前幾位，再按照隨機的原則確定后幾位。

為了保證樣本的隨機性，一般要求當被抽中的對象不在時，應該記住號碼換時間再打，並且同一對象要求連續追打3～5次電話才能放棄。

傳統的電話調查對於小樣本的簡單訪談雖然簡便易行，但也存在不少問題。例如，當訪員在一般的辦公室或自己家中執行電話訪問時，對訪問調查過程實施統一監管將相當困難；另外，它難以處理一些複雜問卷的調查，如涉及許多跳答問題的問卷。

傳統電話訪問的程序如下：

（1）根據調查目的劃分不同的區域。比如將成都市劃分為六城區、錦江區、青羊區、武侯區……

（2）確定各個區域必要的調查樣本單位數。按樣本總數分配各區的具體數額。

（3）編製電話號碼本（抽樣框）。假如電話號碼為8位數，可以先確定撥打號碼的前面的4位數。

（4）確定各個區域被抽中的電話號碼。按隨機原則確定后幾位數。

（5）確定各個區域的電話訪問員。將應調查的樣本數及號碼分配給各個訪問員。

（6）電話訪問一般利用晚上或假日與被調查者通電話，獲取有關資料。電話號碼通常是一家人共用，因此接聽電話者可能不是訪問對象，要篩選到符合資格的訪問對象才開始訪問。

電話訪問的主要優點：

（1）搜集市場調查資料速度快、費用低，可節省大量調查時間和調查經費。

（2）搜集市場調查資料覆蓋面廣，可以對任何有電話的地區、單位和個人直接進行電話詢問調查。

（3）可以免去被調查者的心理壓力，易被人接受。尤其有些家庭不歡迎陌生人進入，電話詢問可免除心理防範，能暢所欲言。特別對於那些難於見面的某些名人，採用電話詢問尤為重要。

電話訪問的主要缺點：

（1）電話訪問只限於有電話的地區、單位和個人。電話普及率高才能廣泛採用，在通信條件落後地區，這種方法受到限制。

（2）電話訪問由於不能見到被調查者，無法觀察到被調查者的表情和反應，也無法出示調查說明、圖片等背景資料，只能憑聽覺得到口頭資料。因此，電話訪問不能使問題深入，也無法使用調查的輔助工具。

（3）對於回答問題的真實性很難作出準確的判斷。電話調查主要應用於民意測驗和一些較為簡單的市場調查項目。要求詢問的項目要少，盡量採用開放式的提問或兩項選擇法提問，時間要短。為了克服電話訪問的缺點，調查前可寄一封信或卡片告之，告知被調查者將要進行電話訪問的目的和要求，以及獎勵辦法等。

(二) 計算機輔助電話訪問

CATI 是 Computer aided Telephone Interview 的縮寫形式，即計算機輔助電話訪問，它是由電話、計算機、訪問員三種資源組成一體的訪問系統。這種方式具有速度快、效率高、自動控制、方便靈活等特點。目前在國內有少數調查公司採用此方法。

計算機輔助電話訪問是使用一份按計算機設計方法設計的問卷，用電話向被調查者進行訪問。計算機問卷可以利用大型機、微型機或個人用計算機來設計生成，在一個裝備有計算機輔助電話調查設備的中心，調查員坐在計算機終端旁邊，頭戴小型耳機式電話。通過計算機撥打所要的號碼，電話接通之後，調查員就讀出計算機屏幕上顯示出的問答題並直接將被調查者的回答（用號碼表示）用鍵盤記入計算機的記憶庫之中。

計算機會系統地指引調查員工作。在 CRT 屏幕上，一個問題只出現一次。計算機會檢查答案的適當性和一致性。數據的收集過程是自然的、平穩的，而且訪問時間大大縮減，數據質量得到了加強，數據的編碼和錄入等過程也不再需要。由於回答是直接輸入計算機的，關於數據收集和階段性結果和最新的報告幾乎可以立刻就得到。

計算機輔助電話訪問須在一個中心地點安裝 CATI 設備，其軟件系統包括四個部分：自動呼機撥號系統、問卷設計系統、自動訪問管理系統、自動數據錄入和簡單統計系統。

CATI 系統的主要優勢表現為以下幾個方面。

（1）計算機系統地引導調查員完成調查；計算機檢查答案的恰當性和一致性並根據答案產生個性化問卷；數據收集自然而順利地進行；訪談的時間縮減了，數據質量提高了；削減了數據收集、問卷編碼和輸入過程中費力的步驟。

（2）在 CATI 系統下，督導員可在現場檢查和指導調查員的工作；計算機主機可以隨時提供整個調查的進展、階段性的調查結果；研究人員可以根據階段性的調查結果及時地調整方案，使調查更有效。

（3）對於被調查者不在家需要追訪或被調查者沒有空需要另約時間的情況，CATI 系統也會自動地儲存下次訪問的號碼和時間，屆時該號碼會自動地出現在撥號系統中。

第三節　網路調研法

一、網路市場調研的含義

網路市場調研又稱網上市場調研或聯機市場調研，它實際上也是一種訪問調查的方法，只不過它是網上訪問調查。它是指企業通過網路的傳送電子郵件、信息查詢、遠程登錄、文件傳輸、新聞發布、電子公告、網上聊天、網上尋呼、網上會議、IP電話等多種功能，進行有系統、有計劃、有組織地收集、調查、記錄、整理和分析市場信息，客觀地測定及評價現在市場及潛在市場，用以解決市場行銷的有關問題，其調研結果可作為各項行銷決策的依據。

二、網路市場調研的特點

網路調查與傳統調查方法相比，在組織實施、信息採集、信息處理、調查效果等方面具有明顯的優勢。其主要特點如下：

(一) 網路市場調研與傳統調研的區別

1. 及時性和共享性

(1) 網路的傳輸速度非常快，網路信息能迅速傳遞給連接上網的任何用戶。

(2) 網上調研是開放的，任何網民都可以參加投票和查看結果，這保證了網路信息的及時性和共享性。

(3) 網上投票信息經過統計分析軟件初步處理后，可以看到階段性結果，而傳統的市場調研得出結論需經過很長的一段時間。如人口抽樣調查統計分析需三個月，而CNNIC（中國互聯網路信息中心）在對Internet進行調查時，從設計問卷到實施網上調查和發布統計結果，總共只有一個月時間。

2. 便捷性和低費用

(1) 網上市場調研節省傳統的市場調研中所耗費的大量人力和物力。

(2) 在網路上進行調研，只需要一臺能上網的計算機即可。

(3) 調查者在企業站點上發出電子調查問卷，網民自願填寫，然后通過統計分析軟件對訪問者反饋回來的信息進行整理和分析。

(4) 網上市場調研在收集資料的過程中不需要派出調查人員，不受天氣和距離的限制，不需要印刷調查問卷，調查過程中最繁重、最關鍵的信息收集和錄入工作將分佈到眾多網上用戶的終端上完成。

(5) 網上調查可以是無人值守和不間斷地接受調查填表，信息檢驗和信息處理工作均由計算機自動完成。

3. 互動性和充分性

網路的最大優勢是互動性。這種互動性在網上市場調研中體現在如下兩點：

(1) 在網上調查時，被訪問者可以及時就問卷相關的問題提出自己的看法和建議，

可減少因問卷設計不合理而導致的調查結論出現偏差等問題。

（2）被訪問者可以自由地在網上發表自己的看法，同時沒有時間的限制。而傳統的市場調研是不可能做到這些的，例如，面談法中的路上攔截調查，它的調查時間較短，不能超過 10 分鐘，否則被調查者肯定會不耐煩，因而對訪問調查員的要求非常高。

4. 調研結果的可靠性和客觀性

由於企業站點的訪問者一般都對企業產品有一定的興趣，所以這種基於顧客和潛在顧客的市場調研結果是客觀和真實的，它在很大程度上反應了消費者的消費心態和市場發展的趨向。

（1）被調查者在完全自願的原則下參與調查，調查的針對性更強。而傳統的市場調查中的面談法中的攔截詢問法，實質上是帶有一定的「強制性」的。

（2）調查問卷的填寫是自願的，不是傳統調查中的「強迫式」，填寫者一般對調查內容有一定的興趣，回答問題相對認真，所以問卷填寫可靠性高。

（3）網上市場調研可以避免傳統市場調研中人為因素所導致的調查結論的偏差，被訪問者是在完全獨立思考的環境中接受調查的，能最大限度地保證調研結果的客觀性。

5. 瞬間到達，無時空和地域的限制

網上市場調研可以 24 小時全天候進行，這與受區域和時間制約的傳統的市場調研方式有很大的不同。

例如，某家電企業利用傳統的調研方式在全國範圍內進行市場調研，需要各個區域代理商的密切配合。而澳大利亞一家市場調研公司（www.consult.com）在 1999 年 8、9 月份進行針對中國等 7 個國家 Internet 用戶在線的調查活動，他們在中國的在線調查活動是與 10 家訪問率較高的 ISP 和在線網路廣告站點聯合進行的。這樣的市場調研活動如果利用傳統的方式是無法完成的。

6. 可檢驗性和可控制性

利用 Internet 進行網上調研收集信息，可以有效地對採集信息的質量實施系統的檢驗和控制。

（1）網路市場調查問卷可以附加全面規範的指標解釋，有利於消除因對指標理解不清或調查員解釋口徑不一而造成的調查偏差。

（2）問卷的復核檢驗由計算機依據設定的檢驗條件和控制措施自動實施，可以有效地保證對調查問卷 100% 的復核檢驗，保證檢驗與控制的客觀公正性。

（3）通過對被調查者的身分驗證技術可以有效地防止信息採集過程中的舞弊行為。

【小知識】計算機身分驗證技術

身分驗證技術通常有兩種作法：一是表單身分驗證是指接受用戶憑據的自定義用戶界面組件，例如，一個用戶名和密碼。現在使用的許多 Internet 應用程序具有這種供用戶登錄的表單。值得注意的是，表單本身並不執行身分驗證，它僅僅是一種獲得用戶憑據的方法。身分驗證是通過使用自定義代碼訪問用戶名和密碼數據庫來實現的。

驗證用戶身分后,服務器一般會通過某種方式向客戶端表明其已經通過身分驗證,可以進行后續請求。如果需要,您可以強制用戶驗證每個請求,但這樣會影響性能和可伸縮性。您應考慮兩種基本方法來識別以前登錄過的客戶端:Cookie。Cookie 是最初由服務器向客戶端發送的一小段數據。隨后,由客戶端隨每個 HTTP 請求將其發送回服務器。它可以用作客戶端已經通過身分驗證的標誌。ASP.NET 通過 CookieAuthenticationProvider 模塊為您提供了使用 Cookie 進行表單身分驗證的機制。大多數 Web 瀏覽器(包括 Internet Explorer 和 Netscape Navigator)均支持 Cookie。這種身分驗證技術比較容易實現,開銷少;但是用戶憑據所需的用戶名和密碼是通過表單傳輸,這就意味著它的安全性是相當低的,因為黑客很容易截獲網路上的用戶名和密碼明文。這種方案的另一個缺點是:用戶名和密碼是存儲在數據庫當中,一旦當攻擊者掌握了數據庫的登錄密碼,那麼所有的用戶資料都將暴露無遺,即便你的系統中用戶口令串是加密存儲的。

Windows 提供程序利用了 IIS 的身分驗證功能。當 IIS 完成身分驗證后,ASP.NET 使用已驗證標示的標記來授權訪問。使用該方法,您不必編寫任何特定身分驗證代碼。當使用該方法驗證時,ASP.NET 根據已驗證用戶在應用程序環境中構造並附加一個 Windows Principal 對象。這樣,ASP.NET 線程就能夠作為已驗證用戶運行,並可獲得用戶的組成員身分。

(二)網路市場調研的不足之處

網路市場調研只反應了網路用戶(集中代表年紀輕、較高學歷、較高收入的人群)的意見,而遺漏了非網民的意見。

(1)缺少足夠的 E-mail 地址。
(2)匿名上網容易導致答卷的重複填寫。
(3)多元化背景。
(4)在線注意時間較短。
(5)人與人之間情感交流的缺乏。
(6)多重選擇答案的可信度。

可見,儘管網上市場調研具有一定的優越性,但也應看到,網上調研並不是萬能的,調研結果有時會出現較大的誤差。網上調研也不可能滿足所有市場調研的要求,應根據調研的目的和要求,採取網上調研與網下調研相結合、自行調研與專業市場調查諮詢公司相結合的方針,以盡可能小的代價獲得盡可能可靠的市場調研結果。

三、網路調查的方法

網路調查的方法按照採用的技術方法不同可分為站點法、電子郵件法、隨機 IP 法、視訊會議法等;按照調查者組織調查樣本的行為不同,可分為主動調查法和被動調查法。主動調查法是指調查者主動組織調查樣本,完成有關調查;被動調查法是指被調查者被動地等待調查樣本單位造訪,完成有關調查。

(一) 站點法

　　站點法是將調查問卷的 HTML 文件附加在一個或幾個網路站點的 Web 上，由瀏覽這些站點的網上用戶在此 Web 上回答調查問題，即將問卷置於網路中供受訪者自行填答後傳回，站點法屬於被動調查法，是目前網路調查的基本方法，站點法既可在企業自己的網站進行，也可在其他公開網站進行。

(二) 電子郵件法

　　電子郵件法是指通過向被調查者發送電子郵件，將調查問卷發送給一些特定的網上用戶，由用戶填寫後又以電子郵件的形式反饋給調查者。電子郵件調查法屬於主動調查法，與傳統的郵寄調查法相似，只是郵件在網上發送與反饋，郵件傳送的時效性大大提高。這種調查方式容易使被調查者注意，不過被調查者可能由於不能充分瞭解調查者的背景，容易產生不信任而不願意填寫調查表。所以它主要用於企業對老客戶進行調查，雙方有基本的信任。

(三) 隨機 IP 法

　　隨機 IP 法，也稱網路電話法，是以產生一批隨機 IP 地址作為抽樣樣本進行調查的方法。它是以 IP 地址為抽樣框，採用 IP 自動拔叫技術，邀請用戶參與調查。比如：可將 IP 地址排序，每隔 100 個進行一次抽樣，被抽中的用戶會自動彈出一個小窗口，詢問其是否願意接受調查，回答「是」，則彈出調查問卷；回答「否」，則呼叫下一個 IP 地址。隨機 IP 法屬於主動調查法，其理論基礎是隨機抽樣。利用該方法可以進行簡單隨機抽樣調查，也可依據一定的標準組織分層抽樣，系統抽樣或分段抽樣。

(四) 視訊會議法

　　視訊會議法是基於 Web 的計算機輔助訪問（CAWL），它是將分散在不同地域的被調查者通過互聯網視訊會議功能虛擬地組織起來，在主持人的引導下討論所要調查的問題。這種調查方法屬於主動調查法，其原理與傳統的專家調查法相似，不同之處是參與調查的專家不必實際地聚集在一起。視訊會議法適合於對關鍵問題的定性調查研究。

(五) 在線訪談法

　　在線訪談法是指調查人員利用網上聊天室或 BBS 與不相識的網友交談、討論問題、獲取有關信息。在線訪談法屬於主動調查法，與傳統的訪問調查法相似，不同之處在於調查者與被調查者無需見面，可以消除被調查者的顧慮，自由地發表個人的意見。適應於有關問題的定性調查研究。既可進行網上個別訪問，也可組織在線座談會。

(六) 搜索引擎法

　　網路調查法不僅可用於搜集原始資料，亦可用於搜集現成的資料。即利用網路的搜索服務功能，鍵入關鍵詞就可以通過搜索得到大量的現成資料。亦可直接進入政府部門或行業管理網站，搜集有關的統計數據和相關資料。此外搜索引擎還能夠為市場調查策劃提供許多相關的知識和信息支持和幫助。

四、網路調研的應用

網路調研主要是利用企業的網站和公共網站進行市場調查研究，有些大型的公共網站建有網路調研服務系統，該系統往往擁有數十萬條記錄有關企業和消費者的數據庫，利用這些完整詳細的會員資料，數據庫可自動篩選受訪樣本，為網路調查提供服務平臺。網路調研的應用領域十分廣泛，主要集中在產品消費、廣告效果、生活形態、社情民意等方面的市場調查研究。

(一) 產品消費調研

網路調研可以對現實與潛在消費者的產品與服務的需求、動機、行為、習慣、偏好、水平、意向、價格接受度、滿意度、品牌偏好等方面進行測試與研究，可以幫助企業快速獲得目標市場的消費需求狀況、特徵和趨勢等資訊。例如，調查人員可利用企業網站，通過軟件程序監控在線服務來觀察訪問者挑選和購買何種產品，以及他們在每個產品主頁上花費的時間等，通過研究這些數據，可以發現哪種產品最受訪問者歡迎，在哪個地區可能的出售量最多。產品消費網路調研通常採用電子問卷的形式進行網上測試。

【小案例】澳大利亞某出版公司的網路調查

澳大利亞某出版公司計劃向亞洲推出一本暢銷書，但是不能確定用哪一種語言、在哪一個國家推出。后來決定在一家著名的網站做一下市場調研。方法是請人將這本書的精彩章節和片斷翻譯成多種亞洲語言，然后刊載在網上，看一看究竟用哪一種語言翻譯的摘要內容最受歡迎。過了一段時間，他們發現，網路用戶訪問最多的網頁是用中國大陸的簡化漢字和朝鮮文字翻譯的摘要內容。於是他們跟蹤一些留有電子郵件地址的網上讀者，請他們談談對這部書的摘要的反饋意見，結果大受稱讚。於是該出版公司決定在中國和韓國推出這本書。書出版以後，受到了讀者普遍歡迎，獲得了可觀的經濟效益。

(二) 廣告效果測試

廣告效果測試即利用電子問卷、電子郵件、在線座談等方式對廣告的目標受眾進行廣告投放之后的市場測試，以便迅速獲得廣告投放的達到率、認知率、認同率、接受率和喜好率，以及廣告投放對消費購買決策與行為的影響，亦可對廣告的媒體選擇進行研究。

(三) 生活形態研究

生活形態研究是利用網路調研互動快、成本低的特點，對特定目標群體的生活形態進行連續性的追蹤研究。例如，消費群體價值觀區隔研究、青少年時尚消費觀念研究、婦女消費觀念研究、白領人士家庭與職業階段的研究等，均可利用網路調查進行研究。

(四) 社情民意調研

社情民意調研是利用網路調研法，對一些社會熱點問題進行調查研究，如公眾的婚姻觀念的變化、公眾人物的價值認同、就業問題、社區文化建設和社區政治建設的參與能力等均可組織網路調研。這些研究能夠直接運用於社會研究和公共政策研究，服務於政府、社會團體和研究組織，也可間接運用於市場研究之中。

(五) 企業生產經營調研

企業生產經營調研有兩種方式，一是事先確定調查的範圍、調查的單位、調查的內容和表式、填報的要求等，然后由企業通過網路方式進行填報（網上直報），這種調查方式通常應用於行業或政府的統計調查，但資料傳輸必須通過安全傳輸協定的加密保護，禁止未經授權的存取。二是直接登錄有關企業的網站或通過搜索引擎獲取有關企業的生產經營資料，以滿足某些專項研究的需要。

(六) 市場供求調研

企業可利用電子郵件方式將求購清單（原材料、設備等需求清單）傳至供貨單位，或將求購清單置於網路中供受訪者回覆，為企業的採購決策提供信息。企業亦可將供貨清單置於網路中徵求購買者，以尋求產品用戶，為企業的產品銷售決策提供信息。

第四節　觀察調查法

一、觀察法的概念與種類

(一) 觀察法的概念

觀察法是指調查者到現場憑自己的視覺、聽覺或借助攝錄像器材，直接或間接觀察和記錄正在發生的市場行為或狀況，以獲取有關信息的一種實地調查法。這種方法主要應用於搜集原始資料。其特點是，不需向被調查者提問，而是在被調查者不知的情形下進行有關的調查。調查者憑自己的直觀感覺，從側面觀察、旁聽、記錄現場發生的事實，以獲取所需要的信息。

觀察調查的實質就是按照所目睹的情況記錄人、物體及事件行為模式的系統性過程。觀察調查不會向人們提出問題，或者採用其他方式進行交流。觀察調查主要依靠調研人員在現場直接觀看、跟蹤和記錄，或者利用照相、攝像、錄音等手段間接地從側面觀看、跟蹤和記錄。觀察調查需要在事件發生時目擊並記錄有關信息，或者從對過去事件的記錄中收集某些證據。

(二) 觀察法的種類

觀察法的具體方法很多，按觀察的形式不同分為直接觀察法、間接觀察法，其中每一類又可分為一些具體的觀察方法。如圖4.3所示。

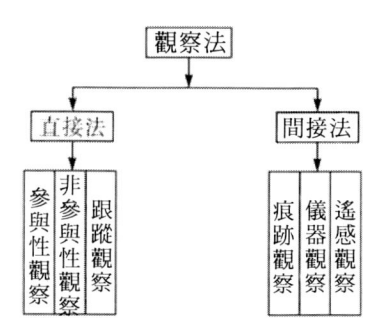

```
                    ┌──────────┐
                    │  觀察法   │
                    └────┬─────┘
              ┌──────────┴──────────┐
         ┌────┴────┐           ┌────┴────┐
         │ 直接法  │           │ 間接法  │
         └────┬────┘           └────┬────┘
       ┌─────┼─────┐          ┌────┼────┐
    參與性  非參與性 跟蹤    痕跡  儀器  遙感
    觀察    觀察    觀察    觀察  觀察  觀察
```

圖 4.3　觀察法的形式

1. 直接觀察法

直接觀察法是調查者直接深入到調查現場，對正在發生的市場行為和狀況進行觀察和記錄。這類觀察法要求事先規定觀察的對象、範圍和地點，並採用合適的觀察方式、觀察技術和記錄技術來進行觀察。其主要觀察方式如下。

(1) 參與性觀察。是指調查者直接參與到特定的環境和被調查對象中去，與被調查者一起從事某些社會經濟活動，甚至改變自己的身分，身臨其境，借以收集獲取有關的信息。在市場調查中，參與性觀察法往往通過「偽裝購物法」或「神祕購物法」來組織實施。它是讓接受過專門訓練的「神祕顧客」作為普通消費者進入特定的調查環境（商場、超市），進行直接觀察，其任務一般有幾個方面：①觀察購物環境，如店堂佈局與裝飾、商品陳列、貨架擺放、通道寬窄、文化氛圍，以及傾聽顧客對購物環境的評價言論。②瞭解服務質量，「神祕顧客」作為普通消費者進入調查的商場或超市，可買也可不買商品，買了也可退貨，退了貨還可再買；可以向售貨員詢問各種與購物有關的問題，借以瞭解服務質量。③觀察消費者的購買行為。「神祕顧客」與消費者一起選購商品，可以觀察消費者購買商品的品牌、品種和數量，傾聽他們對不同產品的評價言論，觀察他們選購商品所關注的要素等。④瞭解同類產品的市場情況。「神祕顧客」可以在特定的商品櫃臺前，觀察同類產品（如空調、電視機、化妝品等）的陳列品種、價格定位、消費者的購買選擇和評議言論，並向售貨員詢問各種與購物有關的產品問題，借以獲取有關的信息。

偽裝購物法是一種有效的直接觀察法，常用於競爭對手調查、消費者調查和產品市場研究等方面。

【小資料】商業密探：帕科·昂得希爾

帕科·昂得希爾是著名的商業密探，他所在的公司叫恩維羅塞爾市場調查公司。他通常的做法是坐在商店的對面，悄悄觀察來往的行人。而此時，在商店裡他的屬下正在努力工作，跟蹤在商品架前徘徊的顧客。他們的目的是要找出商店生意好壞的原因，瞭解顧客走進商店以後如何行動，以及為什麼許多顧客在對商品進行長時間挑選後還是失望地離開。通過他們的工作給許多商店提出了許多實際的改進措施。

如一家主要青少年光顧的音像商店，通過調查發現這家商店把磁帶放置過高，孩

子們往往拿不到。昂得希爾指出應把商品降低放置，結果銷量大大增加。再如一家叫伍爾沃思的公司發現商店的后半部分的銷售額遠遠低於其他部分，昂得希爾通過觀察的拍攝現場解開了這個謎：在銷售高峰期，現金出納機前顧客排著長長的隊伍，一直延伸到商店的另一端，妨礙了顧客從商店的前面走到後面，針對這一情況，商店專門安排了結帳區，結果使商店後半部分的銷售額迅速增長。

（2）非參與性觀察。又稱局外觀察，是指調查者以局外人的身分深入調查現場，從側面觀察、記錄所發生的市場行為或狀況，用以獲取所需的信息。非參與性觀察按觀察的現場不同，又分為：①供貨現場觀察。它是指到供貨單位直接進行觀察，如到供貨工廠觀察其生產條件、技術水平、工藝流程、產品生產、質量控制、產品銷售等，以決定是否進貨。②銷售現場觀察。它是指到商店、商場、超市、展銷會、交易會等現場觀察商品銷售和顧客購買情況。如調查員可以局外人的身分，到特定的商場觀察顧客的流量、顧客購物的偏好、顧客對商品價格的反應、顧客對產品的評價、顧客留意商品時間的長短、顧客購物的路徑、顧客購物的品種和數量；觀察顧客的購買慾望、動機、踴躍程度；觀察同類產品的設計、包裝、價格和銷售情況等。③使用現場觀察。它是指調查員到產品用戶使用現場進行觀察，借以獲取產品性能、質量、功能及用戶滿意度等方面的資料。

（3）跟蹤觀察。它是指調查員對被調查者進行跟蹤性的觀察。如服裝設計師為尋找新式服裝設計的創意，可在大街上跟蹤特定的消費者進行觀察，或者到商場的服裝櫃臺對顧客進行跟蹤觀察。市場調查員可以在商場跟蹤和記錄顧客的購物路線、購物行動和購物選擇；也可以對特定的商場、特定的商品櫃臺進行持續數天的跟蹤觀察。工業企業為了瞭解新產品的性能、功能和質量，可在產品銷售後對用戶的產品使用進行跟蹤觀察等。跟蹤觀察獲取的信息往往具有連續性和可靠性。

2. 間接觀察法

間接觀察法是指對調查者採用各種間接觀察的手段（痕跡觀察、儀器觀察等）進行觀察，用以獲取有關的信息。

（1）痕跡觀察。它是通過對現場遺留下來的實物或痕跡進行觀察，用以瞭解或推斷過去的市場行為。如國外流行的食品廚觀察法，即調查者察看顧客的食品廚，記下顧客所購買的食品品牌、數量和品種，來收集家庭食品的購買和消費資料。又如，通過對家庭丟掉的垃圾等痕跡調查，也是較為重要的痕跡調查法。被譽為美國市場調查創始人之一的查里斯·巴林，為了向羹湯公司證明高級工人的妻子往往買罐頭湯麵而不是自己烹製，他曾把城市各處的垃圾經過科學抽樣後收集起來，清點罐頭湯盒的數目。

（2）儀器觀察。儀器觀察是指在特定的場所安裝錄像機、錄音機或計數儀器等器材，通過自動錄音、錄像、計數等獲取有關信息。這種方法，不需要調查者進行觀察，但應注意儀器設備安裝的隱藏性，以免引起別人的誤會。同時這種方法獲取的信息是最原始的，調查者必須進行加工、整理和分析。在市場調查中，有些商場常在店門的進出口安裝顧客流量觀察儀器，用以測量顧客流量，並對顧客進行分類；或在某些櫃

臺安裝錄像錄音設備，自動拍攝顧客挑選、評議、購買商品的過程，然後通過音像的加工整理，即可瞭解顧客的購買行為、購物偏好及其對商品和商場的評價意見。

（3）遙感觀察。它是指利用遙感技術、航測技術等現代科學技術搜集調查資料的方法，如地礦資源、水土資源、森林資源、農產品播種面積與產量估計、水旱災害、地震災害等均可採用遙感技術搜集資料。這種方法目前在市場調查中應用較少。

二、觀察法的記錄技術

在採用觀察法時，記錄技術的好壞直接影響著調查結果，應注意採用適當的記錄技術。良好的記錄技術，可以減輕觀察者的負擔，不致因忙於記錄而顧此失彼。準確、及時、無漏地記下轉瞬即逝的寶貴信息及事項的變化情況，能加快調查工作的進程，便於資料的整理及分析。記錄技術主要包括觀察卡片、符號、速記、記憶和器材五種。

（一）觀察卡片

觀察卡片或觀察表的結構與調查問卷的結構基本相同，卡片上列出一些重要的能說明問題的項目，並列出每個項目中可能出現的各種情況。

（二）符號

這是指用符號代表在觀察中出現的各種情況，在記錄時，只需根據所出現的情況記下相應的符號，不需要用文字敘述，這樣不僅加快了速度，而且便於資料的整理。如觀察顧客在某櫃臺前是否停留，可以用「√」表示停留了，用「×」表示沒有停留。

（三）速記

這是用一套簡便易寫的線段、圈點等符號系統來代表文字，進行記錄的方法。如用寫「正」字來計數等。

記憶是指在觀察中不記錄，觀察后採取追憶的方式進行記錄。常用於偶然觀察又缺乏記錄工具或時間緊迫來不及記錄的重要信息資料。由於人記不如筆記，事後必須抓緊時間追憶記錄，以免時間長了被遺忘。

（四）器材記錄

器材記錄是採用照相機、錄音機、錄像機等器材進行觀察記錄。這種記錄形式形象逼真，免去了觀察者的記錄負擔。但易引起被調查者顧慮，容易失真。

三、觀察法的優缺點

（一）觀察法的優點

（1）調查結果直觀、可靠。觀察法可以比較客觀地搜集第一手資料，直接記錄調查的事實和被調查者在現場的行為。

（2）不會受到被觀察者意願和回答能力等有關問題的困擾觀察法基本上是調查者的單方面活動，一般不依賴語言交流。

（3）可以避免許多由於訪問員及詢問法中的問題結構所產生的誤差因素。

（4）有利於排除語言交流或人際交往中可能發生的種種誤會和干擾。
（5）觀察法簡便、易行、靈活性強，可隨時隨地進行觀察。

(二) 觀察法的缺點

（1）觀察法只能反應客觀事實的發生經過，而不能說明發生的原因和動機。
（2）只能觀察到公開的行為，不能觀察到一些私下的行為，被觀察到公開的行為並不能代表未來的行為。
（3）觀察法常需要大量觀察員到現場做長時間觀察，調查時間較長，調查費用支出較大。因此，這種方法在實施時，常會受到時間、空間和經費的限制，比較適用於小範圍的微觀市場調查。
（4）對調查人員的業務技術水平要求較高，如敏銳的觀察力、良好的記憶力，必要的心理學、社會學知識及現代化設備的操作技能等。

第五節　實驗研究法

一、實驗研究法的概念

實驗研究法又稱實驗觀察法，是通過小規模的實驗和對實驗結果的數據進行處理來瞭解企業產品對社會需求的適應情況。在實驗法中，試驗者選出一個或多個自變量（如價格、包裝、廣告），研究在其他因素（如質量、服務、銷售環境等）都不變或相同的情況下，這些自變量對因變量（如銷售量）的影響或效果，從而決定實驗結果是否值得推廣。

在市場實驗中，如果其他未控制的因素真的保持不變，那麼實驗的結果應該是和自然科學實驗一樣準確的，但是市場上未能控制而又可能在實驗期間有所變動的外來因素太多，例如競爭對手的策略的變化、氣候的變化、消費者的消費習慣改變等，這些外來因素都可能對實驗的結果有所影響。為此，在進行實驗的設計時，要特別注意如何盡可能地減少實驗誤差。

二、實驗研究法的分類

實驗研究法根據不同的標準，可以劃分成不同的類型。

(一) 根據實驗地點不同，可分為實驗室試驗和市場試銷

實驗室試驗指調查人員模擬一個市場環境，然後選擇幾組消費者，讓他們在這個模擬市場中購物或回答相關問題，接下來，改變一些市場因素，讓他們再次購物或者回答同樣的問題，最后根據實驗的結果來分析市場因素的變化對消費者的影響。

市場試銷是指將某種產品放入某一特定的區域進行試驗性銷售，來研究有關市場因素的改變對消費者購買行為的影響。在市場試銷過程中，產品只在有限的範圍和有代表性的區域內銷售，根據試銷的市場情況，預測如果將這個市場決策運用於整個目

標市場將會產生什麼樣的后果。

(二) 根據實驗內容不同可以分為分割試驗和銷售區域試驗

分割試驗是從質量、款式、包裝、商標、價格、促銷、渠道等諸多市場因素中分割出一個或幾個因素來進行試驗，用於研究不同市場行銷因素的變化對產品的影響。

銷售區域試驗是將同一個產品放到不同的地域環境中進行試驗性銷售，用來瞭解具有同樣的市場銷售因素的產品，在不同地域市場環境中的銷售效果，並分析形成差異的原因。

三、實驗研究法的工作程序

(一) 根據調查項目的目的要求，提出需要研究的假設、確定實驗變量

例如，某種新產品在不同的地區銷售是否有顯著的差異，哪個地區的銷售效應最好，不同的產品配方哪個更能夠促進銷售促銷效果最佳等。

(二) 進行實驗設計

一般來說，應根據因素個數、因素的不同狀態或水平、可允許的重複觀察次數、試驗經費和試驗時間等綜合選擇和設計實驗方案。通過精心設計實驗方案，使外來變量的影響得到有效控制。

(三) 進行實驗

即按實驗設計方案組織實施實驗，並對實驗結果進行認真觀測和記錄。要認真監視試驗過程全部按計劃完成，使得每個試驗結果（數據）都含有設計中規定的信息。這一過程所耗經費最多、時間最長，如果失控通常會導致喪失實驗的有效性。

(四) 數據處理與統計分析

即對實驗觀察數據進行整理、編製統計表，並運用統計方法如對比分析、方差分析等對實驗數據進行分析和推斷，得出實驗結果，並解釋實驗結果。

(五) 編寫實驗研究報告

實驗結果驗證確認無誤后，可寫出實驗研究報告。實驗研究報告應包括實驗目的說明、實驗方案和實驗過程的介紹、實驗結果及解釋，並提出今後的行動建議。

四、實驗研究的設計

實驗研究法是通過實驗方案設計及實施和數據處理來得出實驗研究結果，而實驗方案設計必須選擇實驗設計的類型。其類型很多，下面介紹幾種常用的方法。

(一) 單一實驗組前后對比實驗

這種實驗方案是通過記錄觀察對象在實驗前後的結果，瞭解實驗變化的效果。觀察對象只有一個實驗單位，實驗因素也只有一個。這種實驗研究簡單易行，可用於企業改變產品功能、花色、規格、款式、包裝、價格等因素后的市場效果測試。

例如，某食品廠為了提高糖果的銷售量，認為應改變原有的陳舊包裝，並為此設計了新的包裝圖案。為了檢驗新包裝的效果，以決定是否在未來推廣新包裝，廠家取A、B、C、D、E五種糖果作為實驗對象，對這五種糖果在改變包裝的前一個月和後一個月的銷售量進行了檢測，得到的實驗結果如表4.3所示。

表4.3　　　　　　　　　　　單一實驗組前後對比

單位：千克

糖果品種	實驗前銷量	實驗後銷量	實驗結果
A	300	340	40
B	280	300	20
C	380	410	30
D	440	490	50
E	340	380	40
合計	1,740	1,920	180

實驗測試表明，使用新包裝後，五種糖果的銷售量都有所提高，D產品提高最多，其次是A、E兩個產品的銷售量提高比較多。其實驗效果為1,920 - 1,740 = 180（千克），說明使用新包裝能夠增加糖果的銷售量，其市場效果是顯著的，值得改用新包裝。但是應該注意，市場現象可能受許多因素的影響，180千克的銷售量增加，不一定只是改變包裝引起的。

因此，單一實驗組前後對比實驗，只有在實驗者能有效排除非實驗變量的影響，或者非實驗變量的影響可以忽略不計的情況下，實驗結果才能充分成立。

(二) 對照組與實驗組對比實驗

這種實驗方案需設置對照組和實驗組，對照組和實驗組的條件應大體相同，對照組在實驗前後均經銷原產品，實驗組在實驗前後均經銷新產品，然後對實驗前後的觀察數據進行處理，得出實驗結果。

例如，某食品廠為瞭解麵包的配方改變後消費者有什麼反應，選擇了A、B、C三個商店為實驗組，再選擇與之條件相似的D、E、F三個商店為對照組進行觀察。觀察兩週後，將其檢測數據整理出來，見表4.4所示。

表4.4　　　　　　　　　　　實驗組與對照組對比

	原配方銷售量（袋）	新配方銷售量（袋）
A		8,400
B		9,800
C		10,800
D	7,200	
E	8,400	
F	9,400	
合計	25,000	29,000

實驗前後對比可知。兩週內原配方麵包共銷售了25,000袋新配方麵包共銷售了

29,000袋，採用新配方增加了銷售量4,000袋，這說明採用新配方有利於擴大銷售。

對照組與實驗組對比實驗，必須注意兩者具有可比性，即兩者的規模、類型、地理位置、管理水平等各種條件大致相同。只有這樣實驗效果才有較高的準確性。但是，這種方法對實驗組和對照組都是採取實驗後檢測，無法反應實驗前後非實驗變量對實驗對象的影響。為彌補這一點，可將上述兩種實驗進行綜合設計。

(三) 對照組與實驗組連續對比實驗

在實際生活中，對照組與實驗組的條件是不相同的、往往會影響實驗結果。為了消除非實驗因素的影響，可以採用對照組與實驗組連續對比實驗。這是將實驗組和對照組進行實驗前後對比，再將實驗組與對照組進行對比的一種雙重對比的實驗法。它吸收了前兩種方法的優點，也彌補了前兩種方法的不足。對照組在實驗前後均經銷原產品，實驗組在實驗前經銷原產品，實驗期間經銷新產品，然后通過數據處理得出實驗結果。

例如，某食品公司欲測定改進巧克力包裝的市場效果，選定3家超市作為實驗組，再另選3家超市作為對照組，實驗期為1個月其銷售量統計如表4.5所示。

表4.5　　　　　　　　　　巧克力新包裝銷售測驗統計

組別	實驗前銷量	實驗後銷量	變動量
實驗組	2,000（舊）	3,200（新）	1,200
對照組	2,000（舊）	2,400（舊）	400

實驗前後對比，新包裝巧克力銷售量增加了1,200盒，對照組在實驗前後採用舊包裝巧克力銷售增加了400盒，這不是改變包裝引起的，而是其他非實驗因素引起的應該扣除，所以其實驗效果為1,200－400＝800盒，即巧克力採用新包裝擴大了銷售800盒，改進後的新包裝的市場效果是顯著的。

五、實驗研究法的優缺點

(一) 實驗研究法的優點

1. 實驗結論有較強的說服力

研究人員通過合理設計試驗，有效控制試驗環境，使通過試驗調查所取得的資料客觀實用，可以排除人們主觀估計的偏差，實驗結論有較強的說服力。

2. 主動揭示現象之間的因果關係

實驗研究法通過實驗活動提供市場發生變化的資料，不是等待某種市場現象發生了再去調查，而是積極主動地改變某種條件，來揭示或確立市場現象之間的相關關係。

3. 應用範圍廣

凡是某種商品改變其品質、設計、包裝、商標、價格、廣告及陳列方法等，均可以通過試驗調查法在小規模實驗市場上獲取有用的信息資料，為是否調整或推廣的決策提供依據。

(二) 實驗研究法的缺點

1. 高昂的成本

實驗研究法在費用和時間方面的成本都很高。

2. 保密性差

市場試銷較有可能暴露新產品或行銷計劃的某些關鍵部分。

3. 管理控制困難

市場實驗比較難以管理，要求中間商全面合作比較困難。

本章小結

　　本章介紹了多種定量市場調查的方法。面談訪問調查是指調查者與被調查者面對面地進行交談，以收集調查資料的方法，又稱為直接訪問法。分為入戶訪問和街頭/商場攔截式面談訪問調查及留置問卷訪問和計算機輔助面訪四種。郵寄訪問是指調查者將印製好的調查問卷或調查表格，通過郵政系統寄給選定的被調查者，由被調查者按要求填寫後，按約定的時間寄回的一種調查方法。傳統的電話調查是指經過培訓的調查員在電話室內，按照調查設計所規定的隨機撥號的方法，確定撥打的電話號碼。如果一次撥通，則按照準備好的問卷和培訓的要求，篩選被訪問對象，然後對合格的調查對象對照問卷逐題逐字地提問，並及時迅速地將回答的答案記錄下來。網路市場調研是通過網路進行有系統、有計劃、有組織地收集、調查、記錄、整理和分析市場信息，為各項行銷決策提供依據。觀察法是指調查者到現場憑自己的視覺、聽覺或借助攝錄像器材，直接或間接觀察和記錄正在發生的市場行為或狀況，以獲取有關信息的一種實地調查法。特點是，不需向被調查者提問，而是在被調查者不知的情形下進行有關的調查。實驗法是通過小規模的實驗來瞭解企業產品對社會需求的適應情況，以測定各種經營手段取得效果的市場調查方法。在實驗法中，試驗者控制一個或多個自變量（如價格、包裝、廣告），研究在其他因素（如質量、服務、銷售環境等）都不變或相同的情況下，這些自變量對因變量（如銷售量）的影響或效果。

思考題

1. 訪問調查法有哪些類型？
2. 電話訪問的優缺點有哪些？應用時應注意哪些問題？
3. 試比較入戶訪問和留置問卷訪問的優缺點。
4. 攔截式訪問有哪些主要方式？
5. 郵寄訪問的程序怎樣，有何優缺點？怎樣克服其缺陷？
6. 網路調查法有哪些主要特點和主要方法？

7. 網路調查法可應用於哪些方面的研究？
8. 網路調查法的工作程序怎樣？
9. 什麼是觀察法，有哪些具體方法？
10. 直接觀察法有哪三種主要類型？各如何應用？
11. 間接觀察法有哪些主要類型？各如何應用？
12. 觀察法的記錄技術有哪些？
13. 觀察法有哪些優點和缺點？
14. 什麼是實驗研究法，工作程序如何？
15. 實驗研究法有哪些設計，有哪些優缺點？

案例分析一　楚漢大酒店的經營之道

　　楚漢大酒店坐落在南方某省會城市的繁華地段，是一家投資幾千萬元的新建大酒店，開業初期生意很不景氣。公司經理為了尋找癥結，分別從該城市的大中型企業、大專院校、機關團體、街道居民中邀請了12名代表參加座談會，並親自走訪了東、西、南、北四區的部分居民及外地旅遊者。經過調查發現，本酒店沒有停車場，顧客來往很不方便；本市居民及遊客對本酒店的知曉率很低，更談不上滿意度；本酒店與其他酒店相比，經營特色是什麼，大部分居民不清楚。為此，酒店作出了興建停車場、在電視上作廣告、開展公益及社區贊助活動、突出經營特色、開展多樣化服務等決策，決策實施后，酒店的生意日漸火紅。

　　問題：上述案例中的市場調查方法是什麼？對你有什麼啟示？

案例分析二　針對垃圾的調查

　　美國的雪佛隆公司聘請美國亞利桑那大學人類學系的威廉‧雷茲教授對垃圾進行研究。威廉‧雷茲教授和他的助手在每次垃圾收集日的垃圾堆中，挑選數袋，然后把垃圾的內容依照其原產品的名稱、重量、數量、包裝形式等予以分類。如此反覆地進行了近一年的收集垃圾的研究分析。雷茲教授說：「垃圾袋絕不會說謊和弄虛作假，什麼樣的人就丟什麼樣的垃圾。查看人們所丟棄的垃圾，是一種更有效的行銷研究方法。」他通過對土珊市的垃圾研究，獲得了有關當地食品消費情況的信息，做出了如下結論：①勞動者階層所喝的進口啤酒比收入高的階層多，並知道所喝啤酒中各牌子的比率；②中等階層人士比其他階層消費的食物更多，因為雙職工都要上班了，以致沒有時間處理剩餘的食物，依照垃圾的分類重量計算，所浪費的食物中，有15%是還可以吃的好食品；③通過垃圾內容的分析，瞭解到人們消耗各種食物的情況，得知減肥清涼飲料與壓榨的桔子汁屬高層收入人士的良好消費品。

　　問題：(1) 該公司採用的是哪種類型的觀察法？
　　(2) 該公司根據這些資料將採用哪些決策行動？

第五章 一手資料調查法：定性調研技術

本章學習目標：
1. 瞭解定性調研的含義、分類
2. 掌握深層訪談的含義、實施過程及深層訪談的技術與技巧
3. 掌握焦點小組訪談法的含義及工作程序
4. 掌握投影技法中的聯想技法、完成技法、構築法、表現技法等的含義及其調查方法

第一節 定性調研概述

一、定性調研的定義

「定性調研」是指設計問題非格式化、收集程序非標準化，一般只針對小樣本進行研究，且更多地探索消費需求心理、動機、態度等的一種調研方式。一般來說，調研結果往往沒有經過量化或者定量分析。一項定量調研可能發現大量飲用某種品牌的飲料的人，年齡為21～35歲，年收入為1,800～2,500元。定量調研能夠揭示大量飲用的人和不常飲用的人之間重要的數量方面的區別。相反，定性調研可以用來考察大量飲用者的態度、感覺和動機。一個策劃一系列飲料促銷活動的廣告代理商會通過定性調研來瞭解大量飲用者的感受，他們使用什麼語言方式，以及如何與他們交流，從而進行廣告設計。

二、定性調研的應用

定性調研在市場調查中也被廣泛地應用。其原因在於以下幾個方面。

第一，定性調研通常比定量調研成本低。第二，除了定性調研以外，沒有更好的方法能瞭解消費者內心深處的動機和感覺。因為通常的定性調研形式是產品經理坐在不引人注目的位置組織整個過程，所以他們能得到消費者最直接的感受。例如，一家大型家用清潔劑生產商組織了一次大規模定量調查，想瞭解為什麼自己的浴室清潔劑的化學成分比競爭對手的更有效力，卻滯銷。由於定量調查並沒有給出關鍵的答案，所以困惑的經理轉向定性調查。他很快就發現，是因為包裝上暗淡的粉筆畫一樣的顏色沒有給人能夠強力去污的感覺，而且瞭解到許多人因為沒有專用的刷子而不得不用

舊牙刷來清洗浴室的瓷磚。於是，清潔劑的包裝很快就改用了明亮的顏色，並且在瓶子頂部固定了一個刷子。第三個原因是，定性調研可以提高定量調查的效率。某公司認為，商品房市場正在經歷巨大的變化，這會影響到它的市場銷售。於是決定進行一次重要的市場調查研究，以對變化中的市場做出相應對策。他們的整個調研過程往往既有定性調研也有定量調研。對於市場調查者來說，在一次單獨的調查或一系列調查中，綜合使用定性調研方法和定量調研方法，已是越來越平常的事情了。

定性調研與定量調研相結合，可以更透澈地瞭解消費者需求。定性調研技術包含無規定答案的問題和誘導投射技術。從中獲得的資料內容豐富，更具人情味，也更具揭示性。

三、定性調研的局限性

定性調研能夠提供有幫助和有用的相關信息。但是，它還是受到了一些限制和調查者的輕視。

第一個局限性在於行銷組合的細微差別經常會導致行銷工作的成敗，而定性調研不能像大範圍的定量調研一樣區分出這種差別。

第二個局限性是定性調研的樣本代表性可能會不夠。很難說一個由 10 個大學生組成的小組能夠代表所有的大學生，或是代表某一所大學的學生，小樣本以及自由討論這兩點會使得在同一定性調研中出現多種不同的傾向。另外，接受定性調查的人總是不受限制地講述他們所感興趣的事。小組中的主導人物可能會使得整個小組的討論僅僅與調查者所關注的主題有很小的聯繫。只有一個非常有經驗的調查主持人員才能將討論重新引回主題，同時又不壓制討論者的興趣、熱情和表達自己的意願。

第三個局限性是大量自稱是專家的調查人員却根本沒有受過正式的培訓。因為在市場調查領域中尚沒有一個相關的論證組織，所以，任何人都可以稱自己是定性調查專家。不幸的是，毫無戒心的委託商很難分辨研究者的資格或是研究結果的質量。

四、定性調研方法的分類

根據調查對象是否瞭解項目的真正目的分為直接法和間接法兩大類。直接定性調研方法的調查對象是知道調查目的的，調查目的對調查對象不加隱瞞，或者說從所提問題的項目中可以明顯地看出來。直接定性調研的主要方法有焦點小組訪談法和深層訪談法兩種。間接的定性調研方法則相反，調查目的對調查對象是隱瞞的。間接的定性調研中最常見的方法是投射法，其具體的方法包括聯想法、完成法、構築法及表達法，如圖 5.1 所示。

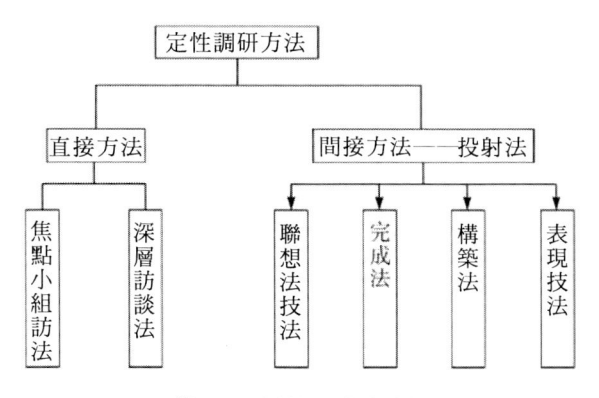

圖 5.1　定性調研方法分類

第二節　深層訪談法

一、深層訪談法的定義和特點

在市場調查中，往往需要對某個專門的調查課題進行全面的、深入的研究，或通過訪問和交談發現一些新的重要的情況，為此，僅靠一般的訪談是不可能達到這樣的目的的，採用深層訪談法是最好的選擇。

所謂深層訪談即指訪問員與一名受訪者在輕鬆自然的氣氛中圍繞某一問題進行深入討論，目的是讓受訪者自由發言，充分表達自己的觀點和情感。它是一種無結構的、直接的、個人的訪問，又稱個別訪問法。深層訪談法主要用於詳細探究受訪者對某一問題的潛在動機、態度和感情，詳細瞭解一些複雜行為，討論一些保密的、敏感的話題，調查某些比較特殊的商品購買和使用情況等。

深層訪談法的特點在於它是一種無結構一對一的訪問，所以它的走向依據受訪者的回答而定。所以受訪者有很多說話機會，能夠把自己的觀點淋漓盡致地表達出來。

二、深層訪談的實施過程

（一）深層訪談的準備工作階段

1. 選擇受訪者

深層訪談通常不是一般的消費者，所以受訪者要符合一定的條件，他們可能是客戶企業的高層領導、專業人士或是某產品的消費者或潛在消費者等。

2. 選擇訪問員

好的調查員對深層訪談的成功至關重要。而深層訪談又是一對一的訪談，所以要求調查員掌握高級訪談技巧，善於挖掘受訪者的內心感受。

3. 預約訪談時間

由於深層訪談的時間一般比較長，受訪者可能會比較忙，所以最好事先進行電話預約，在受訪者方便的時間進行訪問。

4. 準備訪談計劃

雖然深層訪談的結構比較自由，但不是漫無目的，訪問員必須對自己所從事的訪談工作的內容有所瞭解，知道通過訪問要達到什麼目的，準備提哪些問題，重點在哪裡，並預先擬訂好訪談提綱。提綱內容包括訪談目的、訪談步驟和訪談問題等，雖然訪談時不一定嚴格按提綱逐一進行，但提綱應盡量詳細。

5. 準備訪談用品

訪談前，訪問員必須準備好能夠證明自己身分的證件，如工作證、身分證、介紹信等，這對接近受訪者，取得對方最初信任至關重要。此外，還要準備筆、記錄本、錄音機、攝像機等訪談必需的物品，如要給受訪者一些饋贈物品或宣傳資料，也應準備齊全。

(二) 深層訪談的實施階段

在上述準備工作就緒后，深層訪談就可以進入正式實施階段，在這個階段，訪問員應該注意以下幾點：

1. 接近受訪者

接近受訪者主要有兩種方式，最常用的是正面接近，即開門見山，先介紹自己的身分，直接說明調查的意圖，之后就可開始正式訪談。這種方式能節省時間，提高效率，但有時顯得簡單、生硬。還有一種側面接近的方式，即先不公開身分，在某種共同的活動中接近受訪者，如與受訪者一起開會、學習、住宿、娛樂等，等到與受訪者建立起一定的友誼時，再在一種自然、和諧的氣氛中開始訪談。

2. 打消受訪者的顧慮

訪問員應詳細地介紹此次訪談的目的、意圖、受訪者的回答有何意義、具有何等的重要性等，應指出訪問的內容是保密的，受訪者的回答對其自身是沒有任何不利影響的，並盡量營造一種熱情、友好、輕鬆的氣氛。

3. 訪問員使用訪談提綱

為了防止偏離訪談目標，把握或調整訪談方向，訪問員應使用訪談提綱，但不必嚴格按照提綱的順序進行，而應根據受訪者回答的狀況適當調整訪談的方向。

4. 從受訪者關心的話題開始

在必要或時間允許的情況下，可從受訪者關心的話題開始，逐步縮小訪談範圍，最后問及所要提問的問題。

5. 訪問員應保持中立態度

在訪談中，訪問員應始終保持中立的態度，避免誘導，使受訪者感覺到你對人、對事不帶有任何偏見，也不希望左右別人的觀點和思想。

6. 有禮貌、巧妙地加以引導

在訪談過程中，當出現受訪者對所提問題不理解或誤解、受訪者對某一問題的回

答有所顧慮、受訪者漫無邊際閒談的情況時，訪問員要有禮貌而且巧妙地加以引導。而當受訪者的回答含糊不清、過於籠統或殘缺不全時，訪問員則要適當地追問，以使訪談順利進行。

  7. 訪問員應該講文明、有禮貌、用語準確、明瞭

  盡量避免使用生僻的專業術語，不能以審訊或命令的口吻提問，不能隨便打斷對方的回答，或對其回答流露出任何鄙視或不耐煩的表現，更不能使用一些會令對方忌諱、反感的語言。

  8. 訪問員要認真傾聽受訪者回答問題或陳述觀點

  為表示認真傾聽受訪者的意見，就要表示出興趣，而且這是一種鼓勵多說的方法。通過傾聽才能建立一種理解，從這種理解中可以有更深入的提問的線索。

(三) 深層訪談的結束階段

  結束階段是整個深層訪談的最后一個環節，這個環節也很重要，不能忽視。

  1. 檢查訪談結果

  訪談結束時，調查員應該迅速重溫一下訪談結果或檢查一遍訪談提綱，以免遺漏重要項目。

  2. 再次徵求受訪者的意見

  訪談結束時，應再次徵求受訪者的意見，瞭解他們還有什麼想法、要求等，不要一回答完提綱中的問題就離去，這樣可能會失去掌握更多的情況和信息的機會。

  3. 真誠感謝受訪者

  要真誠感謝對方對本次調查工作的支持與合作。

三、深層訪談的技術與技巧

(一) 使受訪者完全放鬆下來，並與受訪者建立融洽的關係

  訪問時訪問員所提出的第一個問題應該是一般性的問題，能引起受訪者的興趣，並鼓勵他充分而自由地談論他的感覺和意見。一旦受訪者開始暢談之後，訪問員應避免打岔，應做一個被動的傾聽者，為了掌握訪問的主題，有些問題可以直截了當地提出來，訪問員提出的問題必須是開放式的。

(二) 訪問員有時也可利用一種「重播」技術

  以上揚的音調重複敘述受訪者答覆的最后幾個字，以促使受訪者繼續說下去。

(三) 在訪問過程中，訪問員通常只講很少的話

  盡量不問太多的問題，只是間歇性地提出一些適當的問題，或表示一些適當的意見，以鼓勵受訪者多說話，逐漸泄漏他們內心深處的動機。

(四) 訪問員如能善用沉默的技巧，常可使受訪者泄漏無意識的動機

  沉默可以使被訪者有時間去組織他的思想，使他感到不舒服，或認為訪問員希望他繼續說下去，因此，他會繼續發表意見以打破沉默。

下面是一個深度訪問的片斷實例，可以看出重播技術及沉默在深度訪問中的價值。

受訪者：我只抽甲牌香烟，當我獨自一個人的時候。

訪問員：當你獨自一個人的時候？

受訪者：是的，這個牌子便宜，它看起來就是一種便宜的牌子，當別人在一起時，我喜歡抽較好的牌子，即使價錢較貴——乙牌看起來好些，因此我買乙牌香烟。（暫停和沉默）

受訪者：我想這只是和一般人一樣就是了，如果你和別人在一起時，抽一種好的香烟，你會感覺到和他們一樣好。

(五) 回憶行為過程技巧

人的記憶有一定的期間，超過了這個期間便漸漸忘記。當人們購買某種商品時，為何選擇該商品，其動機意識經過相當的時間便忘記。對該商品所感到的以及使用該商品時所意識的一切，也都無法記憶。為了使受訪者想起這種意識，最好請他回憶決定購買商品的過程，或者重新把當時購買該商品的感受以及如何行動，作詳細的說明，從這種說明當中，發現購買動機。

例如某公司在調查購買動機時，曾詢問一位主婦所購買的是什麼咖啡，該主婦回答是雀巢咖啡。這並不是滿意的回答，后來訪問員便請該主婦回憶在零售店購買咖啡時的情形，然后一一追問其行動以及心理動機。這位主婦經過仔細回憶，突然答道：「藍色的罐子，顏色十分美麗，便買了它。」罐子顏色的美麗，便是那位主婦購買的動機。

(六) 深度訪問的地點

通常以在受訪者的家中進行較佳，對受訪者比較方便。不論在何處實施，深度訪問應單獨進行，不應讓第三者在場，因為讓第三者在場可能會使受訪者感到困窘或不自然，不願提供真實的答覆。

(七) 深度訪問的時間

深度訪問通常在 1 小時至 2 小時之間，很少超過 2 小時。

四、深層訪談法的優缺點

深層訪談法相對於焦點小組座談法具有以下優點：

(一) 消除群體壓力

深層訪談使受訪者能夠消除在多人面前的壓力，從而可以讓被訪者更自由地表達看法，提供更真實的信息，而在焦點小組座談中也許做不到，因為有時會有社會壓力而不自覺地形成小組一致的意見。

(二) 能更深入地探索受訪者的內心思想與看法

一對一的交流使受訪者感到自己是注意的焦點，會使受訪者更樂於表達自己的觀點、態度和內心想法。

（三）容易將受訪者的談話與其生理反應聯繫起來

深層訪談可將反應與受訪者直接聯繫起來，不像小組座談中難以確定哪個反應是來自哪個受訪者。

深層訪談有以下缺點：

1. 無法產生觀點的相互刺激和碰撞

由於只有一個受訪者，無法產生受訪者之間觀點的相互刺激和碰撞。

2. 深層訪談一般要比焦點小組座談法成本高

能夠做深層訪談的有技巧的調查員（一般是專家，需要有心理學或精神分析學的知識）是很昂貴的，也難於找到。

3. 調查結果和質量的完整性十分依賴於調查員的技巧

調查的無結構性使這種方法比焦點小組座談法更容易受調查員自身的影響。

4. 深層訪談的結果常常難以分析和解釋，因此需要一定的心理學知識來解決這個問題

由於占用的時間和所花的經費較多，因而在一個調研項目中深層訪談的受訪者數量是十分有限的。

五、深層訪談法的應用

深層訪談法主要用於獲取對問題的深層理解的探索性研究。深層訪談不如小組座談會使用那麼普遍。儘管這樣，深層訪談在有些特殊情況下也是有效的，例如在有如下需要時：

（1）詳細地刺探受訪者的想法（例如汽車的買主）。

（2）討論一些保密的、敏感的或讓人為難的話題。

（3）瞭解受訪者容易隨著群體的反應而搖擺的情況（例如大學生對古典音樂的態度、對出國留學的態度等）。

（4）詳細地瞭解複雜行為（例如選擇購物的商店、見義勇為行動）。

（5）訪問專業人員（例如某項專門的調研、對新聞工作者的調研）。

（6）訪問競爭對手（他們在小組座談的情況下不太可能提供什麼信息）。

（7）調查的產品比較特殊，例如在性質上是一種感覺，會引起某些情緒及很有感情色彩的產品（如香水、洗浴液等）。

例如在研究洗澡用香皂的廣告時，被調查者總是說好的香皂讓他（她）們在浴后感到「又乾淨又清爽」，不過他們常常無法解釋「乾淨清爽」到底意味著什麼。廣告研究者想要用一種新方式來談論「清爽」，但從大量文獻的研究中找不到有幫助的資料。因此，調研人員通過深層訪談刺探「又乾淨又清爽」對被訪者到底意味著什麼。調查員從有關乾淨清爽的所有方面來刺探：有這種感覺的次數、他們心目中的圖像、與此相關的情緒和感覺、浮現什麼音樂和色彩，甚至還有什麼幻想等。從深層訪談中發現的一個主旋律是「從日常生活中逃脫出來」。即脫離擁擠的匆忙都市，自由地、放鬆地、無阻礙地被大自然包圍。由這個主旋律所激發出的詞語和形象給廣告創意提供

了新的思路，製作出了與其他競爭對手完全不同的成功的廣告作品。這個例子說明了深層訪談在揭示隱蔽的反應所表現的價值。

第三節　焦點小組訪談法

一、焦點小組訪談法的定義和特點

焦點小組訪談法，又稱小組座談法，就是採用小型座談會的形式，由一個經過訓練的主持人以一種無結構、自然的形式與一個小組的具有代表性的消費者或客戶交談。從而獲得對有關問題的深入瞭解。焦點小組訪談法的目的是通過傾聽一組從研究目標市場中選擇來的被調查者的討論，獲得對有關問題的深入瞭解，而且常常可以從自由進行的小組討論中獲得一些意想不到的發現。

焦點小組訪談法借用心理學的有關知識和巧妙地運用激勵原理，是定性調研中最重要的一種方法，使用很普遍。焦點小組訪談法的特點在於，它不是一對一的調查，而是同時訪問若干個被調查者，它不只是一問一答式的面談，一個人的發言會點燃其他人的許多思想火花，從而可以觀察到受訪者的相互作用，這種相互作用能提供的信息比同樣數量的人作單獨陳述時所能提供信息更多。小組座談過程是主持人與多個被調查者相互影響、相互作用的過程，要想取得預期效果，不僅要求主持人要做好各種準備工作、熟悉掌握主持技巧，還要求有駕馭會議的能力。

二、焦點小組訪談法的工作程序

(一) 焦點小組訪談的準備工作

1. 確定訪談進行的場所和時間

焦點小組訪談通常是在一個焦點小組測試室中進行。在測試室不引人注目的地方（一般在天花板上）裝有錄音錄像設備，記錄整個討論過程。

焦點小組訪談進行的時間一般在 1.5～3 小時，若時間過短，小組成員可能還未完全投入到討論中，思想的碰撞不很激烈，討論得不夠深入；若時間過長，小組成員可能會感到疲乏和厭倦，對一些問題不願去思考。

2. 選擇小組成員

焦點小組訪談的參加人員需要預先篩選，應滿足一定的條件，例如某種產品的使用者或其競爭對手產品的使用者，對某種產品比較瞭解等。參會人數要適中，一般為 8～12 人。若人數過少，難以取得應有的互動效果；若人數過多，發言機會就會減少，意見容易分散。然而並不存在理想的參會人數，如果主題的針對性較強或者技術色彩較濃，那麼就需要較少的受訪者。如果是研究經歷性（以瞭解情況為主）小組需要的受訪者就較多。一個焦點小組的成員在人口統計特徵和社會特徵方面應當保持同質性，最好不要把不同社會層次、不同消費水平、不同生活方式的人放在一組，以免造成溝通障礙、影響討論氣氛。

3. 選擇主持人

主持人對於座談會的成功與否起關鍵作用，主持人能夠與參會人員和睦相處，而且要求具備豐富的研究經驗，掌握與所討論內容有關的知識，並能左右座談會的進程和把握會議的方向。對主持人素質的具體要求如下：

（1）良好的傾聽能力，不僅要能聽到說出來的，而且要能分辨沒說出來的潛臺詞。

（2）良好的觀察能力，要能觀察到發生的和沒發生的細節，善於理解肢體語言。

（3）客觀性。能夠拋開個人的思想和感情，聽取他人的觀點和思想。

（4）具有關於調查、行銷等方面的紮實的基礎知識，瞭解基本的原理、基礎和應用。

（5）善於調動參加者的積極性，鼓勵參會成員積極發言。

（6）能夠控制大局，把握座談會的方向和進程。

4. 編寫訪談提綱

訪談提綱是一份關於焦點小組訪談中所要涉及的話題的概要，通常由調研設計者和主持人一道，根據調研客體和委託人所需信息設計。提綱保證按一定順序逐一討論所有突出的話題，例如，一份訪談提綱可能從討論對外出吃飯的態度和感受開始，然後轉向討論快餐，最後以討論某一連鎖快餐集團的食品和裝修風格結束。當然，在各組座談會中的問題也要靈活掌握，如有時發現某一問題難以得到有用信息，甚至起反作用時，應在隨後的小組座談中去掉；反之則應加以補充。訪談提綱通常包含三部分內容：第一部分，建立友好關係，解釋小組中的規則，並提出討論的客體；第二部分是由主持人激發深入的討論；第三部分是總結重要的結論。

5. 確定訪談的次數

這主要取決於問題的性質、細分市場的數量、訪談產生新想法的數量、時間與經費等。一個小組難以夠用，因為其結果可能不夠典型，在任何一個項目上通常有幾個小組，或許在被訪人員和地理區域上有所交叉。對於包含單一被訪人類型的情況，典型的四個小組就夠了。

(二) 焦點小組訪談的實施

在焦點小組訪談實施過程中，要做好以下三方面的工作：

1. 要善於把握訪談的主題

為避免訪談的討論離題太遠，主持人應善於將小組成員的注意力引向討論的問題，或是圍繞主題提出新的問題，使訪談始終有一個焦點。

2. 做好小組成員之間的協調工作

在訪談進行過程中，可能會出現各種情況，如冷場、跑題、小組中某個成員控制了談話等，遇到上述情況，主持人要妥善做好協調、引導工作，以保證訪談的順利進行。

3. 做好訪談記錄

訪談一般由專人負責記錄，同時常常通過錄音、錄像等方式進行記錄。

（三）訪談結束后的各項工作

1. 及時整理、分析訪談記錄

檢查記錄是否準確、完整，有沒有差錯和遺漏。

2. 回顧和分析訪談情況

檢查記錄是否準確、完整，有沒有差錯和遺漏，通過反覆聽錄音、看錄像，回想訪談進程是否正常，會上反應情況是否真實可靠，觀點是否具有代表性，對討論結果做出評價，發現疑點和存在的問題。

3. 做必要的補充調查

對會上反應的一些關鍵事實和重要數據要進一步查證核實，對於應當出席而又沒有出席座談會的人，或在會上沒有充分發言的人，如有可能最好進行補充訪問。

4. 編寫焦點小組訪談報告

對訪談的記錄資料經過整理、分析、補充后，要編寫正式的訪談報告。報告的開頭通常解釋調研目的，表明所調查的主要問題，描述小組成員的個人情況，並說明選擇小組成員的過程。接著，總結調研發現並提出建議。

三、焦點小組訪談法的優缺點

（一）焦點小組訪談法的優點

（1）資料收集快、效率高，因為可以同時訪問若干個被調查者，能節約人力和時間。

（2）取得的資料廣泛和深入。在主持人的適當的引導下，小組成員經過討論，可以相互啓發有互動作用，能夠產生大量有創意的想法和建議。

（3）能將調查與討論相結合。調查中不僅能夠發現問題，還能夠探討問題產生的原因，並且能夠找到解決問題的途徑。

（4）可以進行科學監測。市場調查人員可以通過單向鏡嚴密監視訪談過程，通過錄音、錄像設備將整個訪談過程錄制下來，供事後分析使用。

（5）結構靈活。焦點小組訪談在覆蓋的主題及深度方面都可以是靈活的。

（二）焦點小組訪談法的缺點

（1）對主持人的要求較高。要挑選到理想的主持人往往比較困難。

（2）容易造成判斷錯誤。焦點小組訪談法與其他調查方法相比，更具有主觀性，其結果更容易被錯誤的判斷，受主持人的影響容易出現偏差。

（3）小組成員選擇不當會影響調查結果的準確性和客觀性。

（4）訪談結果散亂。由於訪談結果比較散亂，使得後期的資料分析和說明都比較困難。

（5）涉及隱私和保密的問題，很難在會上討論。

四、焦點小組訪談法的應用

(一) 焦點小組訪談法能夠用來說明以下實際問題：
(1) 瞭解消費者對產品種類的認知、偏好與行為。
(2) 獲取對新產品的概念的印象。
(3) 產生對老產品的新想法。
(4) 研究廣告創意。
(5) 獲得有關價格的印象。
(6) 獲取消費者對具體市場行銷計劃的初步反應。

(二) 在調研設計方法上，焦點小組訪談法通常用來完成以下目標：
(1) 更準確地定義問題。
(2) 提出備選的行動方案。
(3) 提出問題的研究框架。
(4) 得到有助於構思消費者調查問卷的消息。
(5) 得出可以定量檢驗的假設。
(6) 解釋以前得到的定量結果。

[案例] 大學生對信用卡認知的調查

Ⅰ 解釋焦點小組訪談法及其規則（10～12分鐘）
(1) 解釋焦點小組訪談法。
(2) 沒有正確答案。
(3) 要傾聽別人的發言。
(4) 我的一些同事在鏡子後做觀察，他們對你的觀點非常感興趣。
(5) 自動錄音或錄像，因為我想全神貫注聽你們的發言，所以沒有辦法記筆記。
(6) 請一個一個地發言，否則我擔心會漏掉一些重要的觀點。
(7) 不要向我提問，因為我所知道的和我的想法並不重要，你們的想法和感受才是重要的，我們為此才聚在一起。
(8) 如果你對我們將要討論的一些話題瞭解得不多，也不要覺得難過沒關係，重要的是讓我們知道這一點；不要怕與別人不同，我們並不是要求所有人都持有同樣的觀點，除非他們確實這麼想。
(9) 我們要討論一系列話題，所以我會不時地將討論推進到下一個話題，請不要把這當成是冒犯。
(10) 還有問題嗎？

Ⅱ 信用卡的歷史（15分鐘）
我對你們對信用卡的態度和使用信用卡的情況很感興趣。
(1) 有多少種主要的信用卡？你使用什麼信用卡？你是什麼時候擁有這些卡的？
(2) 為什麼你們要得到這些信用卡？你又是如何得到的？

(3) 你最常用的是什麼信用卡？為什麼經常使用它？你使用信用卡的目的是什麼？

(4) 大學生申請信用卡是不是很難，是否有些信用卡比較容易得到，如果有，是什麼卡？大學生是否很難得到一張好信用卡或者「合意」的信用卡？

(5) 你目前對信用卡及其使用的態度如何？當你擁有一張信用卡后，你的態度是否會有所改變？如何改變的？

Ⅲ．桌面廣告設計（25分鐘）

現在我將向你們出示幾種信用卡桌面廣告設計，它們會出現在校園中學生比較集中的地方，比如學生俱樂部和學生活動中心。每一種展示廣告都是代表不同產品和服務的若干展示廣告中的一種，我想知道你們對不同展示廣告的反應。我每出示一種，希望你們寫下對它的第一反應。我想知道的是你們的第一反應。在用一分鐘時間寫下你們的反應之後，我們將更為詳細地討論每一種設計。

(1) 出示第一種廣告。

①讓他們記下自己的第一反應。

②討論。

a 你對這種廣告設計的第一反應是什麼，該設計有任何你特別喜歡的地方嗎，

b 你會停下來仔細閱讀嗎？你會受它的吸引嗎？為什麼會？為什麼不會？它有任何你感興趣的地方嗎？

c 你是如何看待環保或教育促銷或音樂贈品的，喜歡還是不喜歡？

(2) 對第二種廣告重複以上過程。

(3) 對第三種廣告重複以上過程。

(4) 出示所有廣告設計。

①這些廣告中，如果有的話，哪一種最可能吸引你的注意，使你停下來仔細閱讀？什麼？

②哪一種最不可能吸引你的注意？為什麼？

Ⅳ 宣傳冊與隨贈品（25分鐘）

現在我想讓你們看一看信用卡的贈品，這些贈品是與剛才討論過的展示廣告相配套的。首先我向你們展示宣傳冊和贈品的樣本；然后，希望你們記下你們的第一反應，最后，對每種贈品進行討論。

(1) 出示第一種宣傳冊和贈品。

①讓他們記錄自己的第一反應。

②討論。

a 你的第一反應是什麼？

b 贈品有任何地方你特別喜歡嗎，有任何地方你特別下喜歡的嗎？

c 你理解贈品的含義嗎？

d 你認為這是一種重要的收益嗎？

e 你會為這種贈品而申請信用卡嗎？為什麼？

f 這種信用卡會取代你現在所用的信用卡嗎？

g 你會考慮使用這種信用卡嗎？

h 畢業后你還會繼續使用這種信用卡嗎？

i 考慮到贈品，這種信用卡與你最常用的信用卡相比如何？

j 在多大程度上你會使用這種卡，為什麼會，為什麼不會？你打算真正使用這種卡還是只是擁有它？你打算畢業後還保留它嗎？

（2）對第二種宣傳冊和贈品重複以上過程。

（3）對第二種宣傳冊和贈品重複以上過程。

（4）出示所有的宣傳冊和贈品。

①最佳贈品是什麼？為什麼這麼說？

②考慮到贈品，如果有的話，你會選哪一種信用卡？為什麼？

Ⅴ 信用卡設計（10分鐘）

最後，我想讓你們看一看附帶環保贈品的信用卡的3種設計式樣。同前兩次討論一樣，我先出示每種設計，要求你們記下自己的第一反應，然后討論每種設計。請使用事先發的表格記錄你的反應。

（1）出示第一種設計。

①讓他們記下自己的第一反應。

②討論。

a 你的第一反應是什麼？設計中你特別喜歡的是什麼？不喜歡的是什麼？

b 在設計中是否有什麼東西令你在上學期間使用它時感到不舒服？畢了業以後又如何？

（2）對第二種設計重複以上過程。

（3）對第三種設計重複以上過程。

（4）出示所有的設計。

①如果有的話，這些卡中你會用哪一種？喜歡哪種？

②是否有哪種卡你不會使用？為什麼？

感謝你的參與！

第四節 投影技法

小組座談法和深層訪談法都是直接法，即在調查中明顯地向被訪者表露調查目的，但這些方法在某些場合却不太合適。比如對那些動機和原因的直接提問，對較為敏感性問題的提問等。此時，研究者就要採取在很大程度上不依賴研究對象自我意識和情感的新方法。其中，最有效的方法之一就是投射技術法。它採用一種無結構的、非直接的調研技術，目的是通過激勵被訪者對他們關心的話題作出反應，用以探究隱藏在表面反應下的真實心理，以獲得真實的動機、態度或情感。

投影測試就是要穿透人的心理防禦機制，使真正的情感和態度浮現出來。適合於對動機、原因及敏感性問題的調查。它的基本原理來自於對人們經常難以或者不能說出自己內心深處的感覺的認識，或者說，人們受心理防禦機制的影響而感覺不到那些

情感。通常向被訪者給出一種無限制的並且模糊的情景,要求他們作出反應,由於這種情景說得很模糊,也沒有什麼真實意義,受訪者必須根據自己的偏好來回答。

常用的投影技法有聯想技法、完成技法、構築法、表現技法等。

一、聯想技法

(一) 聯想技法的含義

聯想技法又稱聯想法,它是利用人們的心理聯想活動或在事物之間建立的某種聯繫,由訪談者向受訪者提供某一刺激物(叫實驗詞語或刺激評語),即訪談者讀一個詞給受訪者,然后要求他即刻說出腦海中最初出現的事物(叫反應語),借此來瞭解受訪者真實感受的一種方法。由於「詞語」是最經常被用到的刺激物,「所聯想事物」通常是所提供刺激物的一個同義詞或反義詞,因此,該方法通常又稱為詞語聯想法。研究者所感興趣的詞語成為測試詞語,分佈在詞語列單中。詞語列單中還包括一些中立的或過濾的詞語,用來掩飾研究目的。根據受試者的不同反應,分析他們的情感或態度。這種技法的潛在假定是,聯想可讓反應者或被調查者暴露出他們對有關問題的內在感情。對回答或反應的分析可計算如下幾個量:

(1) 每個反應詞語出現的頻數。

(2) 在給出反應詞語之前耽擱的時間長度。

(3) 在合理的時間段內,對某一試驗詞語,完全無反應的被調查者的數目。

根本無反應的被調查者就被判斷是情感捲入造成的反應阻塞。研究者常常將這些聯想分為造成的、不造成的和中性的三類。一個被調查者的反應模式以及反應的細節,可用來決定其對所研究問題的潛在態度或情感。

使用詞語聯想法一般要求快速地念出一連串詞語,不讓心理防禦機制有時間發揮作用。如果受試者不能在3秒鐘內作出回答,那麼可以斷定他已經受到了其他因素的干擾。

詞語聯想測試法對市場調研者來說是非常實用和有效的投射方法。詞語聯想法常用於選擇品牌名稱、廣告主題和標語。例如,一家化妝品生產商為了替一種新香水命名,可能會測試消費者對以下候選名稱的反應:無限、激情、珍寶、遭遇、渴望、慾望。

其中的一個詞語或消費者建議的一個同義詞可能會被選作新的品牌名。

又如在對百貨商場顧客光顧情況的調研中,試驗詞語可以選擇「位置」「購物」「停車」「質量」「價格」之類的詞語。被調查者對每一個詞語的反應是逐字記錄並且計時的,這樣反應猶豫者(要花3秒鐘以上來回答)也可以識別出來。調查者記錄反應的情況,這樣被調查者書寫反應語所要求的時間也就得到了控制。

(二) 詞語聯想法的具體形式

1. 自由聯想法

由聯想法不限制聯想性質和範圍,被調查者可以充分發揮其想像力。例如,請您寫出(或說出)由「酒」這個詞所引發的聯想。

2. 控制聯想法

控制聯想法把聯想控制在一定的範圍之內。例如,「當你聽到小轎車這個詞時,你首先想到的品牌是什麼?」被調查者的聯想答案只限於「品牌」這個範圍。

3. 引導聯想法

在提出刺激詞語的同時,也提供相關聯想詞語作為引導。例如,請您就「自行車」一詞按提示寫出(或說出)所引發的相關聯想。提示詞如代步、健身、娛樂、載物等。

二、完成技法

完成技法可以與詞語聯想法連用。在完成技法中,訪談者給出一種不完全的刺激情景,要求被試者來完成。常用方法有句子完成法和故事完成法兩種。這類方法被一些調研者認為是所有投射技術中最有用和最可靠的一種。

(一) 句子完成法

句子完成法與詞語聯想法類似,就是給出一些不完整的句子,讓被調查者去完成。一般要求他們使用最初想到的那個單詞或詞組。與詞語聯想法相比,對被調查者提供的刺激是更直接的,從句子完成法可能得到的有關被調查者感情方面的信息也更多。

例如:

擁有一套住房＿＿＿＿。

一個家庭必須擁有的通信手段是＿＿＿＿。

如果我有一個外貿公司,我會＿＿＿＿。

不同的受試者面對上述不完全的刺激情景,都會結合各自的經驗、背景和情感將句子沒有表達出來的意思表達完整,每個人的答案都有可能不同,不同的答案表明了不同的看法。比如對於「擁有一套住房＿＿＿＿」,有的人認為是提高了生活質量,有的人認為是基本生活的保障,有的人認為是增加了支出或有可能負債,有的人認為有一種成就感,也有的人可能認為「那是我最終的理想」等。這些答案對於房地產商來講,無論是戶型設計、質量改進、功能提高還是行銷手段變化等都有參考價值。因而,受試者將句子完成的過程,也將它本人對特定事物的認識、態度與情感表現出來。

句子完成法與詞語聯想法相比,其優點是具有足夠的引導性來使回答者產生一些聯想,利用此法進行調查,同樣要求被訪者用反應的第一想法回答問題,調查者按原文記錄回答並加以分析。

(二) 故事完成法

調研者提出一個能引起人們興趣但未完成的故事,由受試者來完成,從中瞭解其態度和情感。與句子完成法不同的是,故事完成法給受訪者提供了一個更有限制和較詳細的劇情,以方便受訪者將自己投射到劇情中假設的人物上。例如,某位消費者在一家商場花了很長時間才選中一組價格便宜、造型新穎的家具,在他即將下決心購買時,卻遭到售貨員的怠慢,這位消費者將作出何種反應?為什麼?

三、構築法

該方法要求受試者以漫畫故事對話或繪圖的形式來構造一個回答。漫畫測試法、消費者繪圖法及照片歸類法都是構築法的典型形式。

(一) 漫畫測試法

漫畫測試法是顯示一系列的圖畫或漫畫，創造出高度的投射機制。常見的是畫面上包含兩個人物——一個人的話框中寫有對話，而另一個的則是空白的，留待受試者完成。例如，一個人的話框中寫到：「嗨！伙計，我剛拿到500元獎金，因為我的建議被公司採用在生產線上了。我想把這錢存在信用卡上。」你將如何完成對話？注意在漫畫測試中，圖像是模糊的而且沒有任何解釋。這麼做是為了使受試者不會得到任何暗示某種規定答案的「線索」，受試者可以更隨意地表現自己。

漫畫測試法可以適用於多種用途。可以用來瞭解對兩種類型的商業機構的態度，瞭解這些商業機構與特定產品之間是否協調，也可以測試對於某種產品或品牌的態度強度，還可以確定特定態度的作用。

(二) 消費者繪圖法

調研者也可以要求消費者畫出他們的感受，或者是他們對一個事物的感知。儘管有些消費者畫的圖形可能不比幼兒園的小朋友強到哪裡，但是所畫人物的年齡、性別、生活狀態等重要特徵通常是明顯的，可以用來揭示某些消費動機，表達消費者的理解。例如，某廣告代理公司為了更深入瞭解客戶產品——P品牌蛋糕粉的消費者反應，決定進行一次定性研究。它邀請了50名消費者來到廣告公司，請她們簡略畫出分別購買兩種品牌（一種是P品牌，另外一種是D品牌）蛋糕粉的消費者形象。消費者繪圖測試的結果顯示，在兩個品牌蛋糕粉之間消費者形象最突出的區別就是，P品牌蛋糕粉的消費者清一色全是扎著圍裙的老奶奶，而D品牌蛋糕粉的消費者則是苗條的當代女性。

(三) 照片歸類法

這是由美國著名的廣告代理商——環球BBDO公司（BBDO Worldwide）首創的一種技術。消費者通過一組特殊安排的照片來表述他們對品牌的感受。調查者提供一組照片展示的是不同類型的人群，從高級白領到大學生。受試者將照片與他所認為的這個人應該使用的品牌連在一起，由此來反應被調查者對品牌的感受。通用電氣公司進行的照片歸類調查發現，消費者認為受這個品牌吸引的是保守而年長的商界人士。為了改變這一形象，通用電氣公司進行了一次「為生活增添光彩」的宣傳促銷活動。又如維薩信用卡（Visa）所作的照片歸類調查發現在消費者心目中的維薩卡的形象是健康、女性、中庸，於是公司開展了名為「隨心所欲」的針對高收入的男性市場的宣傳促銷活動。

另外一種變通的方法也屬於照片歸類法。BBDO公司與啤酒市場上的一百名目標消費者進行了面談，這些人是男性，年齡在21~49歲，每週至少喝6瓶品牌啤酒。面談結果是受訪者認為喝巴德啤酒（Bud）的人看來是粗魯暴躁的藍領工人，而喝米勒啤酒（Miller）的有是有教養的而且和善的高級藍領工人。而庫爾啤酒（Coor）給人一種女

性化印象，對於該產品 80% 的男性消費者來說不是一個積極的因素。

四、表現技法

表現技法就是指給受試者提供一種語言的或視覺的情景，請他將情景與他人的感受聯繫起來。受試者表達的不是他自己的而是別人的感受或態度。兩種主要的表現技法是角色表演法和第三者技法。

(一) 角色表演法

角色表演法是要求受試者扮演某一角色或假定按其他某人的行為來動作。調研者的假定是被調查者將會把他們自己的感情投入角色中。通過分析被調查者的表演，就可以瞭解他們的感情和態度。

例如在百貨商店顧客光顧情況的調查中，要求被調查者扮演負責處理顧客抱怨和意見的經理的角色。被調查者如何處理顧客的意見表現了他們對購物的感情和態度。在表演中用尊重和禮貌的態度對待顧客抱怨的表演者，作為顧客，希望商店的經理也能用這種態度來對待他們。

(二) 第三者技法

這種方法不是直接問一個人的感受，而是讓被調查者將第三者的信仰和態度與該情景聯繫起來，是用「你的鄰居」「大多數人」或「你的同事」第三人稱來表述問題。同樣，調研者的假定是，當被調查者描述第三者的反應時，他個人的信仰和態度也就暴露出來了。讓被調查者去反應第三者立場的做法降低了他個人的壓力，因此能給出較真實合理的回答。比如，不是直接問一個人為什麼她做的早餐營養總是不均衡，而是問「為什麼許多人給家人準備的早餐營養總是不均衡？」這樣可以避免由於直接回答可能使受試者感到尷尬甚至是激怒受試者的情況。

五、投影技法的優缺點及應用

與無結構的直接技法（小組座談法和深層訪談法）相比，投影技法的一個主要優點就是，可以揭示受試者真正的意見和情感。可以提取被調查者在知道研究目的的情況下不願意或不能提供的回答。在直接詢問時，被調查者常常有意無意地錯誤理解、錯誤解釋或錯誤引導調研者。在這些情況下，投影技法可以通過隱蔽研究目的來增加回答的有效性。特別是當要瞭解的問題是私人的、敏感的或有著很強的社會標準時，作用就更明顯。當潛在的動機、信仰和態度是處於一種下意識狀態時，投影技法也是十分有幫助的。

投影技法通常存在如下問題：這些調查技術通常只有專門的、訓練有素的訪問員才能夠勝任，在分析時還需要熟練的解釋人員。因此，一般情況下投影技法的費用都是高昂的，而且有可能出現嚴重的解釋偏差。除了詞語聯想法之外，所有的投影技法都是開放式的，因此分析和解釋起來就比較困難，也容易產生主觀片面性。

一些投影技法例如角色表演法要求被調查者從事不平常的行為，在這些情況下調研者可能假定同意參加的被調查者在某些方面也不是平常的。因此，這些被調查者可

能不是所研究的總體的代表。為此，最好將投影技法的結果與採用更有代表性樣本的其他方法的結果相比較。

投影技法一般不像無結構的直接技法（如小組座談法和深層訪談法）那麼常用。有一個例外就是詞語聯想法，常常用於檢驗品牌的名稱，偶爾也用於測量人們對特殊產品、品牌、包裝或廣告的態度。如果遵照以下幾點指導，投影技法的作用還能加強。

（1）當用直接法無法得到所需的信息時，可考慮使用投影技法。

（2）在探索性研究中，為了瞭解人們的最初的內心想法和態度，可使用投影技法。

（3）由於投影技法很複雜，不要簡單地認為誰都可以使用。

本章小結

本章介紹了多種定性訪談的市場調查方法。深層訪談，是指訪員與一名受訪者在輕鬆自然的氣氛中圍繞某一問題進行深入討論，目的是讓受訪者自由發言，充分表達自己的觀點和情感。它主要用於詳細探究受訪者的想法，詳細瞭解一些複雜行為，討論一些保密的、敏感的話題，調查某些比較特殊的商品購買和使用情況等。焦點小組訪談法，就是採用小型座談會的形式，挑選一組具有同質性的消費者或客戶，在錄音錄像設備的房間內，在主持人的組織下，就某個專題進行討論，從而獲得對有關問題的深入瞭解。焦點小組訪談法借用心理學的有關知識，是一種最重要的定性調研方法。可以同時訪問若干個被調查者，一個人的發言會點燃其他人的許多思想火花，從而可以觀察到受試者的相互作用，這種相互作用會產生比同樣數量的人作單獨陳述時所能提供的更多的信息。投影技法是一種無結構、非直接的詢問方式，可以激勵被訪者將他們所關心話題的潛在動機、態度或情感反應出來，適合於對動機、原因及敏感性問題的調查。本章介紹了四種投影技法：聯想法，是指由訪談者給受訪者提供某一刺激物，要求他即刻說出腦海中出現的第一種事物，借此來瞭解受訪者真實感受的一種方法。完成技法就是訪談者給出一種不完全的刺激情景，要求被試者來完成。常用方法有句子完成法和故事完成法兩種。構築法就是要求受試者以故事、對話或繪圖的形式來構造一個回答。表現技法就是給被調查者提供一種文字的或形象化的情景，請他將其他人的感情和態度與該情景聯繫起來。

思考題

1. 什麼是小組焦點座談？它有哪些優點和缺點？
2. 什麼是深層訪談，有哪些訪談技術？有哪些優點和缺點？
3. 什麼是投影技法，有哪些具體的投影技法？
4. 各種調查方法為什麼要結合應用？
5. 市場定量調研和市場定性調研為什麼要結合，各有哪些調研方法？

第六章　問卷設計

本章學習目標：
1. 理解調查問卷的基本功能
2. 理解問卷的結構和設計原則、設計過程
3. 瞭解問卷的設計中的注意事項和問卷設計技巧
4. 瞭解問卷設計中的常用量表及其類型

問卷設計工作對一個市場調查項目的成功與否起到至關重要的作用，因此有些調研專家甚至認為調研的成敗完全取決於調研所提出的問題（當然也包括提出問題的方式）。調查問卷是用於收集調研項目一手資料的最重要的工具，如果問卷設計中包含缺陷，那它不僅會影響到市場調查的其他環節，嚴重的可能導致整個調研項目的失敗，或者其調研結論給項目委託人造成嚴重誤導。一項市場調研的結果是否能達到調查目的，以及所收集到資料的可靠程度和完善程度都取決於調查問卷設計水平的高低，因此一份好的調查問卷，要經過十分周密的設計、預測試和修改完善等規範的問卷設計程序，最好還要有經驗豐富的專業人士審核把關，例如在問卷設計中一個最常見的錯誤是不同的被調查者對同一個問題可能產生不同的理解，這就說明問卷在措辭上存在著理解上的偏差，所以問卷的設計絕非一件簡單的工作，不可草率從事。

第一節　概述

一、問卷的功能和結構

在市場調研活動，問卷是用來收集數據和信息的工具，它在形式上是一份經過精心設計的一系列的問題或表格，其用途是用來瞭解和測量人們的行為、態度和社會特徵等等。一般來說，問卷有三個方面主要功能：一是過濾出適當的調研對象並展現與主題相關的必要問題；二是標準化的提問方式和答案設計，以確保問卷一致性從而減少調查中的誤差；三是可作為調研的原始記錄和證據，便於分析、核對和保存等。因此概括而言、一份理想的問卷，應當能描述出被調查者的特徵，同時能測量出被調查者對某一事物的態度並能在一定條件下以最小的誤差得到所需要的所有數據。

儘管實際市場調研活動中各類調研的目的有所不同，因此所用到的問卷在形式和內容上也會有較大差異，但一般來說，問卷通常包含有三個主要部分，即介紹溝通、主體內容和背景信息。

（一）介紹溝通

問卷的開頭必須做介紹溝通。在介紹方面有兩個目的：第一，基礎介紹，打消疑慮。這就是說要告訴別人（也就是被調查者）你是誰，你要做什麼，這樣做的目的何在，並保證不會對被調查者帶來任何潛在的不利影響等等，從而打消其疑慮，為對方下一步接受你的調查請求作鋪墊。第二，篩選過濾、請求合作。實際調查中，並非你遇到的每一個人都符合你的調查要求，例如要想瞭解被調對象對寬帶上網的滿意度評價，則對方應當是採用寬帶上網的人，否則他都沒有進行過寬帶消費，則他的意見就不具有參考價值，這就是對調查對象進行篩選，其目的是保證我們找到合適的能夠作為調查對象的人。另外，通過了篩選的人也不一定樂意接受我們的調查，那麼這就要求我們給予對方一些激勵，諸如表示感激之情或許諾給以小禮品並強調只花費對方很少的時間以減輕對方的時間負擔等等，通過這些方式來吸引對方合作。

【小資料】問卷前的介紹溝通

中國兒童發展中心（CCS—2016）
兒童教育調查表問卷　　　　編號□□□□□□□

親愛的家長：您好！

　　首先請原諒打擾了您的工作和休息！

　　兒童是祖國的未來，兒童的成長和教育是家長們十分關心的問題。為了探索兒童成長和教育的規律，我們在北京、湖南、安徽、甘肅等地開展了這項調查，希望得到家長們的支持和幫助。

　　本調查表不用填寫姓名和工作單位，各種答案沒有正確錯誤之分，家長們只需按自己的實際情況在合適的答案上打「√」，或者在「＿＿＿＿」中填上適當內容。請您在百忙之中抽出一點時間填寫這份調查表。

　　為了表示對您的謝意，我們為您的孩子準備了一份小小的禮物，作為這項調查活動的紀念。

　　祝您的孩子健康成長！
　　祝你們全家生活幸福！

北京大學社會學系「兒童發展研究」課題組
2016 年 3 月

（二）主體內容

主體內容包括了各種各樣的問題，這些問題中包含了大量的信息以幫助市場調查人員獲得對市場存在問題的把握和診斷，其內容涵蓋了市場調研人員想要通過該調查瞭解的幾乎所有重要的問題，例如消費者的身分、購買動機、對產品和廣告的感覺以及未來的購買可能性等等，顯然對這部分內容設計方法的探討，是問卷設計討論的重點。不過需要說明的是，這些問題有的是屬於對事實的表達，如是否具有某種消費經

歷,有的是屬於態度觀點的表達,涉及這方面的問題常常存在著大量的不確定性,因為人的態度或者預想打算等是很容易產生變化的。

(三) 背景信息

這是指被調查者的個人或家庭(也可能是單位)的背景資料,被調查者往往對這部分問題比較敏感,但這些問題與調研目的密切相關,因此必不可少。如個人的年齡、性別、教育程度、職業、收入、家庭規模、單位性質、規模、行業、盈利情況等,具體應當包括哪些內容,取決於調研人員的調研目的,在此方面也要進行很好的規劃,不要把所有的相關內容通通列上去。例如當調查是由聘請的調查員外出執行時,可能留下被訪者的姓名、住址和電話就是必要舉措,因為這有利於事後的復核,以防止弄虛作假現象,而如果是進行電腦輔助電話訪問,則上述信息就沒有必要列入。

二、問卷的類型

問卷的設計應當與調查目的、調查對象以及調查方式相適應,因而不同的目的、對象和方式要用到不同的問卷類型。

(1) 根據調查方式的不同,可將調查問卷分為派員訪問式問卷、郵寄式問卷、電話訪問式問卷和網上調查問卷等。

(2) 根據市場調查中使用問卷方法的不同,可將調查問卷分成自填式問卷和代填式問卷兩大類。所謂自填式問卷,是指由被調查者自己填寫的問卷,例如上述的郵寄式問卷和網上調查問卷等都屬於自填式問卷。而代填式問卷則是由調查者按照事先設計好的問卷或問卷提綱向被調查者提問,然后根據被調查者的回答進行填寫的問卷。例如通過電話進行調查的電話訪問式問卷就是由電話訪問員代被調查者填答,而派員訪問式問卷,則既可以由被調查人直接填寫(如果問卷清晰、簡單),也可由訪問員代填(如果問卷較複雜)。

第二節　問卷的設計過程

問卷設計的最大弱點就是缺乏一套有效的理論體系對我們的問卷設計進行指導,世上並不存在能保證設計出一份最優或最理想問卷的具體科學原理。問卷設計是一門通過經驗獲得的技巧,它是一門藝術而非科學,雖然存在著一些對於如何設計出「好的」問卷的一些指導方針和規則,但這些規則僅僅可以幫助我們避免主要的錯誤,實際上,要想設計出一份完美的問卷,主要還是取決於調研人員的經驗和創造力。

為了設計出良好的問卷,每一步都有許多細節需要注意,如果不小心就會導致產生偏差,並對問卷的有效性產生負面影響。

調查問卷的主要設計過程通常包括以下五步:①明確所需信息;②確定調查方式和問卷類型;③設計問題並考慮提問的順序;④問卷的預調查和問卷的修改;⑤版面編排和付印。這一過程如圖6.1所示。

```
┌──────────────┐
│  明確所需信息  │
└──────┬───────┘
       ↓
┌──────────────┐
│  確定調查方式  │
│  和問卷類型   │
└──────┬───────┘
       ↓
┌──────────────┐
│ 設計問題並考慮 │
│  提問的順序   │
└──────┬───────┘
       ↓
┌──────────────┐
│  問卷的預調查  │
│  和問卷的修改  │
└──────┬───────┘
       ↓
┌──────────────┐
│  版面編排和付印 │
└──────────────┘
```

圖6.1　問卷設計流程框圖

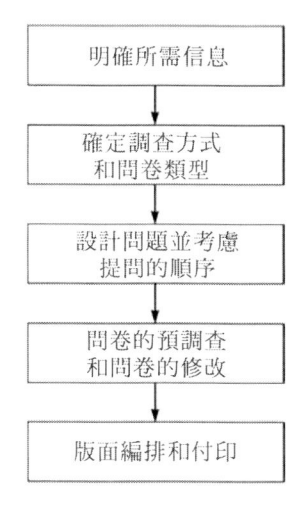

一、明確所需信息

問卷設計的第一步，就是對調研主題和目的進行初步的探索性研究，從而明確為了對企業的行銷決策形成支持，調研人員應當收集到哪些信息，換句話說，即是調研者必須要弄清楚自己到底「應該問些什麼問題」。說來也許令人難以置信，很多時候，調查的發起者，比如某家企業，對於自己到底需要何種信息，常常連自己都說不清楚。也許他們僅僅是隱約地感到自己的市場有點不太對勁，但到底是哪些地方不對勁，是什麼因素引起的就一無所知了。再如，某個企業希望瞭解電視廣告播出後的影響效果，但到底要通過提出什麼樣的具體問題來瞭解這一「影響效果」就不一定有能力將之具體化。因此調研人員接手一項調研任務後，需要注意如下幾個方面的問題：一是要與委託人（企業）反覆進行溝通交流，深入瞭解其真正、具體的信息需要；二是認真考慮在所有提出的問題中有無被遺漏的重要問題，以避免出現在調研完成之後調研人員才遺憾地發現一些重要的問題被漏掉了，這也就意味著重要信息的喪失；三是還要考慮信息的可獲得性問題，例如讓人難以理解的、不易回憶的、需要回答者經過仔細計算的、事關商業機密等問題，都不易取得被調查者的合作，這樣的問題，其「可獲得性」是較差的，問卷設計中要充分考慮這樣的因素，並代之以變通的方法去獲取所需信息。

二、確定調查方式和問卷類型

影響到問卷類型選擇的因素很多，如調查目的、對象和方法的不同，對於確定問卷類型就會產生影響。在明確了需要得到的信息之後，接下來就是決定怎樣收集這些信息，在實際調查中，問卷類型或調查方式的選擇不當都會導致非抽樣誤差，給調查質量造成嚴重影響，因此在這方面要注意以下三個方面的問題。

1. 問卷類型與調查方式要配合適當

例如，電話調查要求問卷設計得短小精煉，而訪問式問卷由於有調查人員與回答者在現場面對面互動，因此就可以提一些較長的、更為複雜的問題，郵寄式問卷是自填的，因此必須提供詳細的填答說明，以防回答人誤解問題，在計算機輔助調查（CAPI 或 CATI）中，可以輕易地提供問題的複雜跳答和隨機化呈現備選答案，以消除順序偏差，而這在常規的紙筆型問卷調查方式中是難以做到的，所有這些都要求我們在問卷類型和方式選擇上要多加留意，不可馬虎對待。

2. 考慮調查目的的要求

例如，假設我們的調查目的是希望瞭解中老年人對保健品的看法，那麼選擇了網路調查方式顯然就是不合適的，因為中老年人使用網路的比例有限，這會導致回收率較低，或者由於被調查的中老年人教育程度和個性的影響（比如說，擅長使用網路的中老年人也許普遍具有較高的受教育程度和喜歡嘗試新生事物的個性傾向，這就與不會使用網路的中老年人有所差別），導致收集的樣本出現嚴重偏差，用這樣的結果來代表整個中老年人群體對保健品的態度顯然是缺乏代表性的。再如，如果我們希望推斷某公司產品在市場上的佔有率，採用街頭攔截調查的方法是不恰當的，因為樣本來源是非隨機的。所以在調查方式的選擇上，一定要考慮清楚你的調查目的是什麼，只有這樣才不會由於調查方式的錯誤導致偏差。

3. 考慮調查的效率

在滿足同樣的調查目的的基礎上，調查成本越低越好，因此選擇調查方式與問卷類型時要考慮能支付的調查費用和調查的時效性等要求。下面主要就最常用的幾種調查方式列表進行比較。

總的來說，不同調查方式各有利弊，比如為得到較高質量的數據而選擇人員訪問，需要付出較高的費用和較多的時間，郵寄調查和網路調查較為省錢，但數據質量又相對較低，因此在選擇調查方式和問卷類型時要依據現實情況做綜合權衡。

三、設計問題並考慮提問的順序

有許多對調查工作理解不夠深入的人認為設計問卷是一件很容易的事，因為人與人之間最普通的交流方式不就是通過提問來進行的嗎？然而事實上，對同一個想要獲得的信息卻有不同的提問表達方式，好的提問幫助我們得到準確有效的回答，而不好的提問方式不僅造成回答者的理解困難或產生歧義，甚至可能引起被調查者的反感，給調查帶來負面影響。

(一) 設計問題內容

在這一階段，調研者要確定問卷中具體應包括哪些問題，這些問題是針對哪些調查內容，也就是說我們要確認自己設計出來的調查問題能夠幫助我們得到我們想知道的信息。好的問卷設計，要求問卷包括的問題「無余無漏」。即每一個問題都應當對所需信息有所貢獻，或起到一些特定作用，否則這個問題就是多余，就應該被刪除；同時問卷也包括了所有我們想通過該項調查想瞭解的所有重要信息，而沒有遺漏掉重要

問題。此外，設計出措辭準確的問句也不是一件容易的事，由於問題表述的模糊、詞不達意、語句過於複雜或歧義，常常使被調查者理解困難、無法回答或誤解誤答。

(二) 考慮提問順序

問卷中的問題順序也是應當高度注意的，具體來說，應注意以下幾個方面：

(1) 開始的問題應該簡單、有趣，以盡量引起調查對象的興趣，促進他們配合調查。例如國外曾有一項研究指出，一項面向百貨商場購物者的郵寄問卷調研，起初僅得到了很低的問卷回收率，但是當重新在問卷的開頭部分加入了與這些購物者密切相關而又懸而未決的法律提案問題之後，回收率就有了巨大的提高。

(2) 資格審查問題要先問。有時候，我們需要確認調查對象的資格或者對象是否符合調查篩選條件，在這種情況下，資格認定的問題就會充當開頭的問題。例如當我們進行一項入戶訪問，需要由家庭中主要負責超市購物的家庭成員來回答問卷，那麼第一個問題可以是「您家中誰到超市購物的次數最多？」如此一來，開頭的問題不僅幫助我們確認了符合資格的調查對象，同時也因為其簡單平而而有利於合作。

(3) 問題排列的順序還應該有邏輯性。例如對某品牌的產品進行市場調查，一開始就詢問對該品牌的看法，然後再來詢問調查對象所喜歡的產品品牌有哪些就是不正確的做法。問題A：「請問您是否使用過聯想計算機？」問題B：「請問您最喜歡哪些品牌的計算機？」因為頭一個問題（聯想計算機）是特定的、具體的，是一個特指問題，而第二個問題是一般性的、泛指的。由於得到該具體品牌的提問在先，則調查對象可能因此而受到品牌名稱的暗示，結果更有可能在「喜歡的品牌」中指出對聯想品牌的偏好，而實際上他可能根本就不瞭解這一品牌，從而造成順序偏差。正確的做法是，泛指的問題應當放在特指的問題之前，這就可以防止特定問題對泛指問題產生的影響，這種從泛指到特指的提問順序通常被稱之為「漏斗式提問方法」。

(4) 關於被調查者的個人信息如年齡、教育程度、收入等，屬於敏感性問題，通常放在問卷的最後部分提問較好。這是由於調查開始階段往往調查對象有防備意識，而隨著調查訪問的進行，到調查快結束時氣氛較為融洽輕鬆，被調查者的友好性提高而防備降低，有助於提高回答率。

四、問卷的預調查和問卷的修改

問卷的預調查是問卷正式投入使用之前的一項重要工作，其目的是為了檢查問卷中的各項問題和概念對於調查對象來說是否清楚明白，提問方式是否易使調查對象樂於接受，措辭和排序是否恰當，內容是否充分反應了我們所需要的信息等。通過預調查可能會發現一些問題措辭不清，易引起誤解，或者問題之間存在著重複冗余之處需要刪減合併，或是在多項備選答案中需要增減某個備選答案，或是問卷在跳答中出現邏輯錯誤，又或發現該問的問題被遺漏等，這些都需要我們對問卷進一步修改、完善。預調查的對象應當與將要正式使用問卷的對象相類似，預調查的所需的樣本數量因調查項目的要求而異，通常目標調查對象的差異越大，則所需預調樣本也越大，問卷越複雜，所需預調樣本也越大，但一般習慣上，普通的市場調查項目預調查樣本控制在

15～30人就可以了。需要注意的是，對於每一個參與預調查的對象，不能僅僅是做完一份問卷了事，這樣難以起到發現問題的作用，有效的辦法應當是對每一位調查對象，當其完成問卷之後，請他們對問卷本身加以評論，描述他們理解的每個問題的含義，解釋他們的回答並說出自己在做問卷過程中的感受等，這樣才有利於調研人員發現問卷中的問題。如果問卷在第一次預調查後有較大的改變，則要考慮是否有必要再進行一次預調查，以修改完善使之更符合正式市場調查的需要。

五、版面編排和付印

問卷的排版整齊而且吸引人也是一個需要注意的問題，排版美觀，印刷精美的問卷容易引起調查對象的愉悅感，要做到既省成本又能增加吸引力，至少不能引起被調查者的反感。為了醒目和實施起來更方便，可以採用不同的字號，甚至不同的顏色印刷（例如，告訴調查對象「請閱讀紅色卡片上的品牌名稱」，就比「請閱讀卡片B上的品牌名稱」更容易為人理解），問卷還可以在表頭上印上一些標示圖案，以使之在形式外觀上富於變化，不致呆板。在問卷所用的紙張規格、質地、厚度等各個方面都要注意，使問卷達到預期的效果，多頁問卷一定要裝訂整齊，切不可草率從事、自毀形象。

第三節　問卷設計技巧

問卷內容的基本構成要素是問句和答案，因此問卷設計的關鍵是問句和答案設計，它決定了一份問卷的質量和調查效果。

一、提問的類型

在問卷中使用哪種類型的問句並沒有嚴格的規定，但我們可以將所有的提問方式歸結為三類，分別是開放式，封閉式和半封閉式。開放式問題是指由被調查者對一個問題用自己的話來回答，而非在固定選項中選擇，例如：「你怎樣看待喜歡購買打折商品的人？」對於這樣一個問題，被調查者可以自由發表對「喜歡購買打折商品人士」的意見和看法，即可以是正面的，也可以是負面的，還自己決定回答的角度、形式、長度和細節。開放式問題可以揭示更多信息，有利於發揮被訪者的主動性和想像力，適合於搜集深層次的信息，詢問那些潛在答案很多，或答案複雜尚未弄清各種可能答案的問題，尤其當我們想瞭解顧客的真實呼聲，探求其建設性意見時，可以採用開放式問題設計。但開放式問題設計的缺點是：調查對象提供答案的想法和角度不同，因此難以對答案進行歸類，也因此難以對該問題進行定量的整理和分析，同時由於回答開放式問題需要花費更多的時間和精力，也不容易引致調查對象的合作，因此在問卷設計中這類問題不宜過多。

封閉式問題是指事先已設計了各種可能的答案的問題，由於給出了固定選項，被調查者只要從中選擇一個或多個選項即可。這種問題設計的優點是標準化程度高、調查結果易處理、便於定量分析、方便調查對象回答，節省調查時間等。但是其缺點是

對答案的要求窮盡和互斥，然而對於一些較複雜的問題，有時是難以把答案設計得很周全的，給出的選項也可能對被調查者產生誘導或不能準確代表調查對象的想法，被調查者可能誤解了問題或答案，但調查者無從得知這一失誤，而且一旦有設計缺陷，被訪者就可能無法正確地回答問答問題，從而影響調查質量。不過，儘管封閉式問題設計有這些缺點，但由於它的標準化和利於定量分析的特性，在現行的調查問卷設計中，封閉式問題設計仍然是絕大多數正式調查問卷所採取的主要方式。

半封閉式問卷其實封閉式和開放式相結合的問卷。其形式有兩種：一種是在一個問題中，除給出一定的備選答案（封閉式）供選擇外，還相應地列出一個或若干個開放式問題以便回答（具體例子見「答案設計的技巧」中對多選型答案設計的舉例）。另一種是問卷的一部分問題採用封閉式，另一部分是採用開放式。

二、答案設計的原則和技巧

（一）答案設計的原則

對於開放式問題，不存在答案設計的說法，因為開放式問題本身就是用來獲取問題存在的各種可能的答案，被調查者要回答出什麼樣的答案來本身就是不確定的，也是調研者想要知道的。而對於封閉式問題，則要求預先將答案選項設計出來，因此封閉式問題的答案設計就有一項非常重要的原則，那就是「窮盡與互斥」。窮盡，即是要求答案設計要將各種可能的答案全部列出（當答案不能全部列出時，可加「其他」項，由被調查者填寫）；互斥，即各答案間不能彼此相互重疊和包容。例如下一問題：

「您的婚姻狀況是：①已婚；②未婚；③喪偶」。

僅設計三個答案，對那些已經離婚而未再婚的人就無法回答，因此這一答案設計就沒有做到「窮盡」，還應當再設計一項「離異」。再如下題：

「您不購買××品牌轎車的原因是：①不瞭解該品牌；②太貴；③性能不好；④售後服務不好；⑤質量難以保證；⑥維修不便；⑦外觀不理想。」

儘管上述答案列舉了多項原因，但由於調查對象為什麼「不願購買」實在是一個複雜的問題，複雜到即使再列出幾項也很難窮盡，為了防止出現列舉不全以致使被訪者回答困難，這時就可以在答案設計中列出一項「其他（請註明）」，這樣，被調查者就可以將問卷中未窮盡的項目填寫在所留的空格內，但要注意的是，如果一個問題選擇以「其他」類答案作為回答的人過多，則說明答案設計沒有抓住最主要的因素。以上是「窮盡」方面的例子，下面再看一個關於「互斥」的例子：

「您平均每月支出中，花費最多的是：①食品；②服裝；③圖書資料；④報紙雜誌；⑤日用品；⑥娛樂；⑦交際；⑧飲料；⑨其他＿＿＿＿（請寫出）」

答案中食品和飲料、交際和娛樂、圖書資料和報紙雜誌都有包容交叉關係，這就會給後續的分析帶來影響。所以在答案設計時，一定要用同一標準在同一層次上分類，避免答案之間有交叉或包容的現象發生。

（二）答案設計的技巧

在設計答案時，可以根據具體情況採用不同的設計形式。

1. 二項選擇法

二項選擇法是指答案只有兩個，要求被調查者選擇其中之一回答，通常是「是，否」或「有，沒有」「讚成，反對」等。

例：「您家裡現在是否擁有家庭轎車？①有；②沒有」

「對於實行網路實名註冊制，您的意見是：①讚成；②反對」

2. 多項選擇法

多項選擇法給調查對象提供了三個以上的答案，要求被調查者從中選擇一個最接近其觀點的答案，多項選擇法又可分為以下幾種子類型。

(1) 單選型。要求被調查者從多個答案中選擇一項。例如：

「您覺得哪種類型的廣告宣傳效果最好？①電視廣告；②廣播廣告；③雜誌廣告；④報紙廣告；⑤路牌廣告」

(2) 多選型。要求被調查者從答案中選擇自認為合適的答案，數量不限。例如：

「請問您對以下哪種樓盤促銷方式感興趣？（可多選）①降低首付款比例；②價格折扣；③贈送家裝或家電基金；④贈送使用面積；⑤辦會員卡享受其他消費優惠；⑥其他_____（請註明）」

(3) 限制多選型。要求被調查者從答案中選出自認為合適的答案，數量受限。例如：在上個例子中要求最多限選 2 項或 3 項。此法的目的在於控制回答者可能會給出過多的選項，以至於給隨後的分析帶來困難，因為太多的選項讓人很難抓住重點，而通過限選讓回答者被迫只能選擇自己最感興趣的答案，這就有利於使被調查者的答案濃縮到重點上。

(4) 順序選擇法，又被稱為順位法，這種方法其實是對多選型或限選型的一種改進，因為多選型僅告訴我們被調查者對哪些選項感興趣（我感興趣的是 A、B、C），但卻無法讓我們知道其優先順序（我其實最看重的是 B，其次是 C，再次才是 A）。而順位法要求被調查者選擇答案時按重要程度或某種要求的順序排列，對所選答案數量可以限制，也可以不限制，這樣通過順序排列，我們就可以得知調查對象在多個選擇中最看重的是什麼。例如：在上一例子中按感興趣的程度進行排序：

「請問您對以下哪種樓盤促銷方式感興趣？（限選 3 項）①降低首付款比例；②價格折扣；③贈送家裝或家電基金；④贈送使用面積；⑤辦會員卡享受其他消費優惠；⑥其他_____（請註明）」

「請將上述選項代碼按照您感興趣的強弱程度由強到弱排序填入下框中」

②	③	①

假如被訪者最感興趣的促銷方式分別是價格折扣（代碼「②」），贈送家裝基金（代碼「③」）和降低首付比例（代碼「①」），則我們會看到在排序框中形成的②、③、①排序。

(5) 量表法。關於量表法我們將在本章第四節中作更詳細的探討，在此僅作簡要介紹。這種方法類似於單項選擇型，要求被調查者從若干備選答案中選擇一個。不同之處在於量表法的答案是按照一定的等級程度排列的，是有強度的，等級程度可以分

為3級、5級、7級等，而單項選擇型往往只有類別上的差異而無強度上的差異，讀者試比較下兩個例子與單項選擇型中所舉例子的差異。

例：「您對這種新款轎車是否感到滿意？①非常滿意；②比較滿意；③一般；④不太滿意；⑤很不滿意」

以上我們簡要介紹了答案設計的基本技巧，事實上在調查工作中，採用何種問題及答案設計，要取決於調研目的的需要。例如，兩項選擇的優點是答案簡單明確，可以嚴格地把回答者分成兩類不同的群體，但其弱點是對於有些問題它所得到的信息量太小，例如在讚成與反對網路實名制的例子中，兩種極端的回答類型不能瞭解和分析回答者中客觀存在的不同的態度層次。多項選擇法比兩項選擇法的備選答案更多，有利於回答者挑選合適的答案，但設計時又要特別注意到「窮盡與互斥」的問題，而且也要考慮到答案間的排列順序的差異，避免形成順序偏差，因為實踐中發現，有些被訪者常常喜歡選擇排在第一、二位的答案。解決的辦法之一是製作多批問卷，各批問卷的問題表述和答案設計都相同，但答案的排位在各批問卷中不同，例如在各類型的廣告宣傳效果提問的例子中，一部分問卷將電視廣告和廣播廣告放在各項答案的最前面，而另一部分問卷則將路牌廣告和報紙廣告放在最前面，以此來將順序效應相互抵消。最後，對於多項選擇式答案設計還要注意的一個問題是，答案設計不要過多，否則會給人以厭煩或無從選擇之感，一般應控制在八個以內。

三、問句的提問技巧

無論調查課題是大還是小，要設計出一份「好問卷」都是一項複雜的工作。世上也並不存在著一套完美的「金科玉律」，只要遵照執行就能夠保證我們能編製出一份「好問卷」，所以一份問卷沒有最好，只有更好。然而從調研實踐中，人們仍然可以總結出一些在問卷編製中有助於防止犯一般性錯誤的提問準則和技巧。總的要求一般是問卷中的問句表達要簡明、生動、注意概念的正確性、避免提似是而非的問題等。

1. 避免提一般性的、籠統的問題

一般性問題易造成理解上的含混，且對實際調查工作並無任何意義。例如：「你對該產品有什麼印象？」這樣的問題就過於籠統，很難達到預期效果，其實這個問題還可以具體化。可以改為：「你認為這個產品質量如何？售後服務如何？價格如何？」等。

2. 避免使用專業化的詞彙

問卷中使用的詞彙應該能使所有被調查者都能搞得明白，請始終牢記我們的調查對象不是每個人都受過高等教育，都有高超的理解能力，使用專業化的詞彙可能會使被調查者根本無法理解問題，要麼產生誤解，要麼根本無法作答。例如：「你認為該公司的全員 P. R 搞得如何？」可能很多被調查者都不知道「全員 P. R」是什麼意思，他們怎能回答這一問題？再如，某保險公司調查顧客對公司業務開展的印象，問卷中有一題設計如下：「請問你對本公司的展業方式是否滿意？」同樣，調查對象搞不清什麼是「展業方式」，當然這一題也不好回答，即使勉強回答了，這些被回答的數據也不可能真實有效，既然回答者連問題都不能理解！因此當你在設計問卷時，一定要注意問自己這個問題：「我的調查對象能不能理解我在說什麼？」

3. 避免使用否定式提問

否定式提問由於在提問中多繞了幾個彎子，往往易使人產生理解上的困難，例如「您難道不認為應該增加反污染法規嗎？」；再如：「你是否反對女士不吸烟？」，由於被調查者可能很難理解該問題的實際意思，回答「是」或「不是」感覺到都很困難，從而導致調查誤差，或影響到調查的開展。

4. 避免使用含義模糊的提問

有一些我們在日常生活中使用的詞語，如「很久」「經常」「近期」「偶爾」等，其實各人的看法、感受不同，理解起來就會有很大的差異，例如「經常去電影院看電影」對某些人來說可能意味著每個月都去兩三次，而對另一些人來說則可能意味著一年看上了六、七次，再如近期，可以是幾天、一週、一個月、半年，不同的理解就會有不同的問卷結果，這些日常生活中習慣使用的詞語在問卷却會影響到問卷的準確性，因此在問卷設計中應當考慮更精確的表達方式。試比較：

問題一：近期內您去電影院看電影的頻率如何？

問題二：在過去的一個月內，您去電影院看電影的頻率如何？

顯然，問題二的描述「在過去的一個月內」就較問題一的描述「近期」要更為精確，也更不容易產生理解偏差。同理，針對問題二的答案設計，下列第二組要更好些。

第一組：A. 沒去過　B. 偶爾去　C. 有時去　D. 經常去

第二組：A. 沒去過　B. 去過 1~2 次　C. 去過 3~4 次　D. 去過 5 次以上

5. 避免誘導性或傾向性的提問

誘導性的提問是指問卷提問暗示了調查對象應該回答哪個答案，這種暗示可能是無意的，但由於提問無形中讓回答者承載了某些社會期望或感情上的責任，以至於使回答者感覺到「應該」去回答在「正確的」問題，而非自己的真實看法，這就使得調查數據很不客觀。

例如：購買進口轎車打擊了民族汽車工業，你認為愛國的人應該購買進口轎車嗎？

A. 應該　B. 不應該　C. 不知道

這個問題將會誘導大多數人選擇「B」。畢竟，愛國的人怎麼忍心讓民族工業受損呢？因此回答者只好選擇一個「政治上正確」的答案，然而這很可能不是他真實的想法，顯然這個問題對於瞭解人們在進口轎車和國產轎車之間的購買偏好上沒有幫助。再如，一家電視臺製作了一個廣告請求觀眾反饋，廣告說：「當你喜歡我們的節目時，我們高興；當你不喜歡我們的節目時，我們難過。請給我們寫信，讓我們知道你對我們節目的評價。」顯然，大多數人不願意讓別人感到難過，那這個問題收到的反饋可能基本上都是正面的。

6. 避免提到敏感性問題

調查中有些問題非常敏感，如直接提問就會引起被調查者的難堪，因而導致拒絕或隨意亂答。例如：你是否酗酒？一年中喝醉幾次？你有無偷稅漏稅？考試是否作弊？等等，這些問題涉及個人隱私，一般最好不問，如果調查的目的本意就在於瞭解這方面的情況，無法繞開，則提問的方式語氣應盡可能委婉，避免直接刺激對方，具體可以採取幾種方式：（1）釋疑法，即在問題寫一段文字作鋪墊，以消除顧慮並申明嚴格

保密及採取的保密措施等。例如「避稅作為一項增加收入的措施有多種方法，請問您是否採納過某些與稅法不完全相容的避稅方法？」這種方法比直接問對方是否偷漏稅要委婉些。(2) 假定法，即用一個假設性問題瞭解被訪者的看法，由於前提是假定的，可以在一定程度上減輕其負疚感。例如「假定大多數人都在某一考試中作弊，您會怎樣選擇呢？」(3) 轉移法，即把本來應由回答者根據自己的實際情況填答的問題，轉移到由回答者根據他人的情況來闡述自己的想法。例如「您覺得對大多數人來說，公司的報酬制定是否合理？」回答者在回答這一問題時，因為說的是「大多數人」的想法，則可以減輕表達自己看法的壓力。此外，一些細節問題也應注意，如直接詢問被調查者的收入或女性的年齡等也是不太禮貌的，這可以劃分一定的收入段或年齡段讓其自行填寫，問題和答案表述要避免對回答者產生情緒刺激，例如「您至今未買轎車的原因是什麼？」下面有兩組設計：

　　第一組：①買不起；②沒有用；③不會開車；④其他

　　第二組：①價格太高；②用途較少；③暫無駕照；④其他

　　讀者可以仔細體會一下，第二組的設計是否更有藝術性，更能減輕被調查者的心理負擔？而第一組較易引起回答者反感。上述這些方法可以在一定程度上緩解被調查者的防衛心理反應，有利於得到更客觀的結果。最後，利用隨機化回答技術也是解決調查敏感性問題的有效途徑。關於隨機化回答技術的具體應用，可參見本書第七章第五節「對於敏感性問題的隨機化回答技術」。

　　7. 避免提斷定性問題

　　例如「你一天抽多少支煙？」這一問題即屬於斷定性問題，被調查者可能根本就不吸煙，這就造成被調查者無法回答問題。正確的處理辦法是可以先問「過濾性問題」，如「你抽煙嗎？」如果回答「是」則繼續回答下面的問題，否則跳答其他問題或終止提問。

　　8. 減輕調查對象的記憶壓力

　　人的記憶力是有限的，尤其是對於日常生活中發生的通常並不太在意的事情，很少有人能記得清楚，例如，如果有人問你「一週前的這個時候你在幹什麼？」可能就會使你無法回答，因為這超出了人們的記憶能力。因此在調查中，有時候需要以輔助回憶的形式來幫助被調查者喚醒記憶。例如某電話調研在「超級女聲」大賽后24小時內跟蹤進行，得知被訪者觀看了超級女聲比賽后提問「你能回憶起節目中的廣告內容嗎？」當回答是肯定的，如果調查人員接著問：「什麼品牌的廣告？」那麼這是測試品牌的無提示回憶率，這對回答者的記憶力是一個挑戰，因為回答者將要費力地在頭腦中搜尋回憶；而如果問「我給你讀一些啤酒品牌的名稱，你能夠指出在這個節目中做廣告的啤酒品牌的名稱嗎？」這種以輔助提問喚醒回答者記憶的方式，它可以測試在提示狀態下的品牌回憶率，並且能減輕被訪者的記憶壓力。

　　9. 避免一題多問

　　一個問題最好只問一個要點，如果一個問題中包含過多內容，會使被訪者無從答起，給統計處理也帶來困難。例如「你是否瞭解並喜歡商場新的促銷政策？」這實際上是兩個問題，一是瞭解新促銷政策，二是喜歡新促銷政策，這兩者並無必然關聯，如果被訪者答「是」，他可能是指他瞭解這一政策，但並不喜歡它。解決的辦法是分離語

句中的提問部分，將其化為兩個問題，或在回答設計考慮得更周全一些而不是簡單的「是」「否」，例如可以考慮設計為「A. 不瞭解 B. 瞭解但不喜歡 C. 瞭解並且喜歡」。

10. 減輕調查對象的精力耗費

大多數被訪者不願意花很多時間來為調研提供信息，所以應該努力將被訪者付出的時間精力耗費減到最小，假如調研人員對調查對象在上次超市購物中購買了哪些商品類別感興趣，調查人員可以請回答者列出上次購買過的所有商品類別，但顯然回答者要多寫許多字，而且他不一定回想得起來，這就容易使被訪者感到麻煩而拒絕合作，而如果預先在問卷中列出超市中的商品類別，請他對購買過的品類畫鉤，那就容易多了，這種方式會更受被訪者歡迎，所以問卷設計時始終要考慮到有利於被訪的簡便性。

第四節　問卷中的量表

在問卷中，常需對被調查者的態度、意見、感覺等心理活動方面的問題進行判別和測定，如消費者對某種手機的喜歡程度、對某個商品廣告的看法和評價等，都要借助各種數量方法加以測定。所謂量表，就是通過一套事先擬定的用語、符號和數字，來測量人們心理活動的度量工具和尺度，所以也有些書中直接將量表稱之為「尺度」。簡而言之，量表就是要把定性的東西定量化，這是因為定量化的東西才方便利用電腦來進行數據統計和分析，在市場調研中，問卷與量表並沒有什麼本質上的區別，我們可以把量表理解為問卷設計中一個較為獨特的部分，問卷與量表在概念上是包含與被包含的關係。量表的種類很多，可以按照不同的標誌加以劃分，以下是根據不同的標誌對量表進行的分類。

一、量表的類型

（一）根據測量的精確程度從低到高分類

根據精確程度的不同，可以把量表分為四種類型：定類量表、定序量表、定距量表和定比量表。

（1）定類量表。它又叫作名義量表，稱名尺度或類別量表，是測量水平最低、最「粗糙」的量表，它實際上是根據調查對象的性質作出的分類體系。例如問卷中最常見的用來瞭解被訪者性別的問題，其實就是一個類別量表。例如：

您的性別：①男；②女

您的手機是國產品牌嗎？①是；②不是

請問您讚同實行學分制嗎？①讚同；②反對

您的婚姻狀況是：①未婚；②已婚；③離異；④喪偶

上述例子都屬於定類量表的範圍，分類中要注意所分類別既要窮盡，又要互斥。如果一個分類既不完整又相互重疊，則其測量的結果肯定是不準確的。另外需要說明的是，儘管在定類量表中每個不同的類別都有不同的數字與其相對應，然而這僅是代

表著彼此所屬類別不同而已，絕非意味著誰強誰弱、誰優誰劣。例如，性別前的數字女性為「②」，僅是一個數字標示，並不意味著女性就較男性「①」為優。定類量表所得的資料適用的統計方法有頻數分析，如百分數、眾數、χ^2 檢驗等。

（2）定序量表。又叫順序量表、次序量表，它比定類量表的測量水平要高一些，因為它的標示不僅指明了各類別的區別，同時給出了類別之間不同程度的差別，這些程度可以表達強弱、優劣、大小、高低，例如社會經濟地位、喜歡的品牌的優先序等。例如：

請在下列數字后依次給出您最喜歡的洗髮水品牌，第二喜歡的品牌，第三喜歡的……

①_____ ②_____ ③_____ ④_____ ⑤_____

您的教育程度為：

①小學及以下；②初中畢業；③高中或中專；④大專或本科；⑤研究生以上

上面的例子中，數字不僅代表了類的差別，而且還指明了強弱，我們知道填在第1位的品牌是被訪者最喜歡的，而填在第3位的品牌，其受喜歡的程度又要高於第4、5位品牌；教育程度的例子中，選「③」的人，其教育程度要較「④」「⑤」為低，但要比「②」高，而被訪者若填答為「①」，則說明其受教育水平非常低，這樣數字符號就反應了程度上的排位（順序）高低，但要注意的是，這些數字不能用來進行數學運算，因為它僅僅是單純表示大或小、弱或強的差別，但其間到底相差多少卻是難以度量的，例如「②」和「①」，「③」和「②」之間的差距單純從數字上看都是「1」，但初中畢業與小學及以下的差別幅度並不等於高中或中專與初中畢業的差別幅度。

（3）定距量表。定距量表比定序量表又進了一步，它不僅指明大小，而且還給出了距離，以表示所測量特徵之間距離的實際差值，量表上2與4之間的差值等同於3與5之間的差值，例如水溫80度與70度之差，等於60度於50度之差。在市場調查中，用得分給出的態度數據、滿意數據等也常視作定距數據來處理。例如：

「你對海爾冰箱售后服務滿意度如何？請在下框中你認為合適之處打鈎」

非常不滿意　　　　　　　　　　　　　　　　　　　　　　　　　　非常滿意

1	2	3	4	5	6	7

該例中，「7」代表著非常滿意，而「1」則代表著非常不滿意，而「4」代表著一般狀態，既談不上滿意也沒有不滿意。由於我們把被訪者的滿意程度「平均地」劃為7份，所以各分值之間的差距是可以進行比較的，就如同溫度計上刻度的差距一樣，讀者請仔細體會該處與定序量表間的區別。定距量表可以進行加減計算，但不能相互做乘、除計算。比如，不能說80度是40度的2倍，或6分的滿意度水平是2分的滿意度水平的3倍，這是由於定距量表並沒有一個真正的零點，即絕對的起點，這就好比當溫度為0度時，我們不能說成「沒有溫度」一樣，事實上0度只代表在常壓下水結冰的溫度，在華氏溫度計中這一結冰點則是32度。定距量表由於測量水平比定序和定類量表更為精細，因此其所得的資料除了可以做前兩種量表所做的分析外，還可以計算算術平均值、標準差、相關係數、T 檢驗和迴歸分析等。

（4）定比量表。也稱為等比量表或比例量表，定比量表的測量水平是最高的，因此它不僅具有定類量表、定序量表和定距量表的所有屬性，還具有真正的零點（有實際意義的零點），所以它測量的數據既能進行加減運算，又能進行乘除運算。比如對人們的收入、年齡、出生率、家庭每月開支、能耗等數據的測量，都有真正的零點，其結果是可用倍數來表達的，這也是定比量表與定距量表的唯一區別。例如：

你平均每月的手機話費是＿＿＿＿＿＿元；
貴公司上月銷售額是＿＿＿＿＿＿萬元；
貴公司的 VIP 會員人數為＿＿＿＿＿＿人。

定比量表常見的例子還有對出生率、性別比例、工資增長速度等反應兩個數據之間的比例關係的測量。

上述四類量表，可以用圖 6.2 進一步說明：

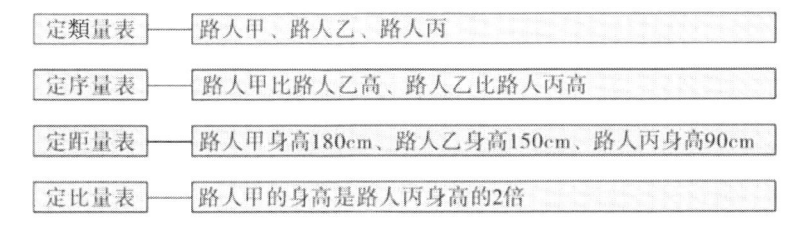

定類量表	路人甲、路人乙、路人丙
定序量表	路人甲比路人乙高、路人乙比路人丙高
定距量表	路人甲身高180cm、路人乙身高150cm、路人丙身高90cm
定比量表	路人甲的身高是路人丙身高的2倍

圖 6.2　四種精確程度的量表類型

(二) 根據設計的答案數目是否對稱分類

根據設計的答案數目是否對稱分類，可以把量表劃分為平衡量表和不平衡量表。

（1）平衡量表。是指量表答案設計中，有利態度的答案數目和不利態度的答案數目相等。例如：

「你對海爾電器的售後服務是否滿意？①非常滿意；②滿意；③一般；④不滿意；⑤非常不滿意」

請注意，上一問題的答案設計中，以「一般」為中立狀態（不好不壞），則有利答案「滿意或非常滿意」和不利答案「不滿意和非常不滿意」的個數是完全對稱的。

（2）不平衡量表。是指在量表設計中，有利態度的答案數目和不利態度的答案數目不相等。例如：

「你對海爾電器的售後服務是否滿意？①非常滿意；②滿意；③一般；④不滿意」

注意到上面的答案設計以「一般」為中心，左右兩邊是不平衡的，有利答案選項較多，而不利答案選項較少，因此這是不平衡設計。採用平衡量表的好處是其有利答案和不利答案對稱，受訪者不易受到暗示和誘導，比較客觀，採用不平衡量表，答案可能會偏向於有利或不利的一邊，視哪邊的答案數目多而定，較多的答案可能更易暗示回答者作出選擇，但好處是可以減少答案數目。市場調研中，除非有特別的理由，原則上應當採用平衡設計的量表，以示客觀。

二、市場調查常用的幾種量表

在市場調研所需的與消費者態度或觀念有關的幾乎任何信息，都可以用量表來獲取，市場調查中常用的量表有以下幾種：

(一) 李克特量表

李克特量表（Likert Scaling）是由美國社會心理學家李克特（R. A. Likert）於1932年建立，因為這個方法使用簡單，所以是測量態度的最常用的方法。李克特量表由一組對某事物的態度或看法的陳述組成，被訪者在閱讀了陳述語句之後，要標出他們同意或不同意的態度強烈程度，一般的選擇範圍是5個程度不同的類別，通常稱之為「5級量表」，分別是「非常同意、同意、難以確定、不同意、非常不同意」或者是「非常讚成、讚成、無所謂、反對、非常反對」等五級，我們可以注意到在這五級中態度逐級變化的差別。實際操作中，也有將態度選擇範圍設計為7級或9級的，但分級越細，被訪者要區分出各級之間的差異也越細微越困難，比如我們能夠感覺到「非常同意」和「同意」間的強烈程度的差別，但如果劃分為7級，則在「非常同意」和「無所謂」之間就應該插入2級，但以什麼樣的詞語恰當地表達，卻是一件不太容易的事，故一般李克特量表設計以5級區分較為常見。該類量表由於答案類型的增多，人們在態度上的差別就能更清楚地反應出來，例如不再僅是簡單的讚成或反對，還能夠表達讚成和反對的程度。李克特量表是市場調研中最為廣泛使用的一種量表形式，表 6.1 是這種量表的一個例子。

表 6.1　　　　　　　請您對下列有關成都太平洋百貨商場的陳述發表意見

下面所列的是對成都太平洋百貨商場的不同觀點，請指明您對每種觀點的同意和反對的強烈程度，請在您認為合適的方框中劃∨。	強烈反對	反對	說不準	讚成	強烈讚成
1. 太平洋百貨銷售高檔次的商品	□	□	□	□	□
2. 太平洋百貨的店內服務差勁	□	□	□	□	□
3. 我喜歡在太平洋百貨購物	□	□	□	□	□
4. 太平洋百貨的價格公道	□	□	□	□	□
5. 我不喜歡太平洋百貨的購物環境	□	□	□	□	□
6. 我總能夠在太平洋百貨買到我想要的商品	□	□	□	□	□

表 6.1 中，六條陳述所代表的態度傾向是不同的，例如第 2 條（差勁）和第 5 條（不喜歡）是用負面的語言來描述的，而其余語句則是以正面詞語來描述的，如果我們初步的設想是以分值越高代表顧客對太平洋百貨的態度越正面，則陳述項目第 2、5 條就應當是反向計分陳述。也就是說，除 2、5 條外，其餘陳述的分值範圍是從 1 = 強烈反對，2 = 反對，一直到 5 = 強烈讚成；而第 2、5 條恰好應當反過來，即 1 = 強烈讚成，2 = 讚成，直到 5 = 強烈反對。這樣，如果某個被訪者在第 1 條和第 4 條陳述中都選擇

了「強烈讚成」（即在「強烈讚成」所對應的方框中劃了「∨」），那麼他在第 1 條語句中的分值應計為 5 分（分值越高態度越正面），在第 2 條語句中的分值則應計為 1 分（分值越低態度越負面），這兩個分值分別表明，這位被訪者認為太平洋百貨的確能夠提供高檔次的商品，但其服務質量很低劣。

分析可以逐條進行，也可以通過對所有的陳述加總計算每位被訪對象的總評分，所以李克特量表有時也被稱之為求和量表，通過對上例中某位回答者總評分的計算，我們可以知道他對太百商場的總態度是正面還是負面的，如果他的態度總得分越高，我們越可以斷定他對太平洋百貨的評價越好。

李克特不僅提出了對態度進行分類（分級）計量的形式，更重要的是他還提出了一種幫助研究者從量表中消除有問題的項目（即陳述）的方法。這種方法成為市場調研者設計量表時確定量表應當包含哪些項目的主要依據。其基本程序如下：

（1）圍繞要測量的主題和態度，以讚同和反對的方式寫出與之相關的看法和陳述若干條（一般為 20～30 條）。對每一條陳述都給予五個答案：「完全同意」「同意」「不確定」「不同意」「完全不同意」，並根據讚同或反對的方向分別以 1、2、3、4、5 區分。

（2）在所要測量的對象總體中，選擇一部分對象（一般不少於 20 人）進行測試，這一工作通常可以結合問卷的預測試一起進行。

（3）統計每位受測者在每條陳述上的得分以及每個人的全部陳述上的總分。

（4）計算每條陳述的分辨力，刪除分辨力不高的陳述，保留分辨力高的陳述，形成正式的量表。

分辨力的計算方法是：先根據受測對象全體的總分排序；然後取出總分最高的 25% 的人和總分最低的 25% 的人，並計算這兩部分人在每一條陳述上的平均分；將各條陳述的這兩個平均分相減，所得出的就是這一條陳述的分辨力係數，該係數的絕對值越大，說明陳述的分辨力越高。表 6.2 是計算分辨力係數的一個例子。

表 6.2　　　　　　　　　　　分辨力的計算

被訪者	測試語句	(1)	(2)	(3)	(4)	(5)	(6)	(7)	(8)	個人總分
總分得分最高的 25% 的人	3 號	5	5	4	4	5	4	4	2	33
	15 號	5	4	4	4	4	4	4	3	32
	1 號	5	1	4	5	5	5	3	1	29
	18 號	5	1	3	5	5	4	5	1	29
	2 號	5	4	3	4	3	3	3	2	27
	4 號	4	4	3	3	2	4	3	3	26
	...	...	...	...	...	...	...	...	...	...
	9 號	5	4	2	3	2	4	2	2	24

表6.2（續）

被訪者 \ 測試語句		(1)	(2)	(3)	(4)	(5)	(6)	(7)	(8)	個人總分
總分得分最低的25%的人	5號	3	2	4	3	2	3	2	4	23
	12號	5	2	4	2	2	3	2	2	22
	8號	3	2	2	3	2	4	2	3	21
	7號	4	4	2	2	2	1	2	2	21
	14號	4	3	3	4	2	1	1	2	20
總分最高的25%的人的平均分		25/5=5	3	3.6	3.6	4.4	4	3.8	1.8	──
總分最低的25%的人的平均分		19/5=3.8	2.6	3.4	2.8	2	2.4	1.8	2.6	──
分辨力系數		1.2	0.4	0.2	1.6	2.4	1.6	2	-0.8	──

　　從表6.2最下面一行的結果中可以看出，為了對某一概念對象（例如品牌形象）進行測試，問卷設計者對此設計了8項陳述語句，通過小樣本的預試發現，第2、3、8條陳述語句的分辨力系數很小，彼此之間相差不到1級，因此在製作正式問卷時，這幾條測量態度的語句就應當考慮刪除。

　　關於分辨力測試的基本邏輯是，如果某一條陳述是具有「分辨力」的，則它在高分組和低分組被訪者中的表現會截然不同，也就是說總得分較高一組的被訪者在此陳述上得分也應該高（例如一個消費群體對太平洋百貨總體上評價是很高的，那麼具體在各條描述語句上，其平均得分也應較高，這才顯得合理），而總得分較低一組的被訪者在此陳述上得分也應該較低，這樣我們才能說這條陳述具有「鑑別力」或「分辨力」，意即它可以分出高得分組的人群和低得分組的人群，這些人群代表著各自所在群體對同一概念對象（如品牌形象）的不同看法。如果該條陳述在高分組中的人得分低，或在低分組中得分高，那說明這條陳述是有問題的，因為它的指向與總分明顯不一致，所以才要考慮刪除它。

(二) 語義差異量表

　　語義差異量表也稱為語義分化量表，它主要用於研究概念對於不同的人所具有的不同含義，這種量表最初是由美國心理學家奧斯古德等人在他們的研究中使用。語義差異量表的形式由處於兩端的兩組意義相反的形容詞構成，每一對反義形容詞中間分為七個等級。每一等級的分數分別為7、6、5、4、3、2、1，調查時要求被調查者根據自己的感覺在每一對反義形容詞構成的量表中的適當位置作標記，調研人員通過對這些記號所代表的分數的統計和計算，來研究消費者對某一市場概念或事物的看法或態度，或者進行公司企業間的比較分析。下面是一個關於太平洋百貨商場的語義差異量表（表6.3）。

表 6.3　　　　　　　　　　　　　語義差別量表示例

提示：我們很想知道您對我們酒店的看法，以下是一些能用來描述我們所提供服務的陳述，對每一對形容詞組，希望您標出能最好的描述您的感覺的那一個。

過時	___	___	___	___	___	√	___	現代
收費合理	___	___	___	___	___	√	___	收費昂貴
服務友善	√	___	___	___	___	___	___	服務惡劣
交通方便	___	___	___	___	___	√	___	交通不便
菜品可口	___	√	___	___	___	___	___	菜品難吃
裝飾簡陋	___	___	___	___	___	√	___	裝飾豪華

研究者可以通過對上述記號所代表的分數進行統計，例如可以計算每對詞組的平均值，並通過畫圖得到對某個對象的直觀印象，只是要注意，在評分時，記號越是靠近正面的詞語，在作統計數據處理時，分配的分值越高，例如上表中，第 1 對形容詞中，在被訪者的打「√」處，應計為 7 分，第 2 對形容詞在被訪者的打「√」處，則應計為 1 分（因為收費昂貴通常是不好的），而第三對形容詞中的打「√」處，應計為 6 分。也許你會覺得奇怪，為什麼左邊的形容詞既有正面的（如「收費合理」）又有負面的（如「過時」）其實很多時候這是調研人員有意為之採用的混排方式，其目的在於避免所謂的「光暈效應」，從而淡化被測試者對測試概念的總體印象對一個特定測試詞組的影響。此外，它還在一定程度上可以起到迫使被訪者仔細閱讀問卷的作用，而如果所有負面或正面的形容詞都放到同一邊，可能就起不到這種效果。但是等到正式作分析時，還是應當調整過來，將正、負面的詞彙分別放置在兩端而不要混排，這樣尤其有利於將調查得到的每對詞組的平均分連線作出輪廓分析。

(三) 配對比較量表

配對比較量表是通過配對比較的方法來測量人們態度的一種量表。例如，某可樂飲料經銷者非常想瞭解幾種牌子的飲料在消費者心目中的地位，就可以採用此法。如果現有 A，B，C，D 四種牌子的飲料，可將其兩兩組合成 6 對，要求受訪者 (100 名) 成對比較，並指出何者為佳，如果對 A 與 B 的比較中回答 A 較好，則在 A 較 B 為優欄下記錄 1 人，如果共有 20 人這樣認為，則頻數為 20，全部 6 對可樂比較過後所得結果如表 6.4 所示。

表 6.4　　　　　　　　認為牌子 I 較牌子 J 為優的人數分佈

J \ I	A	B	C	D
A	–	80	70	40
B	20	–	30	15
C	30	70	–	35
D	60	85	65	–

為了更進一步分析，可將次數轉化為頻率，如表6.5所示。

表6.5　　　　　　　　認為牌子I較牌子J為優的比率

J \ I	A	B	C	D
A	−	0.80	0.70	0.40
B	0.20	−	0.30	0.15
C	0.30	0.70	−	0.35
D	0.60	0.85	0.65	−
合計	1.1	2.35	1.65	0.9

在表6.5中，各牌子與自己無需比較，將每欄的比率相加，就可得出各種牌子的態度值。四種牌子的態度值相比，顯然以B品牌最受歡迎：

B（2.35）＞C（1.65）＞A（1.1）＞D（0.9）

配對比較量表屬於定序量表的一種，正如前所說，根據定序量表無法得知態度間的真正差距是多少。例如，上例中B與C的差距為0.7，不能說它是A與D的差距0.2的3.5倍，原因就在於這種比較量表測量出的數字僅是對態度表達頻率上的統計，儘管可以告訴我們有多少人喜歡某一品牌，但却無法告知喜歡的程度。這種方法適用於品牌不多，而且消費者對各種牌子的商品比較瞭解的情況。

第五節　問卷測量的信度和效度

市場調研中任何一種精確的、系統的收集資料的方法，實際上都是一種特定形式的測量。而對於任何一種測量工具或測量手段來說，都會涉及這樣一些基本問題，那就是，問卷所得到的數據資料是否恰好反應了調研者感興趣的特徵？測量所得到的結果是否正是我們所希望測量的東西？如果重新再做一次調查，被調查者的回答是否還會相同？結果是否還會和上次大體一致？等等。因此測量量表在使用中需要考慮兩個因素，一是可靠性，二是有效性。前者反應量表在使用時效果是否穩定，是否會因為一些偶然的原因而造成大的誤差，后者反應出量表的測量結果是否真實、準確無誤，前者稱為量表的信度檢驗，后者稱為量表的效度檢驗。

一、信度

（一）信度的概念

信度（Reliability）是指的可靠性，這是指採用同樣的方法，對同一對象作重複測試時，其所得的結果相一致的程度。換句話說，信度是指測量結果的一致性或穩定性，即測量工具能否穩定地測量所測的事物或變量。比如，用同一臺秤去稱某一物體的重

量，如果稱了幾次都得到相同的結果，則可以說這臺秤的信度很高，如果每次測量的結果互不相同，則可以說它的信度很低，表明其結果很不穩定，因此我們可以說這一測量工具是不可信的。

在市場調查中，信度是指問卷調查結果的穩定性和一致性。調查中所需測量的屬性往往比貨物重量這類屬性複雜得多，其信度問題也就更加複雜。

(二) 信度的表示

用 T 表示真分數，B 表示系統誤差，E 表示測量誤差即隨機誤差，X 表示按量表測到的實得分數，那麼：

$$X = T + B + E \tag{6.1}$$

由於系統誤差很難估計和分解，因此有些學者將系統誤差歸在真分數中，即將上式簡化為以下形式：

$$X = T + E \tag{6.2}$$

真分數 T 是一個抽象的概念，或說是一個潛在的變量，實測中得到的觀測量 X 與 T 之間不可能完全一致，總會有誤差。其中，隨機誤差是無法避免的，系統誤差則應盡可能地避免或減小。

如果測得的結果與真實的結果完全一致，$X = T$，則稱此問卷或量表是可靠的或可信的，否則就是不可靠、不可信的。系統誤差指的是測量結果偏向某一端（偏高或偏低）這大多數是由於方法不當等人為因素造成的，例如，以下幾種情況都有可能造成系統偏差：

1. 量表本身的設計有偏差

例如問卷中包含許多帶有誘導性的提問，問題的提法含糊不清，在答案設計中大量採用不平衡設計，如正面答案很多而負面答案很少。

2. 調查員工作有失誤

例如給予一些不應有的暗示，違反規定讓無關的人員在場，如在企業滿意度調查項目中，卻讓單位的領導出現在現場，這可能使員工在填寫答案時受到影響。

3. 調查環境對被調查者的影響

例如在一個十分悶熱嘈雜的環境裡，被調查者的心不在焉、煩躁、急於應付完成的心情也會使得分結果產生偏差。

4. 抽樣不當

如調查者在抽樣時，人為或無意中選取了某類特徵偏高或偏低的樣本進行調查而產生誤差。

(三) 信度的評價方法

大部分信度指標都以相關係數 (r) 來表示，其基本的類型主要有以下三種：

1. 再測信度

再測信度是指對同一群對象採用同一種測量，在不同的時間點先后測量兩次，根據兩次測量的結果計算出相關係數，這種相關係數就叫作再測信度。如果相關係數高，則表明量表具有一定的穩定性，否則說明量表在使用過程中容易受到外在因素的干擾，

量表的使用是不穩定的。再測信度的缺點是容易受到時間因素的影響，即在前後兩次測量之間的某些事件、活動的影響會導致后一次測量的結果發生改變，使兩次結果的相關係數不能很好地反應實際情況。

2. 復本信度

復本信度採取的是另一種思路：如果一套測量可以有兩個以上的復本，則可以根據同一群研究對象同時接受這兩個復本測量所得的分數來計算其相關係數。比如，學校考試時出的 A、B 卷就是這種復本的一個近似的例子。在市場調查研究中，研究人員可以設計兩份調研問卷，每份使用不同的項目（語句），但都用來測量同一個概念或事物，對同一群被調查者同時使用這份問卷進行測量，然后根據兩份問卷所得的分數計算其復本信度。復本信度可以避免上述再測信度法的缺點，但是它要求所使用的復本必須是真正的復本，即兩者在形式、內容等方面都應該完全一樣。然而，在實際研究中，真正使研究問卷達到這種要求往往是一件很困難的事。

3. 折半信度

在不可能進行重複調查的情況下，常用的方法是將調查項目分成兩半，計算這兩半得分的相關係數，這種相關係數就叫作折半信度係數。如果結果高度相關，問卷就是可信的，否則就不可信。將問卷分為兩半的方法很多，常用的是將奇數題和偶數題分開。通常，調研者為了採用折半信度來評價測量的一致性，需要在測量表中增加一倍的測量題項，這些題項與前半部分的項目在內容上是重複的，只是表面形式不同而已。一般說來，信度的判別標準如表 6.6 所示。

表 6.6　　　　　　　　　　　　　　信度的判別標準

信度係數	可接受的程度
信度≤0.5	不可信
0.5＜信度≤0.7	中等信度，勉強可信
0.7＜信度≤0.9	可信（最常見的信度要求）
0.9＜信度	量表具有高信度，非常可信

二、效度

（一）效度的概念

測量的效度（Validity）也稱測量的有效性或準確度，它是指測量工具或測量手段能夠準確測出所要測量的變量程度，或者說能夠準確、真實地度量事物屬性的程度。結合前面所介紹的有關概念，也可以說，效度指的是測量標準或所用的指標能夠如實反應某一概念真正含義的程度。在市場調研中，效度是指問卷正確衡量了調研者所要瞭解的屬性的程度。

效度有兩個基本要求：一是測量手段確實是在測量所要測量的對象的屬性而非其他屬性；二是測量手段能準確地測量該屬性。當某一測量手段符合上述要求時，它就

是有效度的。

(二) 效度的表示

在公式6.2中，真分數還可以進一步地分解成兩部分，一部分是在設計問卷時想要測量的東西 T_X，另一部分是其他與測量目的無關的東西 T_O，即

$$X = (T_X + T_O) + E \qquad (6.3)$$

如果 $X = T = T_X$，則稱此測量是有效的。量表測量實得分數 X 與測量目的有關分數 T_X 的偏差程度就是所謂的效度，偏差越小效度越高。

低效度的問卷往往無法達到測量目的，對效度的評價非常重要，但也十分複雜和困難。研究者可以側重從三個角度進行判斷：一是觀察問卷內容切合主題的程度；二是調查結果與有關標準間的相關程度，例如，消費者對某產品的滿意狀況與對該產品的使用情況的相關性；三是從實證角度分析其結構效度。

(三) 效度的評價方法

測量的效度具有三種不同的類型，即內容效度、效標效度和結構效度，它們分別從不同的方面反應測量的準確程度。人們在評價各種測量的效度時，也往往採用這三種類型作為標準。

1. 內容效度

內容效度也稱邏輯效度，是指測量內容與測量目標間的適合性和邏輯相符性，也可以說是指測量所設計的項目是否「看起來」符合測量的目的和要求。評價一種測量是否具有內容效度，首先必須知道所測量的概念是如何定義的，其次需要知道這種測量所收集的信息是否和該概念密切相關，然後評價者才能運用其專業知識，做出這一測量是否具有內容效度的結論。比如，用問卷去測量人們的消費觀念，那麼首先要弄清「消費觀念」的定義，然后看問卷中的問題是否都與人們的消費觀念有關，如果問卷中的問題明顯是有關其他方面的，則這種測量就不具有內容效度。如果發現問卷中的問題所涉及的都是有關消費觀念方面的內容，而看不出它們是在測量與消費觀念無關的其他觀念時，則可以說這一測量具有內容效度。

雖然內容效度的高低一般都靠主觀判斷，但在確定各個具體的題項對整個量表的效度是否都有足夠的貢獻時，常常採用「單項與總和相關分析」來實現。具體的做法是計算每個項目分數與總和分數的相關，如果相關係數不顯著，表示該項目鑑別力低（試比較在李克特量表中的分辨力測試方法），這就是說，如果把這個題項納入量表，反而會影響測量的準確性，最好加以剔除。相關係數越高，則量表的效度越高。

2. 效標效度

所謂效標就是一個與量表有密切關聯的獨立標準，將量表所測特性看成因變量，將效標看成自變量。所測特性與效標相關性越強則量表越有效。效標的確定並不是件容易的事，選擇效標一般要根據某種已知的理論或某種已經得到肯定的結論。例如用高考成績作為預測學生大學期間學業成績的效標，因為研究的結果表明，這兩者之間是有密切相關關係的。再如，我們可以利用年齡作為測量網路購物風險認知的效標，在各年齡組之間，風險認知有明顯差異的量表才有可能是高效度的量表（因為已知的

社會心理學理論提供了年齡對人們風險態度產生影響的結論），為此還要剔除那些沒有顯著差異的低效度的題項。

3. 結構效度

結構效度涉及一個理論關係結構中其他概念的測量，如果問卷調查結果能夠測量其理論特徵，即問卷調查結果與理論預期一致，則認為量表具有結構效度。比如，假定我們設計了一種測量方法，來測量人們的服務滿意程度，為了評價這種測量方法的效度，我們需要用到與服務滿意程度有關的理論命題或假設中的其他變量。如果我們假設：服務滿意程度與重複購買行為有關，服務滿意程度越高，重複購買率越大。那麼，如果我們的測量在服務滿意程度與重複購買率的結果上具有一致性，則稱我們的測量具有結構效度。如果服務滿意程度對不同的對象在重複購買行為上都是一樣的，那麼測量的結構效度就面臨挑戰。

最後需要說明的是，測量的信度與效度都是一種相對量，而不是一種絕對量，即它們都只是在程度上有高低而已。對於同一種對象，人們常常會採取各種不同的測量方法，常常會採用各種不同的測量指標。也許這些方法和指標都沒有錯，但它們相互之間一定會在效度與信度這兩方面存在程度上的差別。我們對它們進行評價和選擇的標準則是：越是在準確性和一致性上程度更高的方法和指標，就越是好的測量方法，就越是高質量的測量指標。

三、信度與效度的關係

信度與效度之間存在著既相互聯繫，又相互制約的關係。一方面，缺乏信度的測量肯定也是無效度的測量，而具有很高信度的測量並不意味著同時一定是高效度的測量，另一方面，調研者在追求測量的信度時，往往會在一定程度上損害或降低測量的效度。當調研者努力提高測量中的效度時，其測量的信度則同樣會受到影響。比如，當我們用結構式問卷來測量家長「溺愛孩子」的行為時，可以得到相對高一些的測量信度，即用同樣的問卷詢問同樣的對象時，所得到的結果一致性程度會比較高。但是，這種測量方法的效度往往會比較低。因為家長們在培養孩子方面的認識、態度和具體做法遠比問卷中的問題豐富多彩，而我們在問卷中由於標準化的緣故，所能夠測量的只是其中很少、很有限的部分，反之如果我們用深入到每一個家庭，實地去觀察與家長仔細交談的方法來進行測量，那麼所得到的資料的效度會比較高，我們可能會實實在在地看到和感受到了家長們是如何培養孩子的。但是，此時我們卻喪失了觀察結果的一致性程度。

本章小結

調查問卷在市場調查中具有舉足輕重的地位，問卷設計的好壞對調查質量有重大影響。不同的調查目的和要求，調查對象以及調查方式適用不同的問卷類型，但一般的問卷都會包括介紹溝通、主體內容和背景信息等三個部分。問卷設計一般要遵循明

確所需信息、確定調查方式和問卷類型、設計問題並考慮提問的順序、問卷的預調查和問卷的修改、版面編排和付印等五個過程。

問卷的設計對於調研的成敗至關重要，好的問卷設計既要滿足調研需要，又要充分考慮被調查者的感受，這是一項嚴謹而又包含高度技巧性的工作，無論在提問還是在答案設計中，都應注意避免常見的錯誤。總的要求一般是問卷中的問句表達要簡明、生動、注意概念的正確性、避免提似是而非的問題等。

量表是問卷的組成部分，在調研中應用廣泛，本章介紹了李克特量表、語義差異量表、配對比較量表等常用量表。問卷設計完成後，對問卷設計質量的評價，尤其是對量表的測試，需要掌握信度和效度的概念。

思考題

1. 一份完整的問卷包括哪幾部分？每部分的具體內容有哪些？
2. 調查問卷可分成哪些類型？各自有何特點？
3. 問卷的甄別部分有何作用？
4. 簡述問卷設計的步驟。
5. 什麼是問卷的預調查？其重要意義是什麼？
6. 在問卷設計中常見的錯誤有哪些？
7. 如何提問敏感性問題？
8. 提問順序的重要性是什麼？
9. 什麼是量表？它有哪些類型？市場調查中常用的量表有哪些？
10. 什麼是信度和效度？兩者的關係如何？

案例分析一

某調研者希望瞭解顧客對一家超市的產品和服務的評價和認知，然後他羅列了以下的一些問題，請思考通過這些問題調研者希望得到什麼樣的信息？這些問題是否合適？如何改進這些問題？

問題1：你的姓名？
問題2：你的年齡？
問題3：你經常來這裡嗎？
問題4：什麼是你不喜歡的？
問題5：你已經花了多少錢？
問題6：你認為我們應該多樣化嗎？
問題7：你有車嗎？
問題8：你認為我們的服務質量如何？
問題9：你一般去哪裡度假？

案例分析二

某初級中學校的校長和老師正在考慮有否需要加設相關的課外活動，讓學生在課余有機會應用信息技術的知識和技巧。校長現委託某大學市場調查協會進行調查，然後向校委會報告是否需要舉辦這類課外活動，並建議適合舉行什麼活動。該調查組設計的問卷如下：

本校學生對互聯網的認識及應用情況問卷調查

我們是××大學市場調研協會的同學，現在校內進行抽樣問卷調查，目的是瞭解本校同學對計算機互聯網的認識和使用情況。請據實回答下列的問題，在適當的空格□內打「√」，請不要與其他人討論后才給答案。本調查以不記名方式進行，問卷數據經整理分析后，我們將會向校長提交報告，並向全校同學公布調查結果。謝謝！

(1) 知道什麼是互聯網嗎？①□ 知道　　②□ 不知道
(2) 是否曾經使用過互聯網？①□ 有　　②□ 沒有
(3) 懂得操作個人計算機的 DOS 嗎？①□ 懂得　　②□ 不懂得
(4) 懂得操作個人計算機的 Windows 系統嗎？①□ 懂得　　②□ 不懂得
(5) 懂得五筆中文輸入法嗎？①□ 懂得　　②□ 不懂得
(6) 是否有使用過校內的計算機？①□ 有　　②□ 沒有
(7) 知不知道校內的計算機房在哪裡？①□ 知道　　②□ 不知道
(8) 家中有沒有個人計算機？①□ 有　　②□ 沒有（不用回答 8a 及 8b）
　　(8a) 若家中有個人計算機，是否能連上互聯網？①□ 可以　　②□ 不可以
　　(8b) 你能否自由使用家中的個人計算機？①□ 可以　　②□ 不可以
(9) 本學年有沒有參加校內任何協會或小組舉辦的活動？①□ 有　　②□ 沒有
(10) 若校內舉辦有關互聯網的課余學習班，你是否願意參加？①□ 願意　　②□ 不願意
(11) 性別：①□ 男　　②□ 女
(12) 就讀班級：①□ 初一　　②□ 初二　　③□ 初三

※※※※ 問卷完畢、多謝合作 ※※※※

要求：
1. 根據本章學習的知識點評價這份問卷。
2. 通過這份問卷，該調研小組能否得到需要的信息？

第七章　抽樣與樣本設計

本章學習目標：
1. 瞭解抽樣調查的概念、特點和適用範圍
2. 瞭解抽樣調查的程序
3. 瞭解非隨機抽樣技術及其應用
4. 掌握隨機抽樣技術及其應用
5. 掌握抽樣誤差與樣本量的確定
6. 瞭解敏感性問題的隨機化回答技術

【引導案例】

中國汽車二線市場消費調查白皮書
樂觀川人更願為汽車埋單

調查時間：2008 年 8 月 10 日至 11 日　　　調查地點：四川主要汽車消費城市

調查方式：抽樣調查＋定向採訪（採用北京師範大學社會調查實驗室的電腦輔助電話系統進行調查）

樣本數量：3,000 份

四川車市正以其巨大的保有量和迅猛的增長速度，成為中國最強大的二線汽車市場。據四川省公安廳交警總隊公布，截至 2008 年 6 月 30 日，全省機動車保有量突破 610 萬輛，其中私人汽車達到 1,456,292 輛，3 年以下駕齡的駕駛人占全省駕駛人總量超過三分之一，分佈地域仍相對集中，成都、綿陽、樂山三地位居全省前三位。為什麼四川車市發展如此火暴？消費者購車意向有了什麼新變化？華西都市報聯合北京可瑞德市場諮詢有限公司於 8 月 10 日至 11 日，對四川 3,000 名消費者進行了問卷調查。結果發現，四川消費者的購車態度十分樂觀、積極，正是川人的這種特質，挺起了四川車市的脊梁。

品牌意向：對自主品牌認知改善

2008 年「5・12」地震讓消費者對自主品牌的認知有了極大改變。被調查者紛紛表示，在國難當頭，以吉利、奇瑞、比亞迪、江淮、華晨、長城等為代表的自主品牌車企在第一時間捐出上千萬元物資，並深入抗震救災第一線，令人尊敬。

89% 的被調查者認為，自主品牌積極的賑災行動，體現了企業的社會責任心，自主品牌在他們心中的地位大大提高；60% 的人認為，購買自主品牌，可以表達自己的民族自豪感，為民族汽車工業作貢獻；21% 的人表示買車時將選擇自主品牌，購車意向多鎖定為中高端車型。

車型意向：緊湊型轎車成主流

在購車意向上，緊湊型轎車正成為四川人追逐的主流車型。隨著國Ⅲ排放標準的實施，曾經作為「中國私車第三城」代表的奧拓被捷達取代。相關統計資料表明，隨著捷達的崛起，其所占的細分市場緊湊型轎車市場的份額也隨之上升，同比上漲5.4%，成為今年上半年細分市場中唯一一個份額上漲的市場。

在調查中，55%的消費者對緊湊型車型情有獨鐘，表示將其作為買車首選。據他們反應，這些車價位在5萬~10萬元，性能好、配置豐富、車身短、省油、停車方便。據瞭解，這些消費者多為首次購車者，表明四川人購車起點已提升。

資金意向：投資熱錢流向車市

四川人消費的樂觀精神還體現在購車資金的使用上。儘管去年底以來，股市波動頻繁，不少投資者被套，加之「5·12」地震給樓市造成了影響，但不少投資者仍舊抱著樂觀的態度，將部分資金用來購車。有46%的消費者表示，將拿出原本用於炒股的一部分資金用來買車創業。有著8年炒股經驗的溫小姐說，炒股風險太大，買車則是一種穩健的投資，「它可以幫助我更好地工作和創業」。

同時，樓市因宏觀調控，也促使一部分投資者和購房者將手中的錢用在了車市。而隨著災後重建的逐步深入，也將極大地拉動乘用車市場。12%的被調查者中認為，災後重建是一個長期的過程，需要政府公務用車、貨車和客車以及專用汽車等，保守估計將有3萬~5萬輛乘用車缺口。因此公務採購將是今后購車資金來源的一個重要組成部分。

此外，業內人士認為，為支持災區購車，央行上調商業銀行儲備金比例，四川是唯一例外省份，「這將有利於銀行發放購車購房貸款，間接刺激車市消費」。

市場調查的結果與企業決策息息相關，但是對於像案例中這樣要調查一個地區的市場消費信息來說，是怎樣得到市場全部的信息的呢？在市場調研中經常會遇到這樣的問題，本章將介紹有關抽樣的知識。

第一節　抽樣調查概述

對於準備實施一項市場調研工作的組織來說，首先需要確定的是應該從什麼地方搜集自己所需要的資料和信息。例如2008年8月，第29屆奧運會在北京舉辦，某市一家電視臺在比賽前想瞭解全市的群眾對哪個項目最感興趣？全市的群眾最喜愛哪個運動員？這家電視臺應該怎麼樣操作呢？對全市每一位群眾都去詢問調查一下嗎？在很短的時間內這顯然是不可能做到的，唯一的選擇就是對全市部分群眾進行調查，然后用調查的結果去推斷全市群眾的喜好。這就是抽樣調查方法。抽樣調查在行銷調查中是非常典型的。大多數情況下，調查範圍廣、調查對象多，只能從中獲取部分數據，然后估計全部的情況。

一、抽樣調查的概念和特點

（一）抽樣調查的概念

抽樣調查是一種從全體調查對象（總體）中抽取部分對象（樣本）進行調查研究，用所得樣本結果推斷總體情況的調查方式。抽樣調查的目的是通過對樣本的瞭解來推斷總體，即是為了獲得總體的有關資料。隨著市場調查工作的深入開展，抽樣調查已經成為一種最重要的組織調查方式，得到了廣泛的應用。

（二）抽樣調查的特點

抽樣調查是市場調查中應用最多的方法，它具有以下明顯的特點：

1. 抽樣調查只調查總體中的一部分對象

由於抽樣調查縮小了調查範圍，只需要較少的人力和物力，大大地減少了人員的工作量，降低費用開支，提高經濟效益。例如某市有20萬戶家庭，甲公司進行本公司A產品的購買意向調查，如果對總體進行調查，共需調查20萬次（按家庭為單位開展調查），而採用抽樣調查，如選取1%的抽取比例，只要2,000戶即可。

2. 抽樣調查可以用部分現象的結果比較準確地推斷全部現象

抽樣調查是建立在科學方法基礎上的，只要嚴格按照抽樣調查的要求進行抽樣，就能確保得到比較可靠的推斷結果。另外抽樣調查需要調查的單位少，可以減少登記性誤差，提高調查結果的準確性。

3. 抽樣調查可以節省時間，提高調查的時效性

由於抽樣調查只調查部分現象，涉及面較小，取得結果較快，能在短期內獲得同全面調查大致相同的調查效果，有效節省了時間。

二、抽樣調查的適用範圍

（一）在不可能或不必要進行全面調查而又需要反應全面情況時，可以採用抽樣調查方式

有些調查需要瞭解調查對象全部的情況，但是不可能或沒有必要進行全面調查，那麼就要採用抽樣調查。例如市場上某類商品的價格與需求彈性的調查分析，就不可能對市場上所有消費者逐一進行調查。另外破壞性的產品質量調查也只能採用抽樣調查。

（二）由於時間和經費上的限制，或是由於對調查誤差的要求不高，可以主動地選擇抽樣調查

如果調查要求的時間短、經費比較少，不可能對全部對象進行調查，或者只是需要一些估計數據時，抽樣調查是最好的調查方式。

（三）為了滿足緊急需要，在來不及進行全面調查時，可以採用抽樣調查

在大批量連續生產產品的過程中，需要檢查生產過程是否正常，控制生產質量，

為了及時提供信息，保證穩定生產，就可以利用抽樣調查方式。

(四) 可與全面調查方式結合進行對比分析或對某些數據起修正參考的作用

全面調查方式需要的時間長、耗費人力、物力、財力巨大，對調查數據進行分析、驗證時不可能再次進行全面調查，就可結合抽樣調查方式來開展。例如中國的第一次經濟普查從 2004 年 12 月開始準備，到 2005 年底數據發佈工作結束，經歷了相當長的一段時間才完成，對其結果需要定期用抽樣調查的方式進行檢查與驗證。

三、抽樣調查中涉及的基本概念

(一) 總體和樣本

1. 總體

總體指根據調查目的規定所要調查的對象的全體。總體定義要解決總體範圍、性質和構成。例如要調查某高校 20,000 名學生對教學質量的意見，總體就是這所高校的全部學生。

2. 樣本

樣本指抽取出來調查的單位的全體。樣本是總體的子集。例如要從高校的全部 20,000 名學生中抽取 1,000 名學生進行調查，那麼用某種抽樣方法抽出的一個有 1,000 名學生的團體就是一個樣本。

總體和樣本兩者區別在於總體是唯一確定的，樣本則不是唯一的，有很多個。

(二) 總體單位數和樣本單位數

1. 總體單位數

總體單位數指總體中包含的單位的數目。在隨機抽樣中一般用 N 代表總體單位數。如上例，總體是該高校的全部學生，20,000 就是總體單位數。

2. 樣本單位數

樣本單位數指樣本中包含的單位的數目。一般用 n 代表樣本單位數，用 n/N 表示抽樣比例。

(三) 重複抽樣和不重複抽樣

1. 重複抽樣

重複抽樣指從總體中抽取樣本單位時，將抽出單位的數據登記下來後再放回總體中參與抽樣，第二次又從所有總體中抽取樣本單位。重複抽樣各次抽樣都是在相同條件下進行的，各次抽樣的每一個單位被抽中的概率均為 $1/N$。

2. 不重複抽樣

不重複抽樣指從總體中抽取樣本單位時，將抽出單位的數據登記下來後不再放回總體中參與抽樣，第二次是從剩餘總體中抽取樣本單位。不重複抽樣各次抽樣的條件是不相同的，各次抽樣的每一個單位被抽中的概率是逐漸增大的，第一次為 $1/N$，第二次為 $1/(N-1)$，第三次為 $1/(N-2)$……

四、抽樣調查的程序

市場抽樣調查，特別是隨機抽樣，有比較嚴格的程序，只有按一定程序進行調查，才能保證調查順利完成，取得應有效果。抽樣調查一般分為以下幾個步驟：

（一）確定調查內容

根據調查目的和任務要確定通過抽樣調查需要做些什麼樣的判斷，應收集哪些項目的數據。要考慮調研課題的要求和經費、時間、人力等限制因素的制約，盡可能將調查內容確定在各方面因素許可的範圍內開展調查。

（二）確定調查總體

確定調查總體，是指根據市場抽樣調查的目的要求，明確調查對象的內涵、外延及具體的總體單位數量，並對總體進行必要的分析。確定調查總體是抽樣調查的基礎。只有調查對象明確，才能有的放矢，才能進行正確抽樣，取得真實、可靠的信息資料。例如對某市居民購買力進行調查，就必須明確調查的是城市居民還是城鄉居民；是以戶為單位還是以人為單位。調查總體不明確，總體數量就不清楚，也無法明確樣本是誰的部分單位了。一般來說調查總體可以從地域情況（如國家、省、市、街道、甚至消費者的消費區域）、人口特徵（如性別、年齡、職業、家庭結構、收入水平等）、消費者對產品的認知程度、消費者的需求等方面來考慮。

（三）確定抽樣技術和組織形式

對總體分佈特徵和總體範圍大小以及抽樣的難易程度進行分析，確定應採用何種方法和組織方式進行抽樣調查才是最合適的。例如某超市要瞭解顧客對超市的總體評價，由於顧客人數多，調查結果不要求非常準確，採取隨機抽樣技術非常困難，在進行調查時就可以採用非隨機抽樣調查技術。具體的抽樣技術和組織形式在本章相關章節中詳細介紹。

（四）設計抽取樣本

總體確定后是唯一的一個，而從中抽取樣本就不確定了。一個總體可以抽取很多的樣本，全部樣本的可能數目和樣本容量有關，也和抽樣方法有關。不同的樣本容量和採取不同的取樣方法，樣本的可能數目也有很大的差別。抽樣目的是對總體進行判斷，因此樣本容量要多大，要怎樣取樣，樣本分佈情況怎樣，都關係到對總體判斷的準確程度，都要認真研究。

（五）搜集樣本資料，計算樣本指標

搜集樣本資料就是根據樣本單位的情況，選擇其中一種或幾種方法，組織調查人員對樣本各單位進行實際調查，收集樣本單位的實際資料。搜集到樣本資料后，還要對資料進行審核、整理和分析，最后計算出樣本的指標和抽樣誤差。

（六）用樣本指標推斷調查總體指標

抽樣調查最終的目的是要認識總體。因此要用計算出的樣本指標和抽樣誤差，利

用點估計或區間估計對總體指標作出推斷。同時依據概率論的有關理論，對推斷的可靠程度加以控制。

抽樣調查的程序是保證調查順利完成的條件，各步驟是相互聯繫的。在應用抽樣調查尤其是採用隨機抽樣技術時要按照程序進行操作。

第二節 抽樣技術的類別及應用

一、抽樣技術的類別

抽樣技術是指在調查時採用一定的方法，抽選具有代表性的樣本，以及各種抽樣操作技巧和工作程序等的總稱。一般可分為非隨機抽樣技術和隨機抽樣技術兩類。

（一）非隨機抽樣技術

非隨機抽樣技術又稱立意抽樣，指從調查對象總體中按調查者主觀設定的某個標準抽取樣本單位的調查技術。非隨機抽樣的樣本是由調研者憑經驗主觀選定的，因而代表性依賴於調研者的經驗，具有主觀性，所以調研結果誤差較大，不能正確地反應總體和實際情況。但是這種方法操作方便、省時省力，可及時取得所需的信息資料，若使用得當，可對市場調查對象總體有較好的瞭解，因此在市場調查中也常採用這類調查方式。但非隨機抽樣技術由於沒有對總體的每個單位給予同等被抽取的機會，也不排除調查人員主觀因素的影響，因此用這種方法得到的樣本結果推斷總體時缺乏依據，必須慎重，否則可能會得出以偏概全的結論。

（二）隨機抽樣技術

隨機抽樣技術又稱概率抽樣，指從調查對象總體中按照隨機原則抽取一部分單位作為樣本進行調查研究，並用樣本調查的結果來推斷總體的抽樣技術。在隨機抽樣中，由於嚴格按照隨機原則抽取樣本，總體的每個單位被抽取的機會是同等的，而且排除了人為因素的干擾，推斷結果比較準確。另外隨機抽樣技術能夠計算調查結果的可靠程度，能夠通過概率來計算抽樣誤差，並將誤差控制在一定的範圍內。

二、非隨機抽樣技術的應用

非隨機抽樣技術中每個單位被抽取的機會是不相同的，而且受到人為主觀因素影響，調查人員不可能計算總體中任何個體被選中的概率，但是每一種非隨機抽樣方法都力求抽取具有代表性的個體組成樣本。常見的非隨機抽樣方法有任意抽樣法、判斷抽樣法、配額抽樣法和滾雪球抽樣法幾種。

（一）任意抽樣法

任意抽樣法也叫便利抽樣法。以研究者或訪問者方便來選擇被訪者，通常被訪者由於碰巧在恰當的時間正處在恰當的地點而被選中。這是一種純粹以便利為基礎的抽樣方法。如在街頭、車站向行人詢問對某商品的認知情況、在商場攔截購物者調查商

品物價情況、在醫院內向病人詢問醫院的服務質量等，那些被詢問的行人、購物者或病人就是偶遇樣本單位。任意抽樣在所有抽樣技術中成本最低、耗時最少，抽樣單位易於接近，容易得到調查資料。任意抽樣是這樣假定的：認為總體中的每一單位性質都是相同的，每個單位被抽中概率是相同的，任意選擇出某一樣本並無什麼差別，却能省去抽樣的編號等手續，但事實上總體中並非所有個體都是一樣的，因此，任意抽樣法雖然簡便，節省費用，但抽樣偏差大，結果的可信程度低，不能代表總體，一般此方法多用於正式調查之前的準備工作或者非正式的探測性調查。

(二) 判斷抽樣法

判斷抽樣法又叫主觀抽樣法、立意抽樣法，即市場調研者根據其主觀判斷選擇最符合調查對象特徵的樣本進行調查的方法，通常此方法是根據長期的經驗判斷進行。其結果的準確性完全取决於研究人員的判斷、專業知識以及創造力。如果調查者的經驗豐富、知識面廣、判斷力強，抽取的樣本的代表性就大；反之則小。很多典型調查中常使用判斷抽樣，如某企業要瞭解本企業商品的銷售情況，通常情况下企業的調查人員會根據自己的經驗和判斷，選定一些有代表性的客戶作為樣本進行調查。判斷抽樣法在市場調查的實際工作中應用，會有兩種基本情形：一種是強調樣本對總體的代表性，此時抽樣時必須嚴格選擇對總體有代表性的單位為樣本；一種是注重對總體中某類問題的研究，這時判斷抽樣必須有目的的選擇樣本，即選擇與所研究問題的目的一致的單位作為樣本。

判斷抽樣法具有成本低、簡便、快速的特點，符合調查目的和特殊需要，可以充分利用已知的資料對總體進行初步判斷，選出具有代表性的個體進行調查，注意了對誤差的限制，比任意抽樣的估計精確度高，但是這種方法易發生因主觀判斷而發生的抽樣誤差。一般適用於調查總體中各單位差異小、調查單位數量比較少、選擇的樣本有較大代表性的情況。

(三) 配額抽樣法

配額抽樣法又叫定額抽樣法，這是非概率抽樣中最常用的一種方法。是指按市場調查對象總體單位的某種特徵，將總體分為若干類，按一定比例在各類中分配樣本單位數額，並按各類數額任意或主觀抽樣。所謂「配額」是指將劃分出的總體各類型，分配給一定數量，從而組成調查樣本。進行配額抽樣時要按照某些特性（這些特性與所研究的總體特性應有較強的相關性，並且它們的各種取值在總體中所占的比例是已知的）將總體細分為幾個類別，然後將總的樣本量按照各類別所占的比例分配，這樣在選擇樣本單位時，即可以為每類「配額」，在某個類別中調查一定數額的樣本單位。例如，某市商業部門要組織一次零售商店的效益狀況調查，可以按行業、地區、所有制或者商店規模等控制特徵劃分為幾個類別，並按照各類別的配額來抽取樣本。

配額抽樣類似於隨機抽樣中的類型抽樣，但兩者有重要區別：配額抽樣的被調查者不是按隨機抽樣的原則抽選出來的，而類型抽樣必須遵守隨機抽樣的原則。配額抽樣法的理論依據是：認為同類調查對象中各單位大致相同，差異很小，因此不必按隨機原則抽樣，只要用任意或主觀抽樣就行了。

配額抽樣法的實施步驟一般分為四步：

（1）選定控制特性。調查人員應先根據調查的目的和客觀情況，確定調查對象的控制特徵，作為總體分類的劃分標準。

（2）根據控制特徵對總體分類，計算各類所占比例。

（3）確定每類樣本數目。先確定樣本總數，再用樣本總數乘以各類的比例數就能夠得到每類應抽取數目。

（4）配額分派。即各樣本數目確定以後，便向市場調查人員指派配額，由調查人員在指派的樣本數額限度內，自由地選擇調查對象。

配額抽樣法按照分配樣本數額時的做法不同可分為兩類：

第一類叫「獨立控制」，是指對具有某種控制特性的樣本抽取數目加以規定並指派配額，而並不規定具有兩種或兩種以上控制特性的樣本數目及配額。

例 7.1 某市商業部門組織一次零售商店的效益狀況調查，確定樣本總數為 100 家企業，採用獨立控制配額抽樣法。取行業、規模、企業所在地區三項控制特徵作為分類標誌，則樣本數額的分配結果見表 7.1：

表 7.1　　　　　　　　　　　獨立控制樣本配額表

行　業	配額	規　模	配額	地　區	配額
零售業	45	大　型	15	甲　區	30
餐飲業	35	中　型	40	乙　區	20
服務業	20	小　型	45	丙　區	50
合　計	100	合　計	100	合　計	100

從表 7.1 中可以看出，採用獨立控制樣本配額時，只分別對行業、規模、企業所在地區三項控制特徵規定了配額，而彼此之間並不影響。在零售業中抽取 45 個樣本時，規模、地區對樣本不起作用，也許這 45 個零售業樣本絕大多數是中型企業或大部分從乙地抽取，這完全取決於調研者的主觀意向。

獨立控制配額抽樣法簡單易行，調研人員有較大的選擇余地去抽取樣本，但調研人員也容易圖一時方便，選擇樣本時過於偏向某一類型，從而影響樣本的代表性。

第二類叫「交叉控制」，在按照各類控制特徵分配樣本數額時，要考慮到各類型之間的交叉關係，採用交叉分配的辦法。

例 7.2 如例 7.1，但採用相互控制配額抽樣法。結果見表 7.2：

表7.2　　　　　　　　　　　交叉控制樣本配額表

行業	地區\規模	大型			中型			小型			合計
		甲區	乙區	丙區	甲區	乙區	丙區	甲區	乙區	丙區	
零售		2	0	3	4	5	11	5	5	10	45
餐飲		1	2	2	5	4	10	6	0	5	35
服務		1	1	3	3	1	2	3	2	4	20
小計		4	3	8	12	10	23	14	7	19	100
合計		15			45			40			

從表7.2中可以看出，行業、規模、地區這三個控制特徵之間是相互交叉控制的。例如在45個零售業的抽取中必須保證從甲區抽取2個大型企業、4個中型、5個小型企業，從乙區抽取0個大型企業、5個中型、5個小型企業，從丙區抽取3個大型企業、11個中型、10個小型企業，合計45個企業。

交叉控制配額抽樣對每一個控制特徵所需分配的樣本數都做了具體規定，調研者必須按照規定從總體中抽取樣本。在實踐中，採用這種方法簡便易行，省時省力，由於調查面較廣，能保證樣本單位在總體中較均勻分佈，克服了獨立控制配額抽樣法的缺點，調查結果比較可靠。

(四) 滾雪球抽樣

滾雪球抽樣也稱推薦抽樣法，是以「滾雪球」的方式，通過少量樣本獲得更多調查單位，即通過使用初始被調查者的推薦來選取被訪者的抽樣程序。對於初次涉及市場調查工作的人員來說，最使他們為難的或許不是調查方法的缺乏、對自己的信心不足或是對獨立進行訪問有點膽怯，而是缺乏具體的調查對象。此外，對於進入一個新市場的公司來說，當市場部缺乏有關顧客資料的時候，也不知道怎樣來選取樣本。這時可以採用滾雪球抽樣法。

滾雪球抽樣步驟為：首先，找出少數樣本單位。其次，通過這些樣本單位瞭解更多樣本單位；再次，通過更多的樣本單位去瞭解更多數量的樣本單位。以此類推，如同滾雪球，使調查樣本越來越多，結果越來越接近總體。

滾雪球抽樣的優點在於可以有針對性地尋找被調查者，調查費用大大減少。當然這種成本的節約要求樣本單位之間必須有一定的聯繫並且願意保持和提供這種聯繫，否則將會影響調查的效果。如果被調查者不願意推薦人員來接受調查，那麼這種方法就會受阻。另外因為整個樣本來源於最初接受調查的人，他們之間可能十分相似，整個樣本可能出現偏差，樣本可能不具有很好的代表性。

三、隨機抽樣技術的應用

隨機抽樣技術的具體方法一般有簡單隨機抽樣、等距隨機抽樣、類型隨機抽樣、整群隨機抽樣、多階段隨機抽樣五種。

(一) 簡單隨機抽樣

簡單隨機抽樣又叫單純隨機抽樣，是對調查總體的各單位不進行任何分組、排列等處理，完全按隨機原則從總體中抽取樣本。它是最基本、最簡單的一種隨機抽樣方法，也是理論上最符合隨機原則的抽樣方法。這種方法的不足是在總體很大的情況下使用，編號工作量大；當總體單位差異程度較大時，樣本容量小代表性就很差，必須使樣本容量足夠大才能保證樣本推斷總體的可靠程度和準確程度。因此這種方法適用於總體規模和樣本容量比較小，調查總體中各單位之間差異較小的情況。在簡單隨機抽樣中，每個單位被抽中的概率都為：樣本單位數/總體單位數（即 n/N）。

簡單隨機抽樣的具體方法有抽簽法和隨機數表法。

1. 抽簽法

抽簽法是將總體各單位編上序號並將號碼寫在用性質相同材料制成的標籤上摻和均勻后，再從中隨機抽取，被抽中的號碼所代表的單位，就是隨機樣本，直到抽夠預先規定的樣本數目為止。由於這種方法需要編號，工作量大，一般適用於調查總體數目較少的情況。

2. 隨機數表法

隨機數表是由 0~9 這 10 個數字組成的亂碼表，這些數字的排列完全是隨機的。隨機數表法就是先把總體各單位編號，根據編號的最大數（即總體單位數）的位數確定使用隨機數表中若干列或若干行數字，然后從任意行或列的第一個數字起，可以向任意方向數去，遇到屬於總體單位編號範圍的號碼就確定為樣本單位，如果是不重複抽樣，相同號碼就舍去，直到抽夠預定的樣本單位數為止。例如要瞭解某縣 35,600 戶家庭年收入情況，採用簡單隨機抽樣方法（不重複）抽取 1%，即 356 戶進行調查。首先將全縣 35,600 戶家庭按 1~35,600 編號，最大號為 35,600，位數是 5 位，從隨機數表中選出 5 列。假定隨機抽取到從第 3 行第 5 列開始，向下數，選出 356 個 1~35,600 之間的數（當遇到大於 35600 的數或與選出數字相同的數均跳過）。從表 7.3 中可查出第一個數字是 72857，大於 35600，則跳過不選；第二個數字是 11,621，小於 35,600，則為選出的第一個樣本單位；依此類推選出 35,249、31,530、10,040、24,914、33,253……；直到選夠 356 個號為止。

表 7.3　　　　　　　　　　　　　　隨機數表

單位：元

	112345678910	212345678910	312345678910	412345678910	512345678910
1	6119690446	2645747774	5192433729	6539459593	4258260527
2	1547445266	9527079953	5936783848	8239610118	3321159466
3	9455728573	6789754387	5462244631	9119042592	9292745973
4	4248116213	9734408721	1686848767	0307112059	2570146670
5	2352378317	7320889837	6893591416	2625229663	0552282562

表 7.3（續）

	112345678910	212345678910	312345678910	412345678910	512345678910
6	0449352494	7524633824	4586251025	6196279335	6533712472
7	0054997654	6405188159	9611963896	5469282391	2328729529
8	3596315307	2689809354	3335135462	7797450024	9070339333
9	5980808391	4542726842	8360949700	1302124892	7856520106
10	4605885236	0139092286	7728144077	9391083647	7061742941
11	3217900597	8737925241	0556707007	8674317157	8539411838
12	6923461406	2011745204	1595660000	1874392423	9711896338
13	1956541430	0175875379	4041921585	6667436806	8496285207
14	4515514938	1947607246	4366794543	5904790033	2082669541
15	9486431994	3616810851	3488881553	0154035456	0501451176
16	9808624826	4524028404	4499908896	3909473407	3544131880
17	3318516232	4194150949	8943548581	8869541904	3754873043
18	8095100406	9638270774	2015123387	2501625298	9462461171
19	7975249140	7196128296	6986102591	7485220539	0038759579
20	1863332537	9814506571	3101024674	0545561427	7793891936
…	…	…	…	…	…

(二) 等距隨機抽樣

等距隨機抽樣也稱為機械隨機抽樣或系統隨機抽樣，是先將總體各單位按某一標誌順序排列，編上號碼，然后依照固定的抽樣距離抽取樣本單位，直到抽夠樣本單位數為止。

採用等距隨機抽樣方式抽取樣本，要選擇一定的標誌將總體各單位排序，排序所依據的標誌有兩種：一種是按與調查項目無關的標誌排序，例如某高校要瞭解全校 1,000 名教師的教學情況，採用等距隨機抽樣進行調查，可以用教師的工資號進行排序，工資號與教學情況無關；另一種是按與調查項目相關的標誌排序，例如調查教師教學情況時按照職稱排序，職稱與教學情況就有一定的關係了。按照標誌排序后要計算固定的抽取距離，一般用 總體單位數 N／樣本單位數 n 來計算。在第一段抽樣距離內隨機抽取一個單位作為抽樣起點，在此基礎上按照計算的抽樣距離作等距離的抽樣。例如，某縣要調查該縣 20,000 戶居民家庭收入情況，採用等距隨機抽樣方式抽取 200 戶進行調查，具體做法是：首先按照戶口編號將 20,000 戶居民進行排列，並編上 1～20,000 的號碼，然后計算抽樣距離，用 k 表示，則 $k = N/n = 20,000/200 = 100$，即每隔 100 戶抽取一戶，同時在第一個問隔即 1～100 號中隨機抽取一個單位假設抽中第 16 號，從 16 號開始，每隔 100 戶抽取 1 戶，直到抽夠 200 戶為止，即抽取樣本編號是 16、116、216、316、416、516……

等距隨機抽樣簡便易行，成本較低，因為只需要做一次隨機抽樣，整個樣本就能夠確定下來。而且這種方法能使樣本在總體中的分佈比較均勻，從而減少了抽樣誤差，是隨機抽樣中使用最廣泛的方法之一。等距隨機抽樣方法最適用於樣本容量比較大，總體同質性較高的調查。

由於等距隨機抽樣方法抽取樣本時是按照相同距離抽取的，在應用時要注意現象本身的變動規律與抽樣距離之間的關係，如果現象本身的變動規律與抽樣距離重合，樣本的代表性降低，影響調查的精確度。例如某企業要瞭解本企業的商品的銷售情況，對每天的銷售收入進行抽樣調查，採用等距隨機抽樣方法進行，計算出的抽取距離為7，假如第一個樣本抽取到星期二，按照抽取距離抽取，得到的樣本全是星期二這天的銷售收入。我們知道一般情況下，週末的銷售情況會比星期一到星期五的銷售情況好些，那麼這種抽樣得到的樣本就不能代表總體的情況，誤差增大，調查的準確性低。

（三）類型隨機抽樣

類型隨機抽樣也稱分層隨機抽樣，是根據研究目的先將總體按一定主要標誌分成各種類型（或者層），然后從各類（層）中按簡單隨機抽樣或等距隨機抽樣方式抽取樣本單位的一種隨機抽樣方式。類型隨機抽樣方法在市場調查中經常被採用，是一種優良的隨機抽樣調查的組織形式。類型隨機抽樣實際上是將統計分組與隨機原則有機地結合起來，提高了樣本的代表性，降低了出現極端數值的風險。通過分類，可以將總體分成幾個類型，使得各類型中的單位性質比較接近，類型之間性質差異較大，保證了樣本單位能夠均勻地分佈在總體各部分，從而提高樣本的代表性。這種方法在總體各單位差異大時應用比簡單隨機抽樣的效果要好。例如對某城市居民購買力進行調查。居民購買力與其家庭收入之間有很大的關係，進行隨機抽樣調查時就可以按照居民家庭收入的高低進行分類，在高、中、低收入的家庭中分別抽取部分單位組成樣本進行調查，這樣能保證樣本有較充分的代表性。

應用類型隨機抽樣方式時要注意各類之間要有明顯的差異，避免發生混淆；類型不能太多，每個類型中的單位在性質上應該保持一致。

在對總體進行分類時，必須遵循科學的分類方法，同時要使分類符合總體的實際情況。科學的分類方法要注意兩個方面：一方面是作為分類依據的標誌選擇要恰當，只有所選擇的分類標誌恰當，才能使分類合理反應總體的實際情況，抽取的樣本的代表性才強。另一方面是分類必須依據互斥性和完備性原則，所謂互斥性是指每一個總體單位只能屬於某一種類型，不能同時屬於一種以上的類型，這一原則保證了每個總體單位在分類后不重複出現；所謂完備性原則是指每一個總體單位必須屬於某一種類型，不能哪一類都不歸屬，此原則保證了每個總體單位都不被遺漏。

類型隨機抽樣一般可分為等比例分類抽樣和非等比例分類抽樣兩種方式。

等比例分類抽樣是按照各類型中個體數量占總體數量的比例分配各類型的樣本數量的方法。假設總體單位數為 N，共分為 M 類，每類的單位數分別為 N_1，N_2，N_3，$\cdots$，N_m（$N_1 + N_2 + N_3 + \cdots + N_m = N$），各類占總體的比例分別為 N_1/N，N_2/N，N_3/N，$\cdots$，N_m/N，如果需要抽取的樣本單位數為 n，則各類應抽取的樣本數分別為 nN_1/N，nN_2/N，nN_3/N，$\cdots$，nN_m/N。

例 7.3 某公司要調查一種產品的潛在用戶，假定調查地區有 500,000 戶家庭，採用等比例分類隨機抽樣抽取 1,000 戶進行調查。已知這種產品與家庭收入水平有關，在進行抽樣時按家庭收入將所有家庭分為高、中、低三類，其中，高收入家庭為

100,000 戶，中等收入家庭為 250,000 戶，低收入家庭為 150,000 戶。

解：根據等比例分類抽樣方法：

高收入家庭占比例為 100,000/500,000 = 20%

中收入家庭占比例為 250,000/500,000 = 50%

低收入家庭占比例為 150,000/500,000 = 30%。

需要抽取 1,000 戶進行調查，三類中抽取的樣本數為：

高收入家庭抽取 1,000×20% = 200 戶

中收入家庭抽取 1,000×50% = 500 戶

低收入家庭抽取 1,000×30% = 300 戶。

等比例分類抽樣調查方法簡單，分配合理，計算簡便，適用於種類之間單位數目差異不大或各類型之間差異不太大的類型抽樣調查。

非等比例分類抽樣調查又稱分層最佳抽樣。是根據各類型的標準差的大小、調查經費以及工作量等因素來調整各類型樣本數目的抽樣方法，即有的類型可多抽取一些樣本單位，有些類型可少抽取樣本單位。這種方法既考慮到各類型在總體中所占比例，又考慮了各類型的差異程度，就有利於降低各類的差異，提高樣本的可信程度。各類型抽取樣本的計算公式為：

$$n_i = n \times \frac{N_i S_i}{\sum N_i S_i} \qquad (7.1)$$

其中：n_i 為各類型應抽選的樣本單位數；n 為樣本單位數；N_i 為第 i 類的調查單位數；S_i 為第 i 類調查單位平均數（成數）的樣本標準差。

例 7.4 見例 7.3 中高收入的樣本標準差為 160 元，中等收入的樣本標準差為 100 元，低收入的樣本標準差為 60 元，如表 7.4 所示：

表 7.4　　　　　　　　調查單位數與樣本標準差乘積計算表

類型（不同家庭收入）	各類型調查單位數 N_i（戶）	各類型樣本標準差 S_i（元）	$N_i S_i$
高	100,000	160	16,000,000
中	250,000	100	25,000,000
低	150,000	60	9,000,000
合計	500,000	—	50,000,000

根據抽取各類型樣本單位數的計算公式計算，得到各類型應抽取的樣本單位數為：

高收入樣本單位數為：$1,000 \times \dfrac{16,000,000}{50,000,000} = 320$（戶）

中收入樣本單位數為：$1,000 \times \dfrac{25,000,000}{50,000,000} = 500$（戶）

低收入樣本單位數為：$1,000 \times \dfrac{9,000,000}{50,000,000} = 180$（戶）。

從上兩個例子可以看出用等比例分類抽樣和非等比例分類抽樣方法抽取的各類型

的樣本數是不同的，非等比例分類抽樣中，高收入家庭增加了 120 戶，低收入家庭減少了 120 戶，中等收入的家庭沒有變動。由於產品的購買與家庭收入有關係，高收入的家庭購買產品的可能性更高些，用非等比例分類抽樣適當提高了高收入家庭的樣本數，使抽選的樣本更具有代表性。

非等比例分類抽樣調查適用於各類總體的單位數相差懸殊或均方差相差較大的情況，但使用這種方法在調查前要準確瞭解各類型標誌變異程度的大小是比較困難的，在實際工作中常採用按等比例分類抽樣來調查。

類型隨機抽樣在實際工作中應用非常廣泛，許多大型的抽樣調查都要用此方法。特別適用於總體單位數量較大，並且內部類型也明顯的市場調查對象。

類型隨機抽樣這種方法有非常突出的優點：

1. 樣本的代表性強

當總體內部類型明顯時，能夠按總體中各類型的分佈特徵，在不同類型確定樣本的分佈，使樣本結構與總體結構接近，因此增強了樣本對總體的代表性。

2. 提高了樣本指標推斷總體指標的精確度，提高了調查效率

在市場現象存在明顯不同類型的情況下進行類型隨機抽樣比單純隨機抽樣和等距隨機抽樣的抽樣誤差都要小，或者說在同樣的精確度要求下，它所需要的樣本容量可以較小，從而減少了搜集資料的工作量，提高了工作效率。

3. 有利於瞭解各類別的情況，便於項目的組織與管理

（四） 整群隨機抽樣

整群隨機抽樣是將總體按一定標準劃分成相互排斥且沒有遺漏的群或集體，以群或集體為抽取單位，按隨機原則從總體中抽取部分群或集體，並對被抽中群或集體中的每一單位都進行實際調查的抽樣方法。例如要調查某高校的學生的學習情況，可以按照宿舍（群）為單位，按照隨機原則選取部分宿舍，並對住在選中宿舍中的所有學生進行調查。在整群抽樣中，抽樣單位與被調查單位是不同的，抽樣調查是以群為抽樣單位抽取樣本，然后對群內包含的個體單位進行調查。

整群隨機抽樣與類型隨機抽樣都要首先根據某種標準把總體劃分為相互獨立的完整的若幹部分（若幹群），但是兩者是有根本區別的，主要體現在：首先，類型隨機抽樣必須在總體的每一部分中，按照其比例抽取一定數量的樣本單位；而整群隨機抽樣則是將總體中被抽取部分的全部單位作為樣本單位。其次，兩者在對總體進行劃分時，所依據的原則也是不同的。類型隨機抽樣是按照與調查課題所關心的某特徵對總體進行分類，要求被劃分的總體各類型之間具有明顯差異，而各類型內部的差異要盡可能小；整群隨機抽樣往往是按照總體單位自然形成的群體特徵分群，要求被劃分的總體各群之間盡可能無差異，總體群的內部各單位允許存在明顯差異。

整群隨機抽樣能使樣本單位比較集中，調查工作比較便利，大大降低了收集數據的費用。對總體比較大，又無明顯類型的調查對象，如果總體單位自然聚合成群（如學校、企業、街道、產品批次等），群內單位差異大，而不同群之間差異小，用整群隨機抽樣效率更高。生產企業或銷售企業對商品質量進行抽樣調查時，通常會採用這種

方法。

(五) 多階段隨機抽樣

多階段隨機抽樣，是把從市場調查總體中抽取樣本的過程，分成兩個或兩個以上的階段進行隨機抽樣的方法。通常在總體單位數目比較多、分佈比較廣，難以一次直接從總體中抽選調查單位時，就採用這種方法，即先抽取大單位，再抽取小單位，直至最終抽到樣本單位。這是一種綜合的抽樣方式，在大規模調查時是最好的一種抽樣調查方法。

多階段隨機抽樣的步驟如下：

首先，將調查總體各單位按一定標誌分成若干集體，作為抽樣的第一級單位。依照隨機原則，在第一級單位中抽取若干單位作為第一級單位樣本。

其次，將第一級單位樣本再分成若干小集體，作為抽樣的第二級單位。依照隨機原則，在第二級單位中抽取若干單位作為第二級單位樣本。

依此類推，可以抽出第三級樣本單位，第四級樣本單位，直至最終抽到樣本單位為止。

例如要調查四川省農村居民家庭人均年收入的情況，可分為以下四階段進行：第一階段，抽取調查縣，把四川省的所有縣市劃分為大、中、小三種，然後在每種中按照等距隨機抽樣或簡單隨機抽樣抽選部分縣市確定為調查縣市。第二階段，抽取調查鄉，將中選的調查縣市的所有鄉按某標誌排列並編號，用等距隨機抽樣選取部分鄉。第三階段，抽取調查村，將中選的調查鄉的所有村編號，用簡單隨機抽樣選取部分村。第四階段，抽取調查戶，將抽取的調查村中所有的家庭編號，按簡單隨機抽樣方法抽取部分家庭作為最終的調查對象。如圖7.1所示：

省 → 縣 → 鄉 → 家

圖7.1　多階段隨機抽樣步驟示意圖

在市場調查工作中，多階段隨機抽樣對城鄉市場都是適用的。但由於這種方法分為幾個階段開展，每個抽樣階段都會有誤差，經過多個階段後，最后抽出來的樣本誤差就會比較大，這是多階段抽樣的缺點。

四、抽樣方法的比較和選擇

無論是非隨機抽樣技術還是隨機抽樣技術，每類技術中都有許多應用方法。在對抽樣方法進行選擇時，要根據調查目的和要求，考慮調查所涉及的主、客觀因素以及各種內、外部條件來進行。抽樣調查的目的只有一個，就是要盡可能得到可靠的樣本數據去推斷總體情況，為課題研究提供必要的信息。因此要根據實際情況從眾多抽樣方法中選擇最可能獲得準確數據，調查誤差盡可能小的抽樣方法。

各種抽樣方法的選擇可從以下方面來考慮：

(1) 一般來說，隨機抽樣的方法實用性更廣泛，科學性比較強，適合正式調查，

但是操作複雜，必須嚴格按照規定的程序進行，在有些情況下無法開展。而非隨機抽樣調查的方法簡單方便，如果只需要初步瞭解調查對象的基本情況或有經驗豐富的專家參與調查，就可以採用非隨機抽樣調查的方法。

（2）任意抽樣適合於調查前的準備工作或探測性市場調研，但要求總體中每個單位之間的特徵要非常相似；判斷抽樣適用於調查總體中各單位差異小，調查單位數量比較少，選擇的樣本有較大代表性的情況，要求調查者經驗要豐富；配額抽樣適用於調查者能按照主觀分析后按照控制特徵對總體進行分類並能分配樣本數額，有目的尋找樣本的情況。

（3）在隨機抽樣的方法中，如果總體規模和樣本容量比較小，總體中各單位之間差異也比較小時適宜採用簡單隨機抽樣；樣本容量比較大，總體同質性較高時可採用等距抽樣；總體中各單位差異大且有明顯類型，能按照某標準將總體劃分成若干類型，各類型中單位性質基本相似時宜採用類型抽樣；總體規模和樣本容量比較大，總體分佈不均勻而又無明顯類型，但可以按照某種標準將總體劃分成一些小群體時要採用整群抽樣；總體單位數目比較多、分佈比較廣，難以一次直接從總體中抽選調查單位時，就採用多階段隨機抽樣。

第三節　抽樣誤差及其測定

　　市場調查活動的任何環節的疏漏或錯誤，都可能導致調查結果與實際的差異。這種調查結果與總體真實數據之間的差異稱為調查誤差。調查誤差會影響調查信息的質量，調查信息的質量是調查誤差的函數，調查誤差越小，調查質量越高；反之調查誤差越大，調查質量越低。無論是用哪種調查方式獲取信息，調查誤差總是存在的。在總體比較小時，採用市場普查方式肯定是最好的，但是在大多數情況下都只能通過抽樣調查來獲取所需要的信息，抽樣調查是利用樣本的結果推斷總體的數據，這之間肯定更會存在差異。

【小案例】可口可樂改變百年配方
　　自從 1886 年亞特蘭大藥劑師約翰・彭伯頓發明了神奇的可口可樂配方以來，直到 20 世紀 70 年代中期，可口可樂公司一直是美國飲料市場上無可非議的領導者。1975 年開始，百事可樂向可口可樂公司發起了挑戰。
　　在隨后的幾年中，百事悠恿越來越多的美國消費者參加未標明品牌的可樂飲料口味測試，並不斷傳播人們更喜歡口味偏甜的百事可樂的結論。在一浪高過一浪的攻勢中，百事宣揚青春、激情、冒險的品牌精神，聲稱其產品口味足以擔當挑戰經典與傳統的重任，並引發了美國年輕一代的共鳴。口味挑戰導致可口可樂的國內佔有率穩中微降，而百事却緩慢而頑強地增長。
　　為此，1982 年可口可樂公司開始實施代號為「堪薩斯工程」的劃時代行銷行動。「堪薩斯工程」是可口可樂公司秘密進行的市場調查行動的代號。2,000 名調查人員在

十大城市調查顧客是否願意接受一種全新的可樂。其問題包括：如果可口可樂增加一種新成分，使它喝起來更柔和，你願意嗎？如果可口可樂將與百事可樂口味相仿，你會感到不安嗎？你想試一試新飲料嗎？調查結果顯示，只有 10 % ~ 12 % 的顧客對新口味可口可樂表示不安，而且其中一半的人認為以后會適應新可口可樂。在這一結論的鼓舞下，可口可樂技術部門在 1984 年終於拿出了全新口感的樣品，新飲料採用了含糖量更高的穀物糖漿，更甜、氣泡更少，柔和且略帶膠粘感。在接下來的第一次口味測試中，品嘗者對新可樂的滿意度超過了百事可樂，調查人員認為，新配方的可口可樂至少可以將市場佔有率提升一個百分點，即增加 2 億美元的銷售額。

為了萬無一失，可口可樂又掏出 400 萬美元進行了一次規模更大的並且由 13 個城市的 19.1 萬名消費者參加的口味大測試，在眾多未標明品牌的飲料中，品嘗者仍對新配方「感冒」。

正是這次耗資巨大的口味測試，促使可口可樂下決心推陳出新，應對百事可樂的挑戰。

1985 年 4 月 23 日，行銷了 99 年的可口可樂在紐約市林肯中心舉行了盛大的新聞發布會，主題為「公司百年歷史中最有意義的飲料行銷新動向」。郭思達當眾宣布：「最好的飲料可口可樂，將要變得更好。」新可樂取代傳統可樂上市。

但對於可口可樂公司而言，一場行銷噩夢恰恰是從 4 月 23 日上午的那個新聞發布會開端了。僅以電話熱線的統計為例：在「新可樂」上市 4 小時之內，接到抗議更改可樂口味的電話 650 個；4 月末，抗議電話的數量是每天上千個；到 5 月中旬，批評電話多達每天 5,000 個；6 月，這個數字上升為 8,000 多個……相伴電話而來的，是數萬封抗議信，大多數的美國人表達了同樣的意見：可口可樂背叛了他們，「重寫《憲法》合理嗎？《聖經》呢？在我看來，改變可口可樂配方，其性質一樣嚴重」。為此，可口可樂公司不得不新開闢數十條免費熱線，雇傭了更多的公關人員來處理這些抱怨與批評。

但是似乎任何勸說也無法阻止人們因可口可樂的改變而引發的震驚與憤怒，《新聞周刊》的大標題宣稱「可口可樂亂彈琴」，人們表示，作為美國的象徵、美國人的老朋友，可口可樂如今突然被拋棄了。作為老對頭的百事可樂，更是幸災樂禍的宣布 4 月 23 日為公司假日，並稱既然新可口可樂的口味更像百事了，那麼可口可樂的消費者不如直接改喝百事算了。

大感不解的可口可樂市場調查部門緊急出擊，新的市場調查結果使他們發現，在 5 月 30 日前還有 53 % 的顧客聲稱喜歡「新可樂」，可到了 6 月，一半以上的人說他們不喜歡了。到 7 月，只剩下 30 % 的人說「新可樂」好話了。

在 1985 年 6 月底，「新可樂」的銷量仍不見起色，憤怒的情緒却繼續在美國蔓延，傳媒還不停地煽風點火。焦頭爛額的可口可樂決定恢復傳統配方的生產，定名為 Coca – CalaClassic（古典可口可樂）；同時繼續生產「新可樂」（NewCoke）。7 月 11 日，郭思達率領公司高層管理群站在可口可樂標誌下宣布了這一消息，並使美國上下一片沸騰，當天即有 18,000 個感激電話打入公司免費熱線。ABC 電視網中斷了周三下午正在播出的熱點節目插播了這條新聞。經典可口可樂的復出幾乎成了第二天全美各大報

的頭版頭條新聞,「老可樂」的歸來甚至被民主黨參議員大衛·普賴爾在議院演講時稱為「美國歷史上一個非常有意義的時刻,它表明有些民族精神是不可更改的。」當月,可口可樂的銷量同比增長了 8%,股票攀升到 12 年來的最高點每股 2.37 美元,而新可樂的市場佔有額降至 0.6%,同時下降的還有百事可樂的股票,跌了 0.75 美元。

儘管經歷了行銷噩夢,可口可樂在 1985 年還是占到了全球飲料總銷量的 21.7%,雄踞世界第一。

(資料來源:王偉,郭鵬. 世界十大行銷經典敗局[M]. 北京:清華大學出版社,2007.)

為什麼可口可樂公司在開展行銷決策前做了大量的市場調查,還會產生如此大的失誤呢?通過分析發現可口可樂公司的調查中存在以下幾點問題:①可口可樂調查部門只計算了產品口感成分,卻忽略了品牌情感成分;②在調查問卷和口味品嚐測試中忽略了一個重要環節——告訴被調查者如果選擇了一種可樂,將失去另一種可樂;③在選擇抽樣調查對象時不具有普遍性,被測試者大多數是年輕人,口味偏甜,而美國從 20 世紀 80 年代中期起已經進入老齡化階段,年輕人的口味與老年人有很大差異。

可見調查中誤差總是存在的。稍有疏忽,調查結果就與實際南轅北轍。要獲取高質量的市場信息,就必須科學地設計和組織調研活動。

一、調查誤差的種類

調查誤差可能來自許多不同的方面,歸納起來可用圖 7.2 表示:

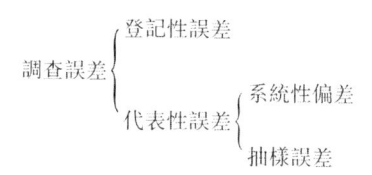

$$\text{調查誤差} \begin{cases} \text{登記性誤差} \\ \text{代表性誤差} \begin{cases} \text{系統性偏差} \\ \text{抽樣誤差} \end{cases} \end{cases}$$

圖 7.2 調查誤差來源示意圖

登記性誤差又稱工作性誤差,是指在調查過程中由於各環節工作不準確而引起的誤差,例如調查人員工作中計量、記錄、計算、匯總錯誤;調查方案設計中有關規定或解釋不明確導致的填報錯誤;調查者或被調查者有意弄虛作假、虛報瞞報等。這種誤差有可能存在於任何一種調查方式中。如果調查範圍廣、規模大、內容複雜、參與調查的人員多的情況下,發生這種誤差的可能性就越高。但這種誤差能通過一定措施來避免。

代表性誤差是在抽樣調查中,由於選取的部分調查單位對總體的代表性不強而產生的調查誤差。這種誤差只在抽樣調查中存在。

系統性偏差是調查人員違背抽樣的隨機原則,人為選擇樣本導致的誤差,這種誤差應盡量避免。

抽樣誤差指隨機抽樣中樣本指標與總體指標之間的差異,是在不違背抽樣的隨機原則的情況下必然會出現的誤差。抽樣調查由於是非全面調查,樣本與總體之間必然會存在差異,因此這種誤差是抽樣調查中固有的代表性誤差。雖然這種誤差無法避免,

但抽樣誤差能夠事先計算並控制。

二、抽樣誤差的測定

由於抽樣調查的目的是用樣本推斷總體，即使不違背抽樣的隨機原則，在隨機抽樣中樣本指標與總體指標之間也總會有差異，即抽樣誤差。抽樣誤差的大小反應了樣本代表總體的真實性的高低。抽樣誤差越大，樣本的代表性越低；反之，抽樣誤差越小，樣本的代表性越高。

(一) 影響抽樣誤差大小的因素主要有以下三個：

1. 總體各單位之間的差異程度

差異程度越大，抽樣誤差越大；反之，差異程度越小，抽樣誤差越小。抽樣誤差大小與差異程度大小成正比例關係。這種差異程度，也叫標誌變異程度，通常用方差或標準差來表示。

2. 樣本單位的數目，即抽樣數目的多少

樣本單位的數目越多，抽樣誤差越小；反之，樣本單位的數目越少，抽樣誤差越大。抽樣誤差大小與樣本單位的數目多少成反比例關係。

3. 抽樣方法和組織形式

抽樣誤差的大小，由於抽樣方法和組織形式的不同而有所差別，一般來說，重複抽樣的誤差大於不重複抽樣的誤差。單純隨機抽樣、等距隨機抽樣、類型隨機抽樣、整群隨機抽樣等所產生的誤差也各不相同。

簡單隨機抽樣是最基礎的，下面介紹簡單隨機抽樣條件下的抽樣誤差的計算。

(二) 抽樣誤差的計算

1. 平均數指標的抽樣誤差的計算

(1) 在重複抽樣條件下，平均數指標的抽樣誤差計算公式是：

$$\sigma_x = \sqrt{\frac{\sigma^2}{n}} \qquad (7.2)$$

式中：σ_x 抽樣平均數的抽樣誤差（樣本均值分佈的標準差）；

σ 總體標準差；

n 樣本單位數。

(2) 在不重複抽樣條件下，要在重複抽樣誤差計算公式上乘以有限總體修正系數 $\sqrt{(N-n)/(N-1)}$，其公式為：

$$\sigma_x = \sqrt{\frac{\sigma^2}{n}(1-\frac{n}{N})} \qquad (7.3)$$

N 為總體單位數，當 N 很大時，修正系數 (N-n)/(N-1) 近似地等於 (1-n/N)。

2. 成數指標的抽樣誤差的計算

(1) 在重複抽樣條件下，成數指標的抽樣誤差的公式是：

$$\mu_p = \sqrt{\frac{P(1-P)}{n}} \qquad (7.4)$$

式中：抽樣成數的抽樣誤差；

　　　P 總體成數；

　　　n 樣本單位數。

（2）在不重複抽樣條件下，成數指標的抽樣誤差的公式是：

$$\mu_p = \sqrt{\frac{P(1-P)}{n}\left(1-\frac{n}{N}\right)} \qquad (7.5)$$

式中：抽樣成數的抽樣誤差；

　　　P 總體成數；

　　　n 樣本單位數；

　　　N 總體單位數。

從公式中可以看出，$\left(1-\frac{n}{N}\right)$ 總是小於1的，因此不重複抽樣的抽樣誤差總小於重複抽樣的抽樣誤差。在實際調研中，通常採用的是不重複抽樣方法，但在計算抽樣誤差時，可以用重複抽樣的計算公式。因為當 N 很大時，$\left(1-\frac{n}{N}\right)$ 趨近於1，用不重複抽樣和重複抽樣兩種方法計算出來的抽樣誤差相差不大，而實際調研中的總體單位數 N 總是很大的。

在市場調研中，由於總體方差或總體成數是不知道的，用公式計算抽樣誤差時，如何取得總體方差或總體成數是急需解決的問題。一般可採取以下方法解決：從已有的普查或全面調查的資料中獲取；利用經驗估算得到；組織一次小規模的探測性調研，用獲取的樣本方差或樣本成數代替；在大樣本情況下，即 $n \geqslant 30$ 時，可以採用樣本標準差代替總體標準差，用樣本成數代替總體成數。

例 7.5 某城鎮居民家庭 9,375 戶，選取 150 戶進行調查得到彩電家庭普及率為 62%。分別用重複抽樣方式和不重複抽樣方式計算抽樣的誤差。

解：（1）重複抽樣：

$$\sigma_p = \sqrt{\frac{p(1-p)}{n}} = \sqrt{\frac{62\% \times (1-62\%)}{150}} = 3.96\%$$

（2）不重複抽樣：

$$\sigma_p = \sqrt{\frac{p(1-p)}{n}\left(1-\frac{n}{N}\right)} = \sqrt{\frac{62\% \times (1-62\%)}{150} \times \left(1-\frac{150}{9,375}\right)} = 3.93\%$$

從例7.5看出，不重複抽樣的抽樣誤差小於重複抽樣的抽樣誤差。如果 N 很大時，兩種方法計算得到的抽樣誤差相差不大。

三、抽樣推斷

抽樣調查的目的是要用調查得到的樣本數據推斷總體的情況。在市場抽樣調查中推斷總體，即是用樣本指標（樣本平均數或樣本成數）推斷總體指標（總體平均數或

總體成數)。這種利用已知的樣本資料,對未知的總體作出估計的過程,就是抽樣推斷。

抽樣推斷的方法有點估計和區間估計兩種。

(一) 點估計

點估計是指在不考慮抽樣誤差的條件下,直接以樣本指標的數值作為總體的估計值。這種方法操作簡單,如果樣本的代表性足夠大,就有可能對總體作出比較接近實際的估計。但是點估計沒有考慮抽樣誤差,其結果的可靠程度有多大是無法知道的。

例 7.6　以例 7.5 為例,某城鎮居民家庭 9,375 戶,選取 150 戶進行調查得到彩電家庭普及率為 62%,用點估計方法推斷全集鎮居民彩電擁有量。

解:因為樣本的普及率為 62%,用點估計方法進行推斷,則認為全集鎮居民彩電家庭普及率也為 62%。全集鎮居民彩電擁有量為:$9,375 \times 62\% \approx 5,813$ 臺。

(二) 區間估計

區間估計就是在一定的把握程度下,根據抽樣指標和抽樣誤差範圍對總體指標估計值落入的區間範圍作出的估計。這種方法考慮了抽樣誤差、估計的可靠程度等因素的影響,計算結果可靠,靈活性比較強,是比較科學的推斷方法。抽樣推斷一般採用區間估計的方法。

1. 抽樣估計的置信度

抽樣推斷是概率推斷,因此在區間估計過程中,必須處理好抽樣誤差範圍與把握程度大小之間的關係。把握程度是指總體所有可能樣本的指標落在一定區間的概率,通常用 % 表示,取值範圍是 0~1。

將抽樣誤差標準化形成一個度量,稱為置信度,用 t 表示,例如說 1 個置信度,即 $t=1$,表示有 1 個抽樣誤差的大小;說 2 個置信度,即 $t=2$,表示有 2 個抽樣誤差的大小。數理統計理論證明,這種把抽樣誤差標準化形成置信度後,與抽樣推斷的可靠程度之間的關係,可以用正態分佈來描述,以正態曲線為中心,如果加減一個抽樣誤差($t=1$)的範圍,其把握程度為 68.27%(固定值);如果加減二個抽樣誤差($t=2$)的範圍,其把握程度為 95.45%(固定值)。這樣任何一個把握程度都可以查到對應的置信度 t 值。如幾個常用的把握程度 68.27%、90%、95%、95.45%、99.73% 所對應的 t 值分別是 1、1.65、1.96、2、3。

2. 市場隨機抽樣的區間估計

區間估計是統計推斷的常用方法,它是在考慮到抽樣誤差的情況下以樣本指標推斷總體指標的過程,同時必須聯繫到前面所講的抽樣誤差和置信度的關係。

區間估計可以用於樣本平均數推斷總體平均數,也可以用於樣本成數推斷總體成數。其推斷結果表現為樣本平均數(或樣本成數)加減抽樣誤差範圍的一個區間值,而不是一個固定點值。

(1) 用樣本平均數推斷總體平均數的區間估計公式為:

$$x - t\sigma_x \leq \bar{X} \leq x + t\sigma_x \quad (7.6)$$

式中：$\bar{X}$ 總體平均數；

$\bar{x}$ 樣本平均數；

t 置信度；

σ_x 抽樣平均數抽樣誤差 $t\sigma_x$ 為抽樣平均數的誤差範圍。

（2）用樣本成數推斷總體成數所謂區間估計公式為：

$$p - t\sigma_p \leq P \leq p + t\sigma_p \qquad (7.7)$$

式中：P 總體成數；

p 樣本成數；

t 置信度；

σ_p 抽樣成數的抽樣誤差；

$t\sigma_p$ 為抽樣成數的誤差範圍。

例 7.7 見例 7.5 資料，若把握程度為 95.45%，用不重複抽樣方法計算全鎮居民彩電擁有量的估計區間。

解：把握程度為 95.45%，則其相應的 $t=2$，前例知不重複抽樣方法的抽樣誤差 μ_p 為 3.93%。則全鎮居民彩電普及率的區間為

62% − 2×3.93% ≤ P ≤ 62% + 2×3.93%，即 [54.14%，69.86%]

故全鎮居民彩電擁有量的估計區間為 [54.14%×9,375，69.86%×9,375]，即 [5,076，6,549] 臺。

總的來說，這 9,375 戶居民對彩電的擁有量將會在 5,076 臺至 6,549 臺之間，這種推斷有 95.45% 的把握程度。

第四節　樣本容量的確定

樣本容量是指樣本單位的多少，在組織市場抽樣調查時樣本容量的確定是一個必須要解決的實際問題，它關係到樣本對總體的代表性，也關係到抽樣調查費用和人力的支出。抽樣數目太小會導致調查結果產生太大的誤差，不能保證樣本對總體的代表性，影響樣本對總體的推斷準確性和可靠程度；抽樣數目過大則會造成不必要的人力、物力、財力和時間的浪費，因此在抽樣調查中樣本的容量要適當，即選取必要的樣本數。必要的樣本數目是在事先給定的抽樣誤差範圍內所確定的，能夠反應總體特徵的樣本單位數。

一、確定樣本容量要考慮的因素

（一）根據調查目的確定樣本容量

市場調查研究的目的不同，對抽樣調查的精確度要求有所不同，即概率把握程度和抽樣允許的誤差範圍要求不同。把握程度和允許的誤差範圍一般由市場調查者根據調查目的事先確定的，然后根據問題所要求的概率把握程度和抽樣允許的誤差範圍來

確定樣本容量。一般把握程度要求越高，抽樣允許的誤差範圍越小，所必須抽取的樣本單位就相應地越多；反之，樣本單位數就相應地越少。

(二) 考慮總體性質和特點確定樣本容量

在分析市場現象總體性質和特點時，一般應從以下方面來考慮：

1. 總體規模的大小

在市場調查中，總體單位數用 N 來表示，總體規模越大所必須抽取的樣本容量一般就應相對加大。

2. 總體各單位之間的差異程度

即分析總體的標準差大小。在一定把握程度和允許誤差範圍要求下，總體的標準差越大，要求樣本容量也越大。

3. 抽樣的方式和方法

抽樣的方式和方法選擇不同，要求的樣本容量也會不同。例如總體內部存在不同類型，採取類型隨機抽樣方式抽取的樣本容量就比其他方法的少。

(三) 按市場調查條件確定樣本容量

在市場抽樣調查中還要考慮各種條件的限制。如果是人、財、物和時間比較寬鬆的條件下，調查者應以樣本能夠滿足研究問題的需要為基本出發點，可適當多抽取部分樣本；但在人、財、物和時間比較緊張時，在縮小樣本以達到節省費用和時間時，也應盡可能的滿足調查目的要求，保證調查結果的代表性。

二、樣本容量的計算

一般情況下，市場調查者根據調查目的事先確定概率把握程度和允許的誤差範圍，然后根據問題所要求的概率把握程度和抽樣允許的誤差範圍來確定樣本容量。概率把握程度與置信度 t 之間是一一對應的，抽樣允許的誤差範圍（用 $\triangle$ 表示）即為置信度 t 與抽樣誤差 μ 的乘積。樣本容量的計算公式就可以從允許誤差和抽樣誤差計算公式推導得到。

(一) 平均數的樣本容量的計算公式

1. 重複抽樣的計算公式

由於
$$\Delta_x = t\sigma_x = t\sqrt{\frac{\sigma^2}{n}}$$

故推算得到：
$$n = \frac{t^2\sigma^2}{\Delta_x^2} \tag{7.8}$$

式中：n 樣本單位數；
　　　σ 總體標準差；
　　　Δ_x 抽樣平均數的誤差範圍；
　　　t 置信度。

同樣可以推算平均數的不重複抽樣樣本容量的計算公式和成數的樣本容量的計算公式。

2. 不重複抽樣的計算公式

$$n = \frac{t^2\sigma^2 N}{N\Delta_x^2 + t^2\sigma^2} \quad (7.9)$$

式中：n 樣本單位數；

　　　σ 總體標準差；

　　　N 總體單位數；

　　　Δ_x 抽樣平均數的誤差範圍；

　　　t 置信度。

(二) 成數的樣本容量的計算公式

1. 重複抽樣的計算公式

$$n = \frac{t^2 P(1-P)}{\Delta_p^2} \quad (7.10)$$

式中：n 樣本單位數；

　　　P 總體成數；

　　　Δ_p 抽樣成數的誤差範圍；

　　　t 置信度。

2. 不重複抽樣的計算公式

$$n = \frac{t^2 P(1-P)N}{N\Delta_p^2 + t^2 P(1-P)} \quad (7.11)$$

式中：n 樣本單位數；

　　　P 總體成數；

　　　N 總體單位數；

　　　Δ_p 抽樣成數的誤差範圍；

　　　t 置信度。

例7.8 對一批產品進行耐用性能測試，採用重複抽樣方法。根據以往資料，耐用時間標準為50小時，概率把握程度為95.45%，平均耐用時數的誤差範圍不超過10小時。在這種條件下應抽多少只產品測試？又根據以往經驗，產品的合格率為90%，要求在99.73%的概率保證下，允許誤差不超過5%，問又需要抽取多少產品進行測試？

解：(1) 由已知 $\sigma = 50$ 小時，$\mu_x = 10$ 小時，概率把握程度為95.45%，得到 $t = 2$，則

$$n = \frac{t^2\sigma^2}{\Delta_x^2} = \frac{2^2 \times 50^2}{10^2} = 100 \text{（只）}$$

即必須抽取100只產品進行測試才能滿足要求。

(2) 由已知有 $P = 90\%$，$\Delta_p = 5\%$，概率把握程度為95.45%，得到 $t = 3$，則

$$n = \frac{t^2 P(1-P)}{\Delta_P^2} = \frac{3^2 \times 90\% \times (1-90\%)}{5\%^2} = 324 \, (只)$$

即必須抽取 324 只產品進行測試才能滿足要求。

第五節　對於敏感性問題的隨機化回答技術

在日常生活中，抽樣調查的應用是十分廣泛的。人們使用抽樣調查方法的目的是以樣本推斷總體，獲得對總體的一定認識。如果在抽取到的樣本中，數據產生無回應或不真實情況，則必會減少有效樣本量或使數據失真或不準，降低了數據的質量，達不到調查的目的，甚至會產生錯誤的結論。其中，引起抽樣的數據產生無回應或不真實情況的原因很多，就被調查對象而言，經常會發生因調查內容涉及敏感性問題而導致被調查對象不願意給予回答的現象。敏感性問題是指所調查的內容涉及有關商業秘密、個人隱私或政治態度等具有敏感性而不願或不便於公開表態或陳述的問題，例如在考試中的學生作弊現象，工商業者的偷稅漏稅問題，職工的隱性收入等問題就是一般人不願正面回答的敏感性問題。可以預見，在調查這一類問題時阻力很大，結果可能會被拒絕回答或者被調查者即使回答但給出並不真實的答案。這時，調查者可以設計一些專門的方案，以使被調查者既真實地做出回答，又不擔心洩露私人秘密。處理敏感性問題的方法眾多，基本思路大多基於消除被調查者心理防衛，對其隱私、秘密等形成有效保護。目前對敏感性問題處理方法的討論一般為隨機化回答技術。隨機化回答，是指在調查中使用特定的隨機化裝置，使得被調查者以預定的概率 P 來回答敏感性問題。這一技術的宗旨就是最大限度地為被調查者保守秘密，從而取得被調查者的信任。常用的模型為沃納隨機化回答模型和西蒙斯改進隨機化回答模型。

一、沃納隨機化回答模型

沃納隨機化回答模型是由 Warner 於 1965 年針對僅有「是」或「否」兩種回答的調查而設計的。它的基本思路是：由調查者事先製作 n 個外形完全相同的卡片（或紙條等），並將事先設計好的兩個截然相反的問題 A 與 B 分別寫在不同的卡片上（每張卡片只寫一個問題），使得寫有 A 問題的卡片所占的比例為 $P(P \neq 1/2)$，則寫有 B 問題的卡片所占的比例為 $1 - P$。調查時，將所有卡片充分搖勻，讓被調查者從中隨機抽取一張卡片，對卡片上所提的問題作「是」或「否」的回答。關鍵的是只有被調查者本人知道他究竟是回答哪一個問題，而調查員卻並不知道，因此他在這個敏感性問題中的態度不會被洩露，就能取得被調查者的合作。調查人員通過對所有調查結果的匯總，利用概率原理進行推算，可以得出總體中具有該特徵人數比例的估計值，從而實現調查的目的。因此在調查開始前，調查者必須向被調查者充分說明沃納方法的具體操作以及申明本調查是嚴格遵循沃納方法的。

例如某學校要調查本校學生在考試中是否發生作弊行為，隨機抽取了 n 個學生進行調查，對每個學生顯示了兩個問題：問題 A：「你曾有作弊行為，是嗎?」問題 B：

「你不曾有作弊行為，是嗎？」然後將一個事先寫好並充分搖勻的 n 個外形完全相同的卡片交給學生抽取，問題 A 與問題 B 的卡片張數比例分別是 P 和 (1−P)。讓被調查的學生隨機抽取一張卡片，注意抽取卡片時不向任何人顯示，即只有被調查的學生本人才知道他抽到的卡片上是什麼問題，不論抽到哪個問題都如實回答。容易瞭解，一個有作弊行為的學生，抽取問題 A 時，回答應該為「是」，抽中問題 B 時，問答應該為「不是」；沒有作弊行為的學生，他的回答正好相反。調查人員得到的回答只有「是」和「不是」兩種，但不知道是針對哪個問題做出回答，因而不可能知道被調查學生究竟是否有作弊行為，由此就確保了被調查學生的安全性。設作弊人數的比例為 π_A，則不作弊人數的比例為 $1-\pi_A$，抽取人數為 n，其中回答「是」的人數為 n_1，它既包括抽中問題 A 問答「是」的，也包括抽中問題 B 回答「是」的。於是回答「是」的人數比例為：

$$\frac{n_1}{n} = P\pi_A + (1-p)(1-\pi_A) = (2P-1)\pi_A + (1-P)$$

根據調查結果可以知道回答是的人數比例，而事先又知道問題 A 和 B 的卡片的概率，從而可以得出作弊人數的估計的比例（用 $\hat{\pi}_A$ 表示）為：

$$\hat{\pi}_A = \frac{n_1}{n}\frac{1}{(2p-1)} - \frac{1-p}{2p-1} \qquad 其中 p \neq 1/2。$$

$\hat{\pi}_A$ 的方差估計量為：

$$v(\hat{\pi}_A) = \frac{\hat{\pi}_A}{n}(1-\hat{\pi}_A) - \frac{p(1-p)}{n(2p-1)^2}$$

例 7.9 調查學校學生在考試中是否發生作弊行為，隨機抽取了 100 名學生進行調查，採用沃納方法，製作了卡片 A、B 向每個學生顯示了兩個問題：問題 A「你曾有作弊行為，是嗎？」問題 B「你不曾有作弊行為，是嗎？」問題 A 的卡片比例為 75%，問題 B 的卡片比例為 25%，調查完成後統計得到回答「是」的人數為 40 人，則曾有作弊行為人數的估計的比例為：

$$\hat{\pi}_A = \frac{n_1}{n}\frac{1}{(2p-1)} - \frac{1-p}{2p-1} = \frac{40}{100} \times \frac{1}{(2 \times 75\% - 1)} - \frac{1-75\%}{2 \times 75\% - 1} = 30\%$$

沃納在理論上證明了：在涉及敏感性問題的調查中，他的方法比直接提問調查的誤差要小。因此，這種方法在實際中仍被大量運用。

二、西蒙斯改進隨機化回答模型

沃納的方法雖比直接提敏感性問題好，但所提的兩個問題（如：你曾有作弊行為，是嗎？你不曾有作弊行為，是嗎？）都具敏感性，被調查者仍可能存有戒心，不予配合。而且，這個方法中問題 A 的比例不能等於 1/2。

為此，西蒙斯（Simmons）1967 年提出，如果將第二個問題改為與第一個問題毫無關係。如問題 A 仍為原來的敏感性問題，而把問題 B 換成與問題 A 無關的、毫無敏感性的問題，如您是三月生的嗎？調查過程仍採用沃納方法。這樣，被調查者的合作

態度可能會有所改進，調查的效果會更好。

例如仍然是要調查本校學生在考試中是否發生作弊行為，顯示的兩個問題為：問題 A：「你曾有作弊行為，是嗎？」問題 B：「你是三月出生的，是嗎？」其中回答問題 B 時答案為「是」的比例（用 π_B 表示）是已知的。仍按照沃納方法操作，則回答「是」的人數比例為：

$$\frac{n_1}{n} = P\pi_A + (1-P)\pi_B$$

由此作弊人數估計的比例為：

$$\hat{\pi}_A = \frac{\left[\frac{n_1}{n} - (1-p)\pi_B\right]}{P}$$

$\hat{\pi}_A$ 的方差估計量為：

$$V(\hat{\pi}_A) = \frac{1}{(n-1)P^2}\left(\frac{n_1}{n}\right)\left(1 - \frac{n_1}{n}\right)$$

例 7.10 調查學校學生在考試中是否發生作弊行為，隨機抽取了 100 名學生進行調查，採用西蒙斯方法，製作了卡片 A、B 向每個學生顯示了兩個問題：問題 A「你曾有作弊行為，是嗎？」問題 B「你是三月出生的，是嗎？」問題 A 的卡片比例為 75%，問題 B 的卡片比例為 25%，調查完成後統計得到回答「是」的人數為 40 人，調查前已知抽取的 100 人中生日在三月的人有 20 人，即回答問題 B 的比例為 20%，則作弊人數的估計的比例為：

$$\hat{\pi}_A = \frac{\left[\frac{n_1}{n} - (1-p)\pi_B\right]}{p} = \frac{\left[\frac{40}{100} - (1-75\%) \times 20\%\right]}{75\%} = 46.67\%$$

理論上可以證明西蒙斯模型方差相當小，精確度較高。但是實際操作中，隨機化回答技術在提高回答率，減小回答偏差方面的能力是有變化的，有時效果較好，有時效果不佳。一般調查問題的敏感性越強，被調查者對回答的保密性要求越高，隨機化回答的效果就越突出，而敏感性不強的問題調查效果不明顯；在較低素質的被調查者群體中，該技術效果不明顯；而在較高素質的被調查者群體中，該技術能夠發揮一定作用。即被調查者的個人綜合素質愈高，調查效果愈好。

上面所討論的有關敏感性問題調查建立在回答只有「是」與「否」兩種選擇的基礎上。在實際抽樣調查中，有些敏感性問題的回答可以有若干種選擇。此時的敏感性問題調查方案如何設計、如何作技術處理？還有待進一步研究。

三、使用隨機化回答技術應注意的問題

提出隨機化回答方法，目的是減少或消除被調查者在回答敏感性問題時可能存在的疑慮，與調查員充分合作，完成對敏感性問題的調查。為了使這種方法更好地發揮作用，在具體應用時需注意以下幾方面問題：

（1）要求調查人員能夠充分理解這種方法，才能向被調查者解釋清楚該方法是如

何保護被調查者的個人隱私的，以取得他的信任和合作。如果被調查者對這種方法不瞭解，仍然存在顧慮，調查時不提供真實的情況，再好的方法也沒有發揮作用。同時，由於在中國目前的社會經濟調查中隨機化回答方法使用並不多，廣大的調查人員和被調查者對這種方法還不瞭解，因此，如果採用，就必須認真做好調查人員培訓。還有諸如問卷的記錄、隨機化裝置（例如卡片）的使用都應在對調查人員的培訓中介紹清楚。

（2）為了進一步消除被調查者的顧慮，應當允許被調查者在正式調查前檢查卡片，瞭解調查人員的記錄方式，使其相信這種方法並沒有做騙人的內容。調查人員可先作示範，使調查者真正明白該怎樣回答，否則，一旦調查開始，就不可能再提疑問了，因為這樣做就會暴露他是在問答什麼樣的問題了。

（3）如果使用西蒙斯模型，要注意選擇無關的非敏感性問題。調查設計者要考慮到，既要能夠知道無關的非敏感性問題的總體比例，又要使調查人員無法判別被調查者在回答哪個問題。例如，在前面調查學生考試作弊的例子中，如果非敏感性問題為「我是三年級的學生」。雖然三年級學生比例已知，但如果調查人員是該校老師，知道被調查學生是否為三年級學生，這個非敏感性問題就起不到掩護作用了。再如，如果非敏感性問題為「我是女生」，如果被調查者是個男生，就排除了非敏感問題中回答「是」的可能，這樣，當他抽到敏感問題時也不敢回答「是」。此外，非敏感性問題必須簡單明瞭，防止產生歧義，使每一位被調查者都容易理解和問答。

目前，隨機化回答技術在中國調查中的應用還不多，有待在實踐中不斷總結和研究。還需強調的是，作為一名調查人員還應掌握一些心理學、社會學的知識，並將其應用於敏感性問題調查之中。雖然敏感性問題調查在中國才剛剛起步，但我們有理由相信，只要我們在實踐中不斷地總結和研究，敏感性問題調查技術將會日益完善，敏感性問題的調查水平定會不斷提高。

本章小結

1. 抽樣調查是一種從全體調查對象（總體）中抽取部分對象（樣本）進行調查研究，用所得樣本結果推斷總體情況的調查方式。抽樣調查的目的只有一個，就是要盡可能得到可靠的樣本數據去推斷總體情況。

2. 抽樣調查只調查總體中的一部分對象，能節省人力、物力和財力；抽樣調查可以用部分現象的結果比較準確地推斷全部現象；抽樣調查可以節省時間，提高調查的時效性。

3. 抽樣技術是指在調查時採用一定的方法，抽選具有代表性的樣本，以及各種抽樣操作技巧和工作程序等的總稱。一般可分為非隨機抽樣技術和隨機抽樣技術兩類。非隨機抽樣技術又稱立意抽樣，指從調查對象總體中按調查者主觀設定的某個標準抽取樣本單位的調查技術。常見的非隨機抽樣方法有任意抽樣法、判斷抽樣法、配額抽樣法和推薦抽樣法。隨機抽樣技術又稱概率抽樣，指從調查對象總體中按照隨機原則

抽取一部分單位作為樣本進行調查研究，並用樣本調查的結果來推斷總體的抽樣技術。隨機抽樣技術的具體方法有簡單隨機抽樣、等距隨機抽樣、類型隨機抽樣、整群隨機抽樣、多階段隨機抽樣。要根據實際情況從眾多抽樣方法中選擇最可能獲得準確數據、調查誤差盡可能小的抽樣方法。

4. 抽樣誤差指隨機抽樣中樣本指標與總體指標之間的差異，是在不違背抽樣的隨機原則的情況下必然會出現的誤差。抽樣誤差是抽樣調查中固有的代表性誤差。雖然這種誤差無法避免，但抽樣誤差能夠事先計算並控制。影響抽樣誤差大小的因素主要有：①總體各單位之間的差異程度；②樣本單位的數目；③抽樣方法和組織形式。

5. 抽樣推斷是利用已知的樣本資料，對未知的總體作出估計的過程。抽樣推斷一般採用區間估計的方法。

6. 樣本容量是指樣本單位的多少，樣本容量的大小關係到樣本對總體的代表性，也關係到抽樣調查費用和人力的花費。樣本容量的確定應考慮以下因素：①根據調查目的確定樣本容量；②考慮總體性質和特點確定樣本容量（主要包括總體規模的大小；總體各單位之間的差異程度；抽樣的方式和方法）；③按市場調查條件確定樣本容量。

7. 敏感性問題是指所調查的內容涉及有關商業秘密、個人隱私或政治態度等具有敏感性而不願或不便於公開表態或陳述的問題。對敏感性問題處理方法的討論一般為隨機化回答技術。隨機化回答，是指在調查中使用特定的隨機化裝置，使得被調查者以預定的概率 P 來回答敏感性問題。常用的模型為沃納隨機化回答模型和西蒙斯改進隨機化回答模型。

思考題

1. 什麼是抽樣調查？其特點有哪些？抽樣調查適用於哪些情況？
2. 抽樣技術有哪些類別？每類有哪些具體方法？怎樣開展？每種方法分別適用於什麼方面的市場調查？
3. 什麼是抽樣誤差？如何計算？
4. 什麼是抽樣推斷？怎樣採用區間估計的方法進行抽樣推斷？
5. 樣本容量怎樣確定？
6. 敏感性問題的隨機化回答技術模型有哪些？使用時要注意哪些問題？

案例分析

請看以下兩個例子：

1. 喬治‧蓋洛普1901年出生於美國艾奧瓦州，1983年去世，享年82歲。他的一生是在向人們提問題的過程中度過的。蓋洛普是現代民意調查研究的創始人之一，他創立的許多民意調查方法和方式到今仍被人們應用。他對民意調查的興趣始於20年代，讀書期間他就通過雜誌和報紙調查讀者對不同問題的興趣，蓋洛普的博士論文的題目就是《確定讀者對報紙內容興趣的客觀方法》。1930年蓋洛普發表了一篇重要的

文章，題為《用科學方法而不是猜測來確定讀者的興趣》。1932年，蓋洛普的岳母作為民主黨的候選人在艾奧瓦州競選州務卿，在此之前，艾奧瓦州較高的公職一直都由共和黨人把持，因而人們大都猜測他的岳母會落選，但蓋洛普沒有憑猜測，而是運用他創立的方法進行科學的民意調查，結果發現艾奧瓦州選民對他的岳母的支持率超過對她的共和黨對手的支持率，蓋洛普於是預測說，他的岳母會獲得選舉的勝利，選舉的結果證明蓋洛普應用科學的調查得出的預測是準確的。這樣，這次民意調查就成為了美國政治史上第一次科學的民意調查。受這次成功的激勵，蓋洛普在1935年成立了美國民意調查研究所，從此與民意調查結下了不解之緣。蓋洛普民意調查一般隨機調查的人數是1,000人左右。蓋洛普認為，隨機性是民意調查的基礎，只有真正隨機地選擇被提問的人，才能確保每一個人都有機會被提問，也就確保了提問結果能真正反應公眾的民意。蓋洛普的研究顯示，在任何一個特殊場所，如商店、體育館、火車站等地找到的人都不能完全代表所有的人，只有去人們家裡向人們提問才能確保被提問的人代表了所有的人。從20世紀30年代到80年代中期，蓋洛普民意調查研究所的調查員主要是在美國各地按照隨機抽樣的名單去每個人家裡面對面的提問。在這50年的時間裡，蓋洛普民意調查研究所對12次美國總統選舉的調查顯示，蓋洛普民意調查的準確率非常高。

2.《文學文摘》成功地預測了1924年、1928年和1932年美國總統的選舉結果，使其名聲大振。《文學文摘》的方法創新在於將局部性民意測驗推廣到全國。其抽樣調查的樣本框來源於電話號碼簿上和汽車登記記錄，但是在1936年時，《文學文摘》卻做出了錯誤的預測。當時《文學文摘》共發出2,000多萬張選票，收回237萬張選票，並且根據統計結果宣布：蘭登將擊敗羅斯福！但投票結果是，羅斯福以2,775萬票贏得了46個州，比對手蘭登多1,107萬張選票，選舉人票是523票對8票。這次預測的失敗也使《文學文摘》的信譽一落千丈，不久即宣告破產。為何《文學文摘》做了這麼大規模的調查，反而沒有取得滿意的結果呢？該刊從電話號碼簿和俱樂部會員名冊上挑選了過多的訪問對象，這樣做在工作上帶來方便。如果要在全國範圍內用隨機的方法挑選訪問對象，則麻煩要大得多。但在1936年，美國家庭裝的電話機只有1,100萬部左右，因此有家用電話者，尤其是有條件參加某種俱樂部的人，大多是經濟上較富有、政治上保守而傾向共和黨的選民。當時正值1929—1933年經濟大蕭條過去不久，較貧困的階層人數不少，與蘭登相比，羅斯福推行的新政較多地考慮了較貧窮的階層，包括當時多達900萬人的失業者的利益。該刊擬訪問對象為2,000萬人，相信在這個龐大的樣本中，美國社會各階層的代表性會好些。但只有200多萬人寄回了對問題單的回答。較富有的人，對當時現實持比較滿意態度以及文化水平較高的人，做出回答的可能性要大些，這個傾向有利於共和黨。這一點曾在芝加哥地區得到證實：該刊向芝加哥地區1/3的登記選民發了問題單，有20%的人做了回答，其中半數以上有利於蘭登。但實際結果是：在芝加哥是以2：1的優勢有利於羅斯福。

問題：

（1）為什麼同樣是預測總統選舉，蓋洛普民意調查的人數只有千人左右而能得到正確結論，《文學文摘》依據200多萬人的調查結果卻預測失誤呢？

（2）民意調查預測總統選舉結果，運用什麼樣的抽樣方法更好？

實訓題

假如學校總務處請你調查學校食堂的膳食情況，以便進行科學的管理。請你擬訂一份抽樣調查方案。

提示：方案中應包括調查目的、調查對象、調查規模、樣本容量的確定、抽樣方法的選擇等內容。

第八章 調研的組織與實施

本章學習目標：
1. 瞭解調研行業的結構和分工
2. 討論怎樣培訓現場調研人員
3. 討論怎樣運用踏腳入門技術
4. 瞭解現場提問的主要原則
5. 討論現場調研的監督和管理

在調研現場進行調查和訪談很少是由調研項目設計人員親自執行的，但這並不意味著現場調研工作不重要，相反，它是調研項目成敗的關鍵！我們要選擇能夠勝任現場調查的訪問員，給他們提供正規的培訓，指導並監督他們完成調查訪談，這樣才能確保實現調研項目的目標。

大量的現場調查工作是由精通數據收集的專業調研公司實施的，有時調研公司又將現場調研轉包給現場服務公司。有若干現場訪談服務組織和全部調研代理商，實施收費的門到門調研、中心場所電話採訪和其他形式的現場調研。這些代理商通常雇用現場監管人員、培訓調研人員編輯在現場完成的問卷，通過電話或再接觸一定比例的被調研人，以確認採訪已被實施。

那麼項目負責人是親自招募現場訪問員呢，還是委託專業調研企業？如果是後者，那麼專業調研企業是否會又將現場調研轉包給其他現場服務公司呢？如果發生了再次轉包，那麼對調研項目有何影響？要理清這些問題，就需要瞭解市場調研行業的結構。

第一節 市場調研行業

市場調研行業的結構見圖8.1。該圖顯示了以問卷調查為基礎的調研過程的4個層次。處於層次1和層次2的企業是行銷調研數據的最終消費者，即信息使用者。他們需要的信息取決於消費者個人或者企業裡進行購買決策的人，即應答者。處在層次3的企業是調研設計者和提供者，處在層次4的企業是數據收集者。

一、市場調研行業的結構

（一）層次1：主要的信息使用者（企業行銷部）

處在層次1的組織是行銷調研數據的最終使用者，這些數據是由其行銷調研部門

提供的。這些機構的主要任務是銷售產品和服務。他們利用行銷調研數據來支持行銷決策，需要連續的市場調研數據來：

(1) 明確各目標顧客群將對不同的行銷組合做出何種反應。
(2) 評價實施中的行銷戰略的成效。
(3) 評估外部或不可控環境的改變及其對產品或服務戰略的意義。
(4) 識別新的目標市場。
(5) 為新目標市場創造新的行銷組合。

圖 8.1 表明，這些公司及其行銷調研部門可能會同時使用定制調研機構和辛迪加調研公司。也可能直接去找廣告代理，還可能使用所有類型的調研機構或部分機構來滿足行銷調研的需求。

(二) 層次 2：信息使用者（廣告代理商）

廣告代理商（層次 2）處在為企業客戶服務的位置，但是他們也可能是行銷調研數據的最終消費者。廣告代理的主要業務是廣告活動的設計與實施。為準確地完成任務，他們通常需要行銷調研數據。他們可能從定制調研機構以及辛迪加調研公司那裡獲得數據，也可能從現場服務公司那裡獲得，或者使用其他一些組織。

(三) 層次 3：調研設計者和提供者

定制及辛迪加行銷調研公司（層次 3）代表了調研行業的最前沿。他們提供調研服務、設計調研調研日報告、分析結果並向客戶提供建議。他們設計並組織實施調研方案，購買、收集數據，或接受下列其他司提供的服務（見圖 8.1）。

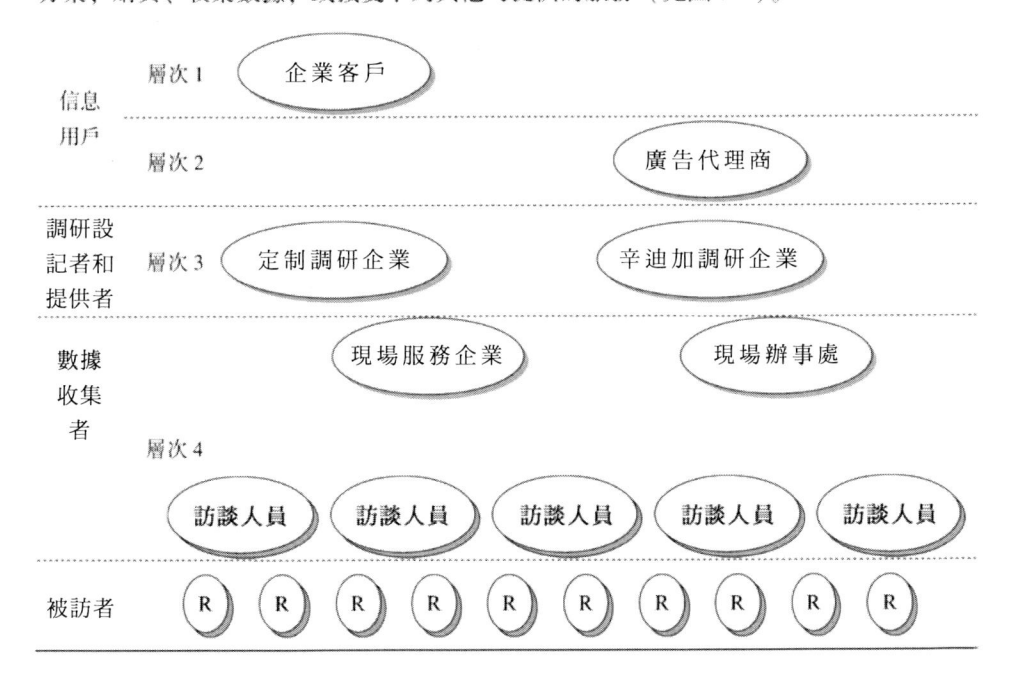

圖 8.1　市場調研行業的結構

(四) 層次4：數據收集者

現場服務公司（層次4）是為辛迪加調研公司、定制調研公司、廣告代理商和企業收集數據的。以往，現場辦公室由定制調研機構或辛迪加調研公司經營，從事數據收集。但是，今天這種情況已經很少見了，大多數定制調研機構和許多辛迪加調研公司依靠現場服務公司來滿足收集調查數據的需求。層次4中的採訪者是實際數據的收集者，他們大都是兼職的，以隨叫隨到的方式工作並同時為幾家不同的現場服務公司服務。

對應答者或潛在購買者的意見、意圖、行為等進行測量是調研的基本目的。潛在購買者感覺如何、想些什麼以及打算做什麼等，都是整個市場調研行業所關注的問題。

二、企業行銷調研部

企業是大多數市場調研的最終消費者和發起者，所以，理解行銷調研如何運作的邏輯起點應該是企業。多數大公司都有自己的調研部門。一些公司把市場調研和戰略計劃部結合起來，而另一些公司則把市場調研與客戶滿意度相結合。實際上，幾乎所有的包裝類消費品製造商都設有行銷調研部門。

行銷調研部門的規模一般都相當小。最近的一項研究發現，在聯邦捷運公司和三角洲航空公司等服務企業中，擁有10人以上的行銷調研部門的企業占15%；在製造業企業中，擁有10人以上的調研部門的企業有23%。由於兼併和再造工程的實施，調研部門的規模逐漸呈縮小趨勢。調研部門的經理們不希望繼續縮減人員。令人欣慰的是，大約有一半的調研部門經理希望能不斷增加他們的預算。企業行銷調研部門規模縮小和預算持續增加意味著，企業自己開展調研的比例在逐漸減少，更多的資源流向了調研提供者。通常，小企業行銷調研部門的員工充當的是企業內部的調研使用者與外部提供者之間的媒介。

我們不可能涉及所有類型的行銷調研部門，所以把重點放在那些更為複雜和大型的企業。在這些公司中，調研部門是企業的參謀部門，要向最高行銷經理負責。雖然調研部門要向上一級部門匯報工作，但其工作實際上主要服務於產品或品牌經理、新產品開發部經理和其他一線部門的經理。除了將各種可以重複的調研編入公司的行銷信息系統外，行銷調研部門通常不會發起調研項目。事實上，調研部經理可以控制的實際預算很少或者幾乎沒有。相反，直線部門的經理倒會把他們的一部分預算用於調研。

當品牌經理認識到有問題需要調研時，他們便會去行銷調研部門尋求幫助。通過與行銷調研經理或者高級分析專家合作，設計和實施市場調研項目的步驟。

三、市場調研行業

(一) 大型市場調研公司

儘管市場調研行業的基本特徵是存在成百上千個小公司，但在這個行業還是有一些大企業，比如AC尼爾森公司。尼爾森公司主要為日用雜貨、保健品和美容用品及其

他易耗與耐用消費品的製造商和零售商提供消費者購買行為測評及相關行銷調研。此外，該公司還測評促銷效果，並提供來自家庭調查的信息服務、零售場地管理軟件和地理人口統計特徵方面的服務。

(二) 定制或專業調研公司

如前所述，定制或專業市場調研公司的主要業務是為企業客戶開展定制的、非重複性的行銷調研項目。如果一家公司產生了新產品或服務的想法、包裝的想法、廣告創意、新的定價策略和產品配方或者其他有關的行銷問題或機會，那麼，定制調研公司可以為其提供調研幫助。這樣的定制市場調研公司有成千上萬家，其中絕大多數規模較小。他們可能只為當地客戶服務，可能是也可能不是專門從事某一行業或某一類型的調研。

(三) 辛迪加服務企業

與定制調研公司形成強烈對比的是辛迪加調研公司，即為很多企業收集並提供相同市場調研數據的公司。每個人都可以購買由這些公司收集、整理、提供的數據。辛迪加服務企業的數量相對較少，與定制調研公司相比，規模相對較大。他們主要處理有關大眾媒體觀眾以及產品變動方面的數據，提供很多公司同需要的信息。例如，不少企業都在電視網中做廣告，此時面臨的決策是要選擇一個能最有效抵達目標客戶的電視節目。為此，需要瞭解不同電視節目觀眾的數量和構成等方面的信息。如果每個公司單獨收集些數據的話，無疑是很浪費的。

在全部調研費用中，辛迪加調研占31%其余的為定制調研。大約有一半的調研費用用於定制的定量調研，19%用於定制的定性調查。

(四) 現場服務公司

一家真正的現場服務公司除了收集數據外不做任何其他業務，既不進行調研設計也不進行分析。現場服務公司是數據收集專家，根據轉包合同為企業的市場調研部門、定制調研公司和廣告代理商的調研部門收集數據。

下面對典型的現場服務公司所從事活動的描述有助於我們瞭解這類公司的運作：

1. 客戶接觸

定制調研公司、辛迪加調研公司、企業或廣告代理機構的調研部門等客戶提醒現場服務公司，他們需要進行某種特定類型的調查（如電話採訪、郵寄問卷調查等）。

2. 調查者培訓

工作開始時，要進行培訓或通報，讓採訪者熟悉具體工作或調查表的要求。

3. 調查進展報告

每天向客戶提交報告，說明進展情況、已完成的採訪數量及發生的費用。這樣，客戶可以瞭解工作是否按計劃進行以及是否在預算內；現場服務企業可以就任何方面存在的問題向客戶提出建議。

4. 質量控制

調查人員提交他們完成的工作，然后對調查進行校對和核實。（校對是指檢查調查

是否正確地得以完成；核實指給一定比例的被調查者打電話，以瞭解調查是否做了，是否是按預定的方式進行的。)

5. 向客戶提交最終結果

最後，將完成的並且經校對和核實的調查結果提交給客戶。

現場服務企業提供調查和監督服務。絕大多數定制調研公司要依賴現場服務公司，因為他們自己要從事這些工作的話，在成本上不劃算。城市太多難以全部覆蓋，因此，很難確定應調查哪些城市。但是，位於某城市的現場服務公司却可以從調研公司和企業及廣告代理機構的行銷部門等獲得穩定的業務量。

(五) 專項服務和輔助性企業

最後，在市場調研行業還有很多專項服務或輔助性企業，他們為市場調研公司及其他公司提供各種類型的輔助性服務。

1. 數據處理

首先是那些提供各種計算機和數據處理服務的企業。這些企業拿到完成的問卷後，進行校對和編碼，錄入數據，然後進行客戶要求的表格及其他分析。隨著計算機技術的發展，這類企業正在很快從市場中消失。

2. 提供樣本

專項服務企業涉及的第二個領域是提供樣本。有些公司為他們的客戶提供家庭和企業樣本。他們擁有包含數以百萬計的家庭和企業信息的數據庫，從中可為客戶提供所需的樣本。

3. 二手資料

第三個專項服務領域是提供通過計算機獲取專門化數據庫信息的渠道。二手資料公司提供了通過在線計算機網路得到數據的方法，或者用軟件提供給客戶想要的數據，這樣，客戶就可以在自己的個人電腦上處理數據。

4. 統計分析

隨著複雜統計方法使用的增多，一種新型的市場調研輔助企業，數據分析專家出現了。它們為市場調研公司和企業的市場調研部門提供用於市場調研數據分析的各種統計方法的選擇和使用等方面的諮詢服務。

(六) 其他組織和個人

其他一些組織和個人雖然不一定真正處於市場調研行業，但他們仍為其做出了特殊貢獻。這主要包括：各級政府機構、大學的經濟調研部門、作為市場調研顧問的大學教授、隸屬於各種行業團體及其他機構的調研單位。在所有這些機構和個人中，除大學教授以外，其他均是市場調研行業最有價值和最有用的數據來源。大學教授，主要是那些從事行銷調研顧問工作的市場行銷系教授，能夠為企業的市場調研部門和沒有行銷調研能力的公司、定制調研企業等提供他們所需要的聰明才智。

第二節　培訓調研人員

如果調研項目設計者決定不委託專業調研企業或現場服務公司，那麼他需要親自招募現場訪問人員。一般來說，調研人員應該健康、喜歡外出、態度友好、良好的修飾和衣著。現場調研可能是艱辛的，調研人員從一個房間走到另一個房間，或一天在商場中站四個多小時。所以，調研人員最好選擇身體健康、年齡在 18～35 歲之間的人。採訪過程中的一個關鍵部分是與被訪者建立良好的關係，因此喜歡與陌生人談話是調研人員的基本素質。另外，現場調研人員的親和力也很重要，假定一個男性調研人員，身穿骯髒的 T 恤，訪談對象是高收入鄰居。被訪人可能考慮到調研人員的懶散而不願配合。

現場調研人員通常是按小時計費或計件的兼職員工。人員徵募和遴選後，必須對他們進行培訓。培訓目標是確保所有現場調研人員對數據收集工具的管理是一致的，培訓項目一般包含下列題目：
（1）如何接近受訪者；
（2）如何提問調研問題；
（3）如何探索；
（4）如何記錄回答；
（5）如何結束採訪。

一、接近受訪者

培訓調研人員應進行適當的開場陳述。例如：「下午好，我叫小王，來自××調研公司。我們正在進行一項關於牛奶的調研。希望得到您的看法。」說出自己的名字使自己更有親近感，調研人員可以帶一封證明信或一個身分證，這將表明調研是一項真實的調研項目而不是推銷產品的來訪。調研代理商的名稱是向受訪者保證調研人員是可信的。

有些調研手冊建議避免提出關於採訪允許的問題，諸如：「我可以進去嗎？」和「你在意回答幾個問題嗎？」有些時候他會拒絕參與採訪或陳述拒絕採訪的理由。調研人員應該發出指示控制異議。例如，如果受訪者說：「我現在很忙。」調研人員應該做出反應「你今天下午 4 點時在家嗎？我很願意那時再來。」另有一些情況客戶公司不願意觸犯任何個人。這些情況多發生在電信企業或其他口碑不好的壟斷企業，它們對公眾形象很敏感。

踏腳入門技術有助於採訪成功。踏腳入門技術是指，受訪者先接受了一個較小的要求後，還更容易接受一個較大要求。期望受訪者接受一個較小的電話採訪後（很少有人拒絕這樣的小要求），將會接受第二個要求，填寫一個較長的問卷。

二、提出問題

採訪的目的是使調研人員提出問題並記錄受訪者的回答。提問問題需遵循以下五個主要原則：

(1) 完全按照問卷中的文字表述進行提問；
(2) 很慢地讀每一個問題；
(3) 按照在問卷中出現的順序提問；
(4) 不要遺漏任一問題；
(5) 重複不清楚或誤解的問題。

雖然通常以這些程序培訓調研人員，但是在現場工作時許多調研人員並不遵守這些準則。沒經驗的調研人員可能不懂嚴格遵守原則的重要性。當工作很單調時，有的職業調研人員會耍小聰明走捷徑：憑自己對問題的記憶而不是問卷的內容來陳述，結果無意識的縮短問題。即使是文字稍微變化也可能扭曲意思，從而引起調查偏差。

如果受訪者不懂某個問題，他們通常要求某些闡述。推薦的程序是重複問題，或如果這個人不懂某個詞，比如問題「你認為原子能是一個安全的能源嗎？」中的原子能，調研人員常常給出自己的定義，即興闡述。他們本人的解釋可能包含帶有偏差的詞彙。調研人員這樣做的原因之一是現場監管人員有一個獎勵完成問卷的人的傾向。他們不願意看到調研人員留有空白問題。

三、引導

當受訪者沒有回答、回答不完整或回答不清楚需要進一步澄清時，調查人員要學會引導。調研人員必須用沒有隱含自己觀點和態度話語來鼓勵被採訪者，讓他進一步闡述自己的回答。在被採訪者開始跑題的情況下，引導也是必要的。在這種情況下必須將被採訪者引導回採訪的特定題目上，以避免不切題和不必要的信息。

調研人員有幾個可以根據情形選擇的引導技巧。

(一) 重複問題

當被採訪者因為不懂問題或不知道如何回答，完全保持沉默時。在這種情況下，僅僅重複就能鼓勵被採訪者回答。例如，如果問題是「有什麼使你不喜歡你的監管人員的？」被調研人不會回答，調研人員可以引導：「想一下，有什麼東西使你不喜歡你的上司？」

(二) 一個預期的停頓

如果調研人員認為被採訪者還有想說的，「緘默引導」再加上預期的目光，可能激勵被採訪者整理他的思想，然后給出完整的回答。當然，調研人員必須對被採訪者的狀態很敏感，才能不至於使緘默引導變成尷尬的沉默。

(三) 重複被採訪者的回答

當調研人員記錄回答時，他可以逐字地重複受訪者回答。這樣可以激勵受訪者展開他的回答。

（四）詢問中性問題

詢問一個中性問題有助於弄清被訪者的模糊回答。如果調研人員認為受訪者的動機應該闡明，他可以提問「為什麼你會那樣感覺？」如果調研人員感到有必要闡明一個單詞或短語，她可以提問，「你用××詞是什麼意思？」

總之，引導提問的目的是鼓勵回答，它應該是中性的沒有引誘性。

四、記錄回答

雖然記錄回答很簡單，但是在調研的記錄階段仍可能產生錯誤。所有現場工作人員應該使用相同的記錄技巧。例如，對於調研人員是使用鉛筆還是鋼筆好像不重要，但是將難辨認字擦掉重新寫好的整理人員，用鉛筆是非常重要的。

一般規則是在格子中標記正確反應受訪者回答的記號。調研人員經常不在意記錄暫時跳過的問題，因為他們認為後面的問題可以回答所跳過的問題。但是，編輯和編碼人員不知道受訪者實際是如何回答問題的。

記錄開放式問題的回答的一般原則是逐字記錄回答，對大多數人來說這是很困難的一項工作。在派沒經驗的調研人員去做現場調研之前，應該給他們練習逐字記錄回答的機會。

調研中心的調研人員手冊提供關於採訪記錄的詳細指示。其中有些是為記錄開放式問題記錄回答的建議：

(1) 在採訪時記錄回答。
(2) 使用受訪者自己的語言。
(3) 不要綜合或解釋受訪者的回答。
(4) 包含適合問題目的的所有內容。
(5) 包含所有你的引導語句。

五、終止採訪

調研培訓的最後是指導調研人員如何結束採訪。現場調研人員不應該在所有有關的信息落實之前結束採訪。匆忙離開的調研人員不可能記錄那些受訪者有時在所有正式問題問完後自發的評論，避免匆忙離開也是必要的禮貌。

現場調研人員還應該盡量回答好受訪者提出的關於調研目的的問題。因為在將來某個時間現場調研人員可能需要再次採訪受訪者，他應該給受訪者留下合作良好的感覺。感謝受訪者的合作也是非常重要的。

第三節　進行調查

培訓完現場調研人員後，調研人員就要開始工作了，首先要尋找被訪者並讓他們參加。

一、聯繫被訪者

第一項任務是聯絡上被訪者。這一般是直接的事情：得到最可能的名單，聯繫潛在的被訪者。在消費者電話調查中，接近各個被訪者只是需要堅持的事情。正如前述，最初在家中尋找人的努力可能失去大多數潛在被訪者。只要接著打電話，遲早你會發現許多在家的人。

在消費者郵件調查中，接近採訪者主要是名單質量的事。一份過時的目錄可能有過多的無用地址，會導致問卷寄不過去。

二、鼓勵參與

繁忙的人一般會拒絕接受市場調查，若有空閒的話，人們就很有可能接受調查，但是，不管在哪種情況下，是否接受調查都與訪談人員的堅持程度、誠懇度有關。

在面對面訪談和電話訪談中，採訪者的態度和技巧最終決定一個搖擺不定的被訪者是否參與調查。在郵件調查中，合作是由與問卷一起發過去的說明信、問卷本身和金錢刺激決定的。

在每一個調查組織中，不同的採訪者獲得的合作程度差別很明顯。一些採訪者幾乎從不會遭到拒絕，其他人則相反。作為一般規律，新手獲得的合作率遠低於有經驗的採訪者。一些調查組織利用有最高合作率的採訪者作為專家，把人們拒絕參與變為接受訪談。工作成果較少的採訪者盡可能得到多的訪談量，他們得不到的那些人轉向了可以讓他們參與的那些專家。當然，這種重複進行會浪費金錢。

針對面對面訪談或電話訪談，人們有時會問，是不是給被訪者報酬會增加合作率。對於個人調查或電話調查消費者，一般回答是「不」。然而，在下列情況下付給被訪者報酬確實增加了合作機會：

（1）被訪者被要求到訪談中心參加訪談；
（2）被訪者要求完成一定的工作，如寫日記；
（3）被訪者參加重複的訪談；
（4）被訪者期望為他們花在訪談上的時間得到報酬。

增加調查參與率一般要增加費用。增加參與率的方法包括強有力地尋找較難確定或招募的被訪者。這一努力可以減少樣本偏差，但它無疑增加了費用。

在任何給定的調研中，這些努力是否能得到回報最終依靠調研人員的判斷。儘管我們給不出總的原則，但還是能一些有益的建議：

對於電話調查中提高調查參與率，執著的撥打電話會起到很好的作用。若要提高被訪問者的比例就需要多打幾次電話，有時甚至要打十次或更多次電話。

打三到六次電話在消費者調查中更常見。如果不再次回打電話，樣本將偏向於那些花更多時間在家中的人。如果不使用回打電話的方式，就要用年齡、性別和就業狀況等指標來嚴格控制樣本組成。

對於是否需要努力把最初的拒絕者轉變成為接受者，依賴於調研目的和項目資源。調研經理經常會設定一個可接受的合作水平，調查組織做預算來保證這一水平。對於

許多行銷調研調查，這種合作水平設定在60%。只有需要拒絕者的回答以取得期望的合作率時，才和他們聯繫。

三、監督採訪者

訪談監督者的任務是為了確保能正確地收集數據。在訪談期間應該有監督者，以便他們能回答採訪者可能有的任何問題。他們也應該監督訪談的工作，如果需要的話，再培訓採訪者。在某些情況下，如果一個採訪者的工作做得很差，監督者可能不得不終止雇用。

（1）在集中的地方，如購物中心或電話室，進行監督最容易。在採訪者或被訪者不知道訪談被監督的情況下，監督者能聽到訪談過程。在計算機輔助的電話訪談（CATI）系統中，監督者也可以看到和採訪者觀看的計算機屏幕內容一樣的屏幕。這樣，如果採訪者說的話或從鍵盤輸入的內容出了差錯，監督者馬上就知道了。在訪談過程中，監督者不應打斷，但在訪談結束後，他可以與採訪者討論案例，並糾正問題。

（2）在購物中心攔截訪談中，監督者可以觀察訪談過程，但直到訪談結束才知道採訪者寫的東西。他們可以檢查問卷中可能出現的錯誤。對於監督者來說，在訪談的大部分過程中參與是一種好的選擇。

（3）監督者參與也成為防止採訪者編造訪談結果的一種質量控制措施。這樣的編造行為也稱作「路邊石」。這一術語來源於行銷調研的早期階段，在這一階段，室內訪談很普遍：一些採訪者坐在路邊，填寫問卷，而不是去敲門。

不管調查是否在集中的地方進行，採訪者的作弊行為會受到訪談真實性驗證程序的控制，監督者隨機抽查被訪者，對其進行回訪。知道訪談要被抽查是制止作弊行為的強有力的手段。

四、實施訪談

一個好的調查採訪者是一個「任務導向型」的人，喜歡與人打交道，人際關係和諧。和諧關係的重要性在於使被訪者確信自己的回答是重要的，並把這些答案放心地交給一個陌生人。然而，採訪者不應該成為被訪者的朋友。親密的關係使得被訪者認為把自己好的一面展示給採訪者更重要，這樣會導致答案不太精確。被訪者應該感覺到採訪者關心的是他們是否回答了問題，而不是他們給了什麼答案。採訪者既要熱情，又要避免熱情過度。應該避免與被訪者過多的交談，並對他們的答案既不要表示讚同也不要表示不讚成。

（1）一些被訪者會猶豫是否參加調查。一個好的採訪者將利用他對這些人的熱情，在需要時，解釋調查的目的和抽樣的科學性，總之，盡力勸說他們參加並完成調查。

（2）一些被訪者可能對一些問題感到不自在，例如關於他們收入的問題，對回答問題有些猶豫。一個好的採訪者處理這些問題時，就好像它們是世界上最普通的事情，他不應該在意給什麼答案。

（3）一些被訪者說起話來就漫無邊際。採訪者要利用被訪者的第一次停頓，把話題轉回到訪談上，當然不能讓被訪者感覺到明顯的催促。

（4）即使在採訪者念完問題前被訪者就開始回答，採訪者也要讀完整個問題和所有回答選項，被訪者在聽到整個問題后，有可能改變他們的回答。

（5）如果被訪者對問題給了一個不清楚或不合適的回答，一個好的採訪者會繼續追問，直到獲得可接受的答案。如果回答介於兩個選項之間，要追問答案更接近哪一個（例如，更接近於一週兩次或一週三次）。追問時不要解釋問題，因為解釋或舉例使答案偏離的風險比由於誤解得到有偏差答案的風險更大。

（6）企圖刪改問題或使用誘導性的詢問方式都是被訪者無法忍受的。採訪者應該盡力避免。

（7）當被訪者對問題給出了可接受的答案時，採訪者應該記錄答案並轉到下一個問題。不能對答案表示驚訝或不信任，也不能表示同意或不同意。

（8）除了準備訪談技巧，一個好的採訪者必須要有職業舉止，進行面對面採訪時還要注意著裝。採訪者的外表和舉止不應該把被訪者的注意力從訪談引開。一個簡單的髮型，柔和的化妝品，整齊、保守的衣服是合適的，並且要有好的言談舉止。在對企業的調查中的男性採訪者應該穿西裝，打領帶。

第四節　控制調查費用和質量

在調查的過程中，需要經常關心調研項目和樣本質量有關的信息，如已完成的訪談數量，沒有聯繫上的次數，最初拒絕次數和最終拒絕的次數。有關預算實際支出費用信息也是有用的，特別是當預算很緊，有超出預算的跡象時。

用來監控電話和室內調查計劃和樣本質量的基本文件是採訪者報告表，它記錄了完成的訪談次數，拒絕訪談的人數，打電話沒有聯繫上的人數，打過的電話數，也可以記錄訪談的平均時間。

攔截訪談通常在幾天內完成，沒有必要繼續聯繫已經拒絕接受調查的人。因此，有些公司進行攔截調查時，根本不用控制記錄。我們認為這是一個錯誤。為了評價訪談努力、評價樣本質量，以及制定將來計劃參考，應該記錄下來拒絕的數量和不合格的潛在被訪者數量。

調研費用與回答率相關。要在大範圍內篩選出某些小群體時，回答率是關鍵因素。例如，一個調查要尋找400個購買某種產品的人，並假設這些購買者占據了總樣本的5%，該調查計劃進行8,000次篩選訪談，得到400個購買者（$8,000 \times 0.05 = 400$）。如果目標群體證明只占了總樣本的4%，8,000次篩選電話只產生了320個購買者，調研人員需要決定是否減少目標樣本規模或需要另2,000個篩選訪談的費用，以得到另外80個購買者。

為了認清並控制這樣的形勢，在調查中應對最初估計的反應率進行實際的核查。可以通過連續監視結果來檢查，或者在進行了1/3或1/2訪談後停下來，然後進行費用分析。如果這種分析指出，由於預料不到的抽樣困難而帶來費用超支，調查組織可以給客戶提建議，並請示增加預算或減小樣本規模。在預想不到的事情面前，講道理的

客戶會意識到需要做更改，但他們還是希望盡早得到通知，以考慮採取哪種行動。如果調查組織直到調研完成才通知客戶超支的事情，並且沒有採取任何措施控制費用，客戶可能拒絕支付額外的支出，或至少在以後的競標中不會再信任這個調查公司。

本章小結

　　涉及現場收集數據的工作可以由需要信息的組織，由專業調研企業，或現場服務公司組織實施。現場調研的正確實施是獲得調研結果的關鍵。

　　正確的現場調查控制開始於調研人員的遴選。現場調研人員通常應該是健康的、衣著得體的。新的現場調研人員必須進行開始採訪、提出問題、附加信息的引導、結束採訪等方面的培訓。對每一個新的調研項目，要對有經驗的現場調研人員做簡要的培訓，以便他們熟悉項目的特定要求。短訓期間尤其關注的是提醒現場調研人員嚴格堅持規定的抽樣程序。

　　現場調研人員的認真監管也是必要的。每天監管人員收集和整理問卷。他們檢查現場調研程序是否嚴格遵守，採訪是否按照計劃進行。最后，監管人員通過抽檢回訪來確保調研人員沒有造假。

思考題

1. 有哪些組織可以進行現場調研？
2. 被訪問者在什麼時候需要調研人員引導？
3. 提問的正確方法是什麼？

第九章　數據資料的整理

本章學習目標：
1. 理解資料整理的意義和步驟
2. 理解並掌握調查資料的接收、審核、編碼和錄入技巧
3. 掌握數據的統計預處理和數據淨化方法

在調查的實施工作完備后，下一步的工作便是資料的整理。未整理的資料必然是雜亂無章，並無意義。

第一節　資料的整理

一、市場調查資料整理的含義

市場調查資料整理是根據市場分析研究的需要，對市場調查獲得的大量的原始資料進行審核、分組、匯總、列表，或對二手資料進行再加工的工作過程。其任務在於使市場調查資料綜合化、系列化、層次化，為揭示和描述調查現象的特徵、問題和原因提供初步加工的信息，為進一步的分析研究準備數據。

市場調查資料的整理是從信息的獲取過渡到信息的分析研究的重要環節，對被調查者資料整理后形成的對調查總體的認識的過程。一般來說，數據獲取提供原材料，資料整理提供初級產品，分析研究提供最終產品。

二、資料整理的意義

(一) 調查資料的整理是市場調查研究中十分重要的環節

通過市場調查取得的原始資料都是從各個被調查單位收集來的零散的、不系統的資料，只是表明各被調查單位的情況，反應事物的表面現象，而不能說明被研究總體的全貌和內在聯繫。而且收集的資料難免出現虛假、差錯、短缺、冗余等現象，只有經過加工整理，才能使調查資料條理化、簡明化，確保調查資料正確性和可靠性。

(二) 調查資料的整理，可以大大提高調查資料的使用價值

市場調查資料的整理過程是一個去粗取精、去偽存真、由此及彼、由表及裡、綜合提高的過程。它能有效提高信息資料的濃縮度、清晰度和準確性，從而大大提高調查

資料的使用價值。

（三）調查資料的整理也是保存調查資料的客觀要求

市場調查得到的原始信息資料，不僅是當時企業做出決策的客觀依據，而且對今後研究同類市場經濟活動現象都具有重要參考價值。因此，每次市場調查后都應認真整理調查的原始信息資料，以便於今后長期保存和研究。

調查資料的整理對市場調查人員來說，也是一個對市場現象認識、深化的過程。實地調查階段是認識市場現象的感性階段，那麼整理資料階段是認識市場現象的理性階段。只有經過調查資料的整理，才能發現市場現象的變化規律。

三、數據整理的步驟

（一）調查資料進行審核、訂正

審核是對已收集的所有被調查單位的資料進行總體檢查，檢查其是否齊全、有無差錯，並對差錯進行審核訂正。這包括實地審核和辦公室審核兩步。實地審核屬於初步審核，一般包括調查員審核和督導審核。辦公室審核比實地審核更完全、確切和仔細，主要檢查的仍是回答的完全性、準確性、一致性以及是否清楚易懂等，基本步驟包括接收核查、編輯檢查、採取相應處理措施等三個階段。

（二）編碼

編碼是將問卷信息轉化為統一設計的計算機可識別代碼。根據編碼設計的時間與方法不同，可分為前設計編碼和后設計編碼兩種。前設計編碼即預先編碼，在問卷設計的同時設計編碼表。這種編碼設計簡單易行，但有可能由於問卷選項的設計缺少某重要選項，或設置了多余選項，而影響數據質量。后設計編碼即事後編碼，在數據收集完成後，根據被調查者的回答設計編碼表。這種編碼表的分類可能相對更準確、有效，但比較複雜，而且費時、費力。

（三）數據的錄入

數據錄入是將信息從計算機不可識別的形式轉化成計算機能夠識別的形式的過程。除了鍵盤錄入以外，還可以採用掃描、光標閱讀器等方式錄入數據。對於計算機輔助電話訪談（CATI）和計算機輔助面談（CAPI），數據收集與錄入可以同時進行，無須再進行數據的錄入。

（四）數據的清潔

首先要進行一致性檢查和邏輯檢查，對於缺失數據的處理，或者刪除個案，或者刪除缺失值。還可以利用複製估算法，以其他數據替代或估算缺失值。

（五）進行統計預處理

為了下一步數據分析的要求，有時需要先對數據進行加權處理；或根據數據分析的需要，在分析之前進行變量的轉換。為了保證數據的可比性，便於進行數據分析，有時候還要作一些量表的變換。

(六) 制訂數據分析的初步方案

第二節　資料的編輯

一、資料的接收

調查資料的接收工作是整個數據處理過程的第一步，做好資料的接收工作是數據真實準確與否的關鍵。調查資料的接收工作通常是從項目的實地執行開始，由調查公司（部門）專門負責的督導負責。

根據實際工作的情況，要做好調查資料的接收工作，必須做到以下幾點：

(一) 市場調查組織階段

（1）在訪問以前必須由督導對訪問員進行 1~3 個小時的培訓工作，對於一些難以理解或者操作起來比較困難的問題要重點強調。如：調查公司沒有固定的訪問員，有了調查活動，向外招聘，訪問員對問卷的內容比較陌生，通過培訓，可以適當提高問卷調查的質量。

（2）制定問卷合格接收的相關規則，比如，背景資料齊全或問卷完整回答等，並由專門的督導或其他工作人員在現場負責問卷的接收工作。

（3）對問卷進行編號，並在每份問卷上詳細記載受訪對象的基本資料、訪問員的姓名、審查員姓名以及接收督導情況，以便為未來的檢查提供方便。

(二) 市場調查實施階段

1. 對問卷的處理

實際工作中，督導在項目的執行過程中經常可以發現現場訪問員上交的問卷存在諸多問題。比如問卷回答遺漏、問卷嚴重塗改、問卷回答不規範等問題，對於這類問題通常要求訪問員當場進行補訪或重新訪問；而對於不太明顯的問題，則暫時接收，等候日后的檢查。

2. 信息的反饋

在進行訪問時都會有嚴格的配額限制，但為了保證項目的進度，很多調查活動選擇幾個地點同時行動，在現場直接控制配額。這就要求督導之間要經常進行溝通，以免出現某種類型的問卷接收過多，從而影響項目的進展。

3. 現場的溝通

在實地訪問過程中，讓訪問員或其他人員充分重視信息工作的重要性，並讓他們明白現場資料收集的質量直接關係到后期所有項目的運行，同時要注意適當的激勵和獎懲。

對接收的資料要進行檢查和修正，主要是為了提高問卷的準確性和精確性而進行的再檢查，目的是確保編輯后的資料可以直接進入后續的編碼和錄入工作。

二、調查資料的審核

資料的審核也叫資料鑑別，是對市場信息資料的真實性、準確性、系統性、實用性等所作出的判斷和結論，它決定著最終數據處理結果的準確程度。從不同渠道取得的統計數據，其審核內容和方法有所不同。

(一) 原始資料的審核

1. 審核的內容

對於通過直接調查取得的原始資料，應主要從準確性和完整性兩個方面去審核。準確性審核主要是檢查數據資料是否真實地反應了客觀實際情況，內容是否屬實；數據記錄是否有錯誤，計算是否正確等。完整性審核主要是檢查被調查的單位或個體是否有遺漏，所有的調查項目或指標是否填寫完全等。在實際調查中，審核主要有以下幾種情況：

(1) 虛假資料的審核。它是對調查人員根本沒有進行正式訪問而提供或編造的與事實不符的信息資料，或者是在調查過程中以訛傳訛、道聽途說而得來的不真實的資料進行審核。虛假資料對於有經驗的審核人員來說是很容易發現的，但有時也最不容易發現。

(2) 錯誤信息的審核。它主要是對被訪問者的回答不真實導致的不真實答案進行審核。錯誤信息容易在被訪問者由於某種原因不願意與訪問者配合時出現，如：敏感性問題或是訪問員未被接受。錯誤信息產生的原因有很多，如被訪問人當時心情不好，精神疲憊或身體不適，或是被調查者基於防範心理而拒絕訪問。這種錯誤有時較易辨別，如問卷中每個問題的答案都呈中性或都在最後，但多數錯誤信息是不容易發現和辨別的，所以審核人員對這類問題應特別謹慎。

(3) 不一致信息的審核。它是對信息資料邏輯上的不一致性進行審核。例如兩個相似或相關問題的答案不一致，如回答只喜歡移動公司的服務，可留的手機號却是聯通的；回答沒有聽說過該產品，可又回答說效果不錯等。如果發現這類問題就應該將其視作無效回答。

(4) 不充分回答的審核。它是對在形式上表現為不完全或模棱兩可的回答的審核。如某一問題要求至少選擇兩個答案，可調查對象只選了一個，就為不充分回答。

(5) 不相關回答的審核。它主要是對所給答案與所提問題牛頭不對馬嘴，或者是由於回答者誤解了訪問者的問題而作出的與所提問題的目的不相關的回答所進行的審核。遇到這類問題審核者也應將其剔除。

2. 審核的方法

原始資料審核的方法主要有邏輯檢查和計算檢查。

(1) 邏輯檢查。邏輯檢查主要是從定性角度審核數據是否符合邏輯，內容是否合理，各項目或數字之間有無相互矛盾的現象。比如中學文化程度的人填寫的職業是大學教師，對於這種違背邏輯的項目無疑應予以糾正。

(2) 計算檢查。計算檢查是檢查調查表中的各項數據在計算結果和方法上有無錯

誤。比如各項數字之和是否等於相應的合計數，各結構比例之和是否等於 1 或 100%，出現在不同表格上的同一指標值是否相同等。

(二) 二手資料的審核

對於通過其他渠道取得的二手資料，除了對其完整性和準確性進行審核外，還應著重審核資料的適用性和時效性。

適用性審核，就是檢測信息資料的適用程度和價值大小。二手資料可以來自多種渠道，有些信息資料可能是為特定目的通過專門調查取得的，或者是已經按特定目的需要作了加工整理。對於使用者來說，首先應弄清楚資料的來源、數據的口徑以及有關的背景資料，以便確定這些資料是否真實，是否符合分析研究的需要，是否需要進行重新加工整理等。

時效性審核，就是檢查資料是否是最新的市場信息。有些時效性較強的問題，如果所取得的資料過於滯后，就失去了研究的意義。一般來說，應盡可能使用最新的資料。

除此之外，還應對調研資料的收集過程與方法進行審核，以避免由於方法不當而引起處理后的信息資料質量不高。比如由於使用抽樣方法不當而帶來的代表性錯誤，這類錯誤的驗證方式一般是調查后再選取一部分被調查者進行重複調查，以此證實正式調查資料的代表性。市場行銷調研資料經過審核后，確認符合實際需要，才有必要作進一步的加工整理。對審核過程中發現的錯誤應盡可能予以糾正。如果發現的錯誤不能予以糾正，或者有些數據不符合調查的要求而又無法彌補時，就需要對數據進行篩選，將那些不符合要求的數據或有明顯錯誤的數據予以剔出，以保證最終形成的資料信息的質量和價值。

三、審核時應注意的問題

審核整理資料時，應注意以下幾個問題：

(一) 開始的時間

審核工作應在資料搜集工作結束後立即開始，因為這時調查人員剛剛完成調查過程，如果發現錯誤，可以及時糾正，並採取必要的補救措施。越早消除資料中的錯誤，對后期的資料分析工作就越有利。

(二) 稽查的準確性

直接、及時地與信息源取得聯繫，核對稽查得到的信息資料的準確性，以判斷信息資料在傳遞過程中是否有誤。尤其應注意是否存在調查的片面性錯誤。片面性錯誤主要有兩種：一種是根本性的，即從一開始工作就走錯了路，選擇了錯誤的資料來源，從而給搜集資料的工作帶來了極大影響；另一種是非根本性的，即雖然選擇了正確的資料來源，但最終卻引出了錯誤的推論。調查的各道工序都可能潛藏著片面性錯誤。常見的有：

(1) 錯誤地選擇了沒有代表性的樣本。

例如海爾公司委託成都某調查公司調查海爾整體家電的品牌銷售情況，調查公司在調查初期時，根據回收的問卷分析，發現問卷裡的樣本收入水平普遍在1,500元以下，而且外地人較多。對此結論調查公司決定放棄並重新選擇合適的調查者。

（2）與錯誤的被訪者接洽。例如要瞭解某醫院在患者心目中的形象，真正的總體應當是某地區的患者，但調研者定義成了某地區的全體居民。

（3）調查者經驗不足。例如被調查者給出的是中性的回答（例如還未決定），但調查員錯誤地翻譯成了肯定的回答（要買這種新品牌）。

（4）提問方式不當。因提問方式（如措辭）不當而導致對方不自覺地作出某種過於肯定或否定的回答。

（5）調查的回收率低，常見於郵寄調查。如果回信人的觀點截然不同，回信的數量少，那麼調查結果就有偏差並且不能真實代表公司的顧客。

（6）過分相信了某些不夠確實的文案資料來源等。

(三) 實際調查中的審核

調查資料的審核，除了在整理資料時進行以外，更重要的是在實地調查時，由調查人員及時進行審核，標明資料的可靠程度：可信的、可以參考的、不可信的等。在利用資料時，特別是具體引用文案資料時，可酌情加以處理。

四、調查資料的處理

在調查過程中，為了減少錯誤的發生，就需要採取防範措施。首先是要加強現場控制，督導調查人員恪盡職守，嚴格按照規定的程序和形式來防範錯誤的出現。在此基礎上應在現場及時發現問題並解決。然後將問卷送往中心調查機構，由中心調查機構對集中上來的問卷再進行完整、確切地仔細檢查與更正。在進行第一手資料的調查中，由市場調查人員在一項直接調查結束後立即進行某種處理是十分必要的。如果該項調查是由單個人員進行的，他應在調查結束時立即對收到的資料進行處理，因為調查的時間往往有限，現場記錄通常不甚完整，並有可能使用許多簡化語，因為當時記憶清晰，及時整理可補充疏漏，規範記錄，則可減少日後可能引起的差錯。如果是由多個調查人員共同進行的調查，在調查現場也應及時進行集體討論，完善所收集的資料。顯然這些工作要求調查人員要有敏銳的洞察力，全面瞭解現場調查收集的資料；同時還要有迅速、準確的觀察力。一般對一項已確定的觀察內容最好抽出一人專門負責全部的處理工作。如果要求有兩個以上的處理者，為了達到效果，每人應分別從頭到尾對問卷進行完全的核對。

第三節　資料的編碼和錄入

一、調查資料的編碼

編碼就是將問卷或調查表中的文字信息轉化成計算機能識別的數字符號，也即是

給每一個問答題的每一個可能答案分配一個代號，通常是一個數字。編碼一般應用於大規模的問卷調查中，因為在大規模問卷調查中，調查資料的統計匯總工作十分繁重，借助於編碼技術和計算機，則可大大簡化這一工作。

(一) 編碼的基本原則

在資料編碼分類時，編碼人員應著重把握以下原則：

1. 相關性原則

相關性原則是指相關的類別應用相關的編碼。編碼必須與分類相適應，對於任一給定變量，編碼的分類必須是互相排斥的，否則不同的類別使用相同的編碼，就會造成不同類別的編碼出現前后一致的情況。

2. 標準化原則

標準化原則是指編碼的編製要標準化。數據組的每一條記錄都只能有一個用於識別的編碼，其目的就是識別數據組中的這一特定記錄。而且，同類項目的編碼要等長，要盡量避免混淆和誤解。

3. 系統化原則

系統化原則是指代碼要以整體目標為標準，要系統化。用於編碼的代碼要適應整個調研系統的全部功能，同時編碼還應具有兼容性和通用性，以便與其他系統相銜接。

4. 周密性原則

周密性原則是指編碼時盡可能考慮周全並預留一定的位置以備接收意外數據。如某一項目對某一被訪者無法詢問，就需有「無法應用」的編碼；某一項目訪問者拒絕回答，就應有「拒絕回答」的編碼，否則就會導致數據缺失。對無回答的編碼常用的是0，對不知道的編碼常為9或99或999。但是少數問題可能很麻煩，如家庭子女數，所以對無回答和不知道的編碼必須是在經驗上決不會出現的數字，這樣編碼往往要多一列。如：無回答為99，不知道為98，無意見為97，很難說為96，三個孩子要填03。

5. 一致性原則

一致性原則是指編碼的內容要保持一致性。通常的操作技巧是用固定的數字順序表示回答的答案次序。例如，對所有測量等級的項目，答案都是以從小到大的原則分配編碼，「1」表示最差，「2」表示較差，以此類推。編碼的意義越一致，就越可以減少在編碼過程中產生誤差的可能。

(二) 編碼方式的選擇

1. 事前編碼

大多數的問卷中大部分問題都是封閉式的，即已經預先編碼。這意味著對調查中一組問題的不同數字編碼已被確定，所有封閉式問題都是事先編碼的。例如以下的封閉式問題的部分問卷實例：

【小資料】調查問卷樣卷（部分）

問卷編號：1021

先生（小姐）您好：

我是××公司的訪員，目前正進行一項有關信用卡服務的意見調查，耽誤您幾分鐘時間，請教您幾個問題。謝謝！（在回答的選項 □ 中畫「√」）

A1、請問您是否有使用信用卡？

（1）有 □　（請繼續回答下題）　　（2）沒有 □（請跳答問題 A8）

A2、請問您使用的是哪一家銀行的信用卡？（可復選）

（1）中國銀行 □　　（2）中國工商銀行 □　　（3）中國建設銀行 □
（4）中國農業銀行 □　　（5）其他 □ ＿＿＿＿＿＿＿＿（請註明）

假使受訪者第一題回答「有」，那麼應當在此題的第一個答案「有 □」的小方框內打「√」，由於這一回答的預先編碼是「（1）」，則過后在將問卷數據整理錄入電腦時，錄入人員可直接對該份問卷（第1021號問卷）的該道問題（「是否有信用卡」代碼為A1）的答案輸入「1」，表示該被訪者有信用卡；假設該被訪者沒有信用卡，則相應地輸入「2」即可，無需編碼人員再來為每份問卷進行編碼，從而達到提高效率的目的。

2. 事后編碼

事后編碼是指給某個沒有事先編碼的答案分配一個代碼，常需要事后編碼的有：封閉式問答題的「其他」項，開放式問答題。

封閉式問答題可能有幾個供選擇的答案，再加上需要被訪者具體說明的「其他」類別。由於「其他」選項的答案沒有事先規定的代碼，因此在數據錄入前編碼員要做事后編碼的工作。

對於開放式的問答題，事后編碼的工作量就更大。開放式問題的編碼工作較封閉式問答題複雜許多，因為研究人員一般無法事先告訴編碼員會出現多少新答案，開放式題目的設計本意就是希望受訪者用自己的表達方式作答，研究人員可由開放式題目中得到各式各樣的答案，有些在意料中，也會有令人意想不到的新奇想法出現，每位受訪者的用詞可能五花八門、答案可能無奇不有。所以研究人員在進行編碼之前，必須將全部的答案翻閱一次，先歸納出幾個顯而易見的大類別，然后再把每位受訪者的答案一一歸入各類別。另外，在分析開放式問題時，必須注意一些技巧以及判斷能力，究竟該將數據的分類分得越細越好，還是只要幾個大項目就行了呢？沒有人可以說哪一種分類方式是對還是錯，分類的標準完全取決於研究人員的專業素養與主觀判斷，但應注意必須便於后續的統計分析工作，否則分類后的數據價值就降低了。

例：問題：您為什麼選擇海爾空調？

根據調查者的回答，列出所有答案：

①節能環保　　②外形美觀　　③價格公道　　④噪音低
⑤空調效果好　⑥經久耐用　　⑦高科技　　　⑧體積小
⑨大品牌　　　⑩鄰居都用這個牌子　　⑪經常在廣告中見到

⑫沒想過　　　⑬不知道　　⑭沒什麼特別原因　　⑮其他

根據回答分類來編碼：

1. 節能環保　　①⑤⑦　　2. 外形美觀　　②⑧
3. 價格公道　　③⑥　　　4. 噪音低　　　④
5. 名牌　　　　⑨⑩⑪　　6. 不知道　　　⑫⑬⑭

（1）事後編碼的程序。

①列出答案。將所有被訪者提供的答案一一列出。

②將有意義的答案列成頻數分佈表，並確定可以接受的分組數。

③對答案挑選歸並。在符合調研目的的前提下，保留頻數多的答案，把頻數少的答案盡可能歸並成含義相近的幾個組，有時對那些含義相去甚遠，頻數又很低的，可以一併用「其他」來概括。

④對所確定的分組選擇正式的描述。

⑤制定編碼規則。

（2）事後編碼的注意事項。

①提供編碼員一份空白的「參照問卷」。

②提供每一個需要事後編碼的項目一份編碼表或編碼名單。

③對每一個項目做一份編碼本，內含一頁或幾張單頁。

④讓所有的編碼員都在同一地點、使用同一編碼本進行工作。

⑤提供編碼指南，說明什麼時候以及怎樣設立一個新的代碼或合併答案。

⑥設立較多較窄的類別要優於設立較少較寬的類別。

⑦保持編碼冊的整潔和清晰。

如果只有一個編碼員，那麼事後編碼是相對簡單而且容易的。但是如果行不通，那麼所有的編碼員應該在不同的時間工作，或同時在同一地點工作，使用同一編碼本。因為如果兩個或多個編碼員同時在不同地點工作，他們就無法知道其他編碼員在編碼冊中設立了什麼新的編碼。經驗說明，允許編碼員在不同的地點用不同的編碼本獨立地工作是極端危險的，幾乎肯定會出現嚴重的數據問題。

（3）事前編碼和事後編碼的聯繫。

①相同之處：兩者都是用一組數碼替代一個問題的各個選項。

②不同之處：前者的編碼包括問卷設計時的編碼主要是為方便錄入、同時兼顧方便數據處理；而再編碼則純是為了方便處理，是對原編碼的補充，有時則是對原編碼的調整修改。再編碼往往伴隨著重新歸類分組。

（三）編碼手冊

一份問卷會有一份專屬的編碼手冊，前編碼和后編碼所用的編碼本最后將合併為一個編碼手冊。一般來說，編碼手冊不但是編碼人員的工作指南，也提供了數據集中變量的必要信息。編碼手冊一般包含的信息有：所有列的位置（列數）、變量的順序編號、變量名稱及變量說明（變量及變量標誌）、問答題編號、編碼說明（變量值及變量值標誌）等。編碼手冊如表9.1所示。

表 9.1　　　　　　　　　　　　　　編碼手冊

列	問題編碼	變量名稱	內容說明
1～6	A1	電話號碼	如實填寫
7	A2	性別	1. 男 2. 女
8～9	A3	年齡	如實填寫
10	A4	學歷	1. 小學以下　2. 中學　3. 高中 4. 中專　5. 大專　6. 大學 7. 碩士　8. 博士　9. 其他
11～13	A5	身高	cm
14～15	A6	職業	1. 工人　　　　　　　2. 農民 3. 黨政機關公務員　　4. 私營企業主 5. 離退休人員　　　　6. 教師，醫生 7. 公安，司法，軍人　8. 企業白領 9. 專業技術人員　　　10. 其他
16	A7	婚姻狀況	1. 未婚　2. 已婚　3. 離婚 4. 喪偶　5. 其他
…	…	…	…

隨著科技的進步，無論是調查資料的輸入、統計分析的流程，都已交由計算機處理。在實地調查作業展開時，負責程序設計者便可以開始設計程序，亦可利用已訪問完畢的問卷先試用看看程序，然後一邊修正。如此才可充分利用空擋，節省作業時間，使整個實際調查兼顧作業性層面之信度與效度。

(四) 編碼的記錄

實際的編碼完成以後，通常需要用編碼手冊將編碼的具體信息進行記錄。其目的一方面用來記錄數據的基本信息，另一方面作為編碼員在進行自由編碼時的參考。我們將以案例的形式進行講解編碼的過程。

【案例】調查問卷的編碼

親愛的同學：

您好！我們是行銷服務社的同學，目前正在調查通信公司的有關情況，以瞭解移動通信的市場需求，更好地為您服務，我們特擬定此調查問卷。請您配合我們完成以下問卷，謝謝您的積極參與，並祝您生活愉快。

填寫說明：您認為下列的問題哪一項最合適，請在選項上打「∨」（每題只選一項，註明多選題除外）。

您的基本情況：

姓名：＿＿＿＿＿

性別：男（　　）　　女（　　）

聯繫方式：＿＿＿＿＿＿＿＿

系別：＿＿＿＿＿＿＿＿＿＿＿＿＿＿＿＿＿系

G：過濾部分

G1：【出示卡片】請問您的年級是：

g001/

年級：大一	01
大二	02
大三	03
大四	04

→【檢查配額，決定是否繼續訪問】

G2：請問您有手機嗎？

g002/

否　　　　　　1　【終止訪問】

有　　　　　　2　【接受訪問】

G3：請問您正在使用的手機是哪個通信公司提供的服務？

g003/

中國網通　　　　　1　【終止訪問】

中國鐵通　　　　　2　【終止訪問】

中國電信　　　　　3　【接受訪問】

中國聯通　　　　　4　【接受訪問】

中國移動　　　　　5　【接受訪問】

G4：【出示卡片】請問您及您的家人中有沒有從事下列工作的？我給你讀一下：

g004/

在廣告公司或公司廣告策劃部門工作	1
在市場調查公司或公司市場研究部工作	2
在政府主管商業的機構工作	3
在通信公司工作	4

→【終止訪問】

以上都沒有　　　　　　　　　　　　　5　→【接受訪問】

A：通信公司比較

A1. 下面幾個標示，您認識嗎？請您判斷下列標示是哪個公司的（中國移動、中國聯通、中國電信，填入標示下面）？

A001/

標誌					
通信公司	01	02	03	04	05

A2. 您認為和中國電信、中國聯通相比較，中國移動在哪些方面需要改進（限選2項）：

A002/

資費標準　　　　　　　　　　　　　　01
校園經濟套餐（1、短消息2、虛擬網包月）　02
售后服務　　　　　　　　　　　　　　03
服務內容（如免費上網）　　　　　　　　04
其他　　　　　　　　　　　　　　　　05

A3. 下面這些理念與口號，請您判斷它是哪家公司提出來的

通信公司 理念與口號	中國移動 A010-016	中國聯通 A017-023	中國電信 A24-30	不知道 A31-37
正德厚生，臻於至善				
用戶至上，用心服務				
溝通從心開始				
讓一切自由連通				
心心相連，息息相通				
我的地盤我做主				
我能				

A6. 請問近期您有無轉網意向？

A48/

有　01　　　　　　無　02

A7. 如果您轉網，您會選擇：

A49/

聯通　01　　　　　電信　02

A8. 原因是什麼？（限寫3個）

1.　　　　　　　　　　　　　　　/A50

2.　　　　　　　　　　　　　　　　　　　　/A51
3.　　　　　　　　　　　　　　　　　　　　/A52

謝謝您能自始至終認真作答，希望我們共同努力，能讓我們更好地溝通！

在根據問卷編碼時，要列出變量的名稱、變量編號以及排列順序，以案例9－2的G1題，可以進行如下描述。

變量：g001

變量描述：受訪問者的年級

問卷中的位置：G1

同時要知道每一個變量的具體編碼信息，變量必須取與變量清單同樣的順序，也就是它們在數據記錄中的順序。在變量命名以後，必須列出與該變量有關的所有編碼和編碼說明。如在案例中的G1題，可以進行如下描述。

變量：g001

變量描述：受訪問者的年級

編碼：01 ＝ 大一；02 ＝ 大二；03 ＝ 大三；04 ＝ 大四

（五）附錄：案例的編碼本（只給出G部分的編碼）

文件名稱和存放位置：數據存在於電腦的D盤

文件名：9－2

變量名：ID

變量描述：記錄的識別文字信息

編碼：1～10

變量名：G1

變量描述：受訪問者的年級

編碼：1 ＝ 大一　　2 ＝ 大二　　3 ＝ 大三　　4 ＝ 大四

變量名：G2

變量描述：手機擁有情況

編碼：1 ＝ 否　　02 ＝ 有

變量名：G3

變量描述：手機的通信服務提供商

編碼：1 ＝ 中國網通　　2 ＝ 中國鐵通　　3 ＝ 中國電信
　　　4 ＝ 中國聯通　　5 ＝ 中國移動

變量名：G4

變量描述：是否在某些部門工作

編碼：1 ＝ 在廣告公司或公司廣告策劃部門工作
　　　2 ＝ 在市場調查公司或公司市場研究部工作
　　　3 ＝ 在政府主管商業的機構工作

4 = 在通信公司工作
5 = 以上都沒有

二、數據錄入

數據錄入就是將已經進行編碼的數據錄入到計算機中，以便於統計和處理。如果數據收集是通過 CATI（計算機輔助電話訪問）或 CAPI（電腦輔助個人訪問）完成的，這一步就可以跳過了，因為數據收集時就已經是電子形式的。

(一) 用特定的統計輸入軟件

通常專業性的市場調查公司普遍採用 PCEDIT 和 EPIDATA 等軟件，它適用於變量很多，樣本量很大，且全部變量都是數值型變量的情況。PCEDIT 是一個由聯合國開發的非商業性軟件，是為人口統計學應用而設計的。通常採用的是 DOS 下的 PCEDIT 版本。其功能除錄入外，還有統計頻數、交叉列表等，目前應用最多的是錄入功能。

(二) 用 EXCEL 或 FOXPRO 等常用的數據庫軟件進行輸入

EXCEL 和 FOXPRO 這兩類軟件適用於變量不多，但有較多字符形變量，樣本不大或樣本雖大但呈現某種規律性的情況。用上述軟件輸入數據完畢以後，為了后期分析和統計的需要，通常需要將 .XLS（EXCEL 文件）或 .DBF（FOXPRO 文件）轉化為 SPSS 文件。

(三) 直接用 SPSS 軟件進行輸入

SPSS 軟件適用於變量不多，樣本較少，且基本上以數值型變量為主的情況。由於 SPSS 軟件具有強大的數理統計功能，因此，相對於其他輸入軟件，採用 SPSS 進行直接輸入以後不需要進行數據格式的轉換。

目前通用的錄入方法是直接用計算機鍵盤輸入編碼。除此之外，數據錄入還可以通過機讀卡、光學掃描和計算機控制的傳感器分析完成。機讀卡要求調查對象用一種特殊鉛筆按照編碼填寫答案，然後這種卡片可以直接用計算機讀出；光學掃描就是用機器直接讀代碼，同時進行轉換；計算機控制的傳感器分析系統則能夠自動操作數據收集過程，利用傳感裝置直接記錄調查對象的信息。至於選擇何種錄入方法，要根據調查方式和可用設備而定。

如果採用鍵盤輸入法，就有可能產生錯誤，影響數據錄入的質量，因此就需要採取一定的方法對數據庫進行檢查或控制。一般控制錄入質量的方法主要有三種：

(1) 重複錄入兩次甚至三次，錄入後指示計算機將兩者進行比較檢查，當發現同一位置的數字前後錄入不同時，計算機將給予顯示，以便糾正。

(2) 預值控制，就是事先依據編碼手冊輸入編碼的範圍，並編製自動對照程序。當輸入的數字超出規定範圍時，計算機自動拒絕接受並發出警告的信號。

(3) 對於數值類報表和統計表在輸入時，可採用平衡檢測法控制輸入的質量。就是把表中某組數值相加作為平衡項，如果錄入的平衡項數值與計算機的數值相同，則計算機接受；如果數值不等，則計算機不接受並發出警告信號。

三、資料淨化

數據淨化的重要性遠遠高於一般人的想像。如果數據不「乾淨」，會發生兩方面的嚴重問題。一方面，很有可能無法適當地執行下一步的數據分析，因而報告呈交的時限也將被嚴重地推遲。另一方面，更糟的是，資料分析和報告已經完成，但是研究人員並沒有意識到裡面的許多錯誤。

資料淨化主要是盡可能地處理錯誤的或不合理的資料以及進行一致性檢查和處理缺失值。雖然在數據的校訂階段已經進行了初步的檢查，但是因為這個階段採用的是計算機，因此檢查會是更徹底更廣泛的。

（一）一致性檢查

一致性檢查是為了找出超出正常範圍、邏輯上不合理或者極端的取值。超出正常值域範圍的數據是不能用於分析的，必須進行糾正。這種錯誤可以發生在資料處理的每一個階段，比如：錯誤回答、編碼員錯寫、錄入人員錯誤輸入。例如調查對象在回答對某品牌產品喜好程度的問題時，備選答案有1~5，而數據中出現了0、6或7，那麼0、6或7都應視為超出正常值域範圍的數據。一般的計算機軟件都能夠自動識別每個變量中的超出範圍的取值，並列出調查對象代碼、變量代碼、變量名、記錄號、欄目數以及超出範圍的取值。這樣做可以系統地檢查每個變量，更正時則需要回到問卷編輯和編碼的部分。

邏輯一致性的清理是從另一角度來查找數據中所存在的問題，其基本思路是依據問卷中的問題的相互之間所存在的內在邏輯聯繫來檢查前後數據之間的合理性。例如受訪者為男性，卻回答生育第一胎的年齡。發現不一致的數據時，還要同時明確必要的信息，包括調查對象代碼、變量代碼、變量名、記錄號等，以便於定位和進行更正。

邏輯一致性檢測還可以通過交叉列表進行。交叉列表分析是同時將兩個或者兩個以上具有有限項目數和確定值的變量，按照一定順序對應排列在一張表中，從中分析變量之間的相互關係，得出科學的結論。例如在消費者購買行為的因素調查中，可以作「購買行為與收入水平」或者「購買行為與年齡的關係」的分析和探測。基本方法是做出交叉列表，從中可以很方便地發現邏輯上不合理的數據。例如、在一張「產品使用頻度」和「熟悉程度」的以下交叉表中，有兩個「從未聽說過」該產品，卻又「頻繁地」使用這種產品的被訪者（見表9.2）。根據這兩個被訪者的編號、變量編碼、記錄號碼、列號碼以及變量值等，就可以進行必要的修改。

表9.2　　　　　　　　　　用交叉表尋找邏輯上的不一致

熟悉程度＼使用頻率	經常使用	有時使用	很少使用	根本不使用
非常熟悉	51	45	18	12
比較熟悉	43	32	46	63
有點熟悉			44	151
聽說過但完全不熟悉				208
從未聽說過	2			120

最后還要仔細檢查極端值。並非所有的極端值都是由錯誤造成的，但極端值一般能顯示出數據存在的問題。例如，對品牌評估的極端值就可能是由於調查對象在每個問題上都選擇了第一個代碼或最后一個代碼所致。

(二) 處理缺失值

缺失值就是對某個變量的取值不明，原因可能是調查對象的答案不清楚或者記錄不完整。對缺失值的處理可能帶來一些問題，尤其是當缺失值超過了10%時，就可能出現嚴重的問題

處理缺失值的方法有：

1. 用均值代替

用均值代替也就是用某個變量取值的平均值來代替缺失值。這樣做不會改變其他變量，同時諸如相關分析等統計結果也不會受到太大影響。但是平均值不一定能夠代表調查對象對這個問題的答案，實際答案可能會高於或低於均值。例如，一個被訪者沒有回答其收入，那麼就用整個樣本的平均收入，或用該被訪者所在的子樣本（比方說是屬於社會地位比較高的那個階層）的平均收入去代替。不過從邏輯上說，這樣做是有問題的，因為被訪者如果回答了該問題的話，其答案可能是高於或低於該平均值的。

2. 用估計值代替

用估計值代替就是用調查對象對其他問題的回答估計出或計算出一個值來代替缺失值。採用這種方法可以通過相關統計工作來確定問題中的變量與數據已知的變量之間的關係來做到。例如利用迴歸模型、判別分析模型等。例如，名牌產品的購買量可能與消費者的收入和職業有關，於是就可以通過調查對象的收入和職業來推算出某名牌產品的需求量。不過這種方法在很大程度上可能受到調查人員主觀因素的影響。又例如在美國總統選舉預測中，候選人是民主黨總統候選人奧巴馬和共和黨總統候選人麥凱恩，如果問到他們在2008年選舉中會投誰的票時，有許多被訪者常常會給出「還沒有決定」的回答。如果只是簡單地刪除掉這一部分的回答（有時可能高達30%左右），那麼肯定會引起嚴重的預測偏差。處理這一問題的統計方法之一是尋找一個判別函數，使其能夠區分那些已經決定投票選A（民主黨總統候選人奧巴馬）的群體和已經決定選B（共和黨總統候選人麥凱恩）的群體。這個函數可能由一些獨立變量來解釋，比如被訪者的社會地位、職業、黨派、教育程度、生活形態、等等。假定某位說「還沒有決定」的被訪者給出了上述變量的答案，那麼就可能通過計算將他（她）劃入「已經決定選A」或「已經決定選B」的群體中。這樣，選舉預測的成功率就會大大地提高。

3. 整例刪除

整例刪除就是將有缺失值的樣本或問卷整個刪除，不計入統計分析的數據之內。不過這樣做可能會導致樣本減少，甚至可能導致某類數據缺失，嚴重影響分析結果。

4. 單項刪除

單項刪除是指研究者不是丟棄有缺失值的所有樣本，而是分別在每一步計算中刪除有缺失值的項目而採用有完整答案的問卷。因此，不同分析步驟採用的樣本規模也

會有所不同。這種方法適用於樣本規模大、缺失值很少以及變量之間沒有高度相關的情況。

採用不同的處理缺失值的方法可能導致不同的分析結果，尤其是當缺失值並非隨機出現，而且變量之間存在相關性時。因此，在調查中應盡量避免出現缺失值，調查人員在選擇處理缺失值的方法之前也要慎重考慮其利弊。

(三) 數據質量抽查

數據質量抽查是指用隨機抽樣的方法抽取一部分個案，來估計和評價全部數據的質量。根據樣本中的個案數目的多少，以及每份問卷中變量數和總字符數的多少，研究者往往抽取2%~5%的問卷進行質量抽查。

例如：一項調查樣本規模為1,000個個案，一份問卷的字符數（數據的個數）為200個，研究者從中隨機抽取3%的個案，即30份進行對照檢查，結果發現由2個字符輸入錯誤，這樣

$$\frac{2}{200 \times 30} \times 100\% = 0.03\%$$

可見，數據差錯率在0.03%左右。這也就是說在總共20萬個數據中，大約有60個左右的差錯。雖無法查出它們，但卻知道它們占多大的比例，對調查結果有多大程度的影響。

第四節　統計預處理

在行銷調研的數據整理階段，為了下一步數據分析的要求，有時需要先對數據進行統計預處理。具體的預處理內容要視不同的數據形式和不同的分析方案而定。這裡只簡單介紹幾種常用的方法。

一、加權處理

在進行分析之前，應先考察一下樣本在一些主要的特徵上的分佈對總體是否有代表性。如果樣本分佈與總體分佈有顯著的差異，用這樣的樣本數據去推斷總體就肯定會出現偏差。要調整數據，使樣本在一些主要指標上的分佈與總體基本上保持一致，常用的方法就是進行加權處理。加權就是給每個被調查者（個案）賦予一個權數，該權數可以反應該被調查者（個案）相對於其他被調查者（個案）的重要性。權數越大，相應的被調查者（個案）越重要。權數為1相當於沒有加權。

加權調整可用於提高數據質量，例如給高質量的數據賦予較大的權重，提高其重要性。

加權調整還可應用於調整樣本，提高具有一定特徵的被調查者（個案）的重要性。調查消費者對某產品的意見，顯然，經常使用者的意見更重要一些，例如可以對經常使用者賦權重3，對一般使用者賦權重2，對偶爾使用者賦權重1。選擇用作加權的參

考指標一般都是對調查的目標量有重要影響的變量。

　　加權處理最廣泛地用於在具體的特徵指針方面使樣本對目標總體更具代表性。例如，某調查公司在南方某省會城市的十大商場，通過攔截式的訪問方法（規定每隔一定時段攔截一人），面訪了 600 位 15 歲以上的女性，目的是瞭解該省會城市女性使用化妝品的情況並估計其月平均消費額度。由於樣本中 20～29 歲的年青女性占了 58%，因而樣本是嚴重有偏的。這並不是一個嚴格的隨機樣本，因此不適合作統計推斷。但是研究人員仍然希望從資料中獲取盡可能多的有關每人每月在化妝品上的平均月消費的信息。為此根據全國 15 歲以上女性總體的年齡分佈，對樣本進行了加權處理，其中的加權系數或權重等於對應的總體比例除以樣本比例，如表 9.3 所示。

表 9.3　　　　　　　　通過加權處理使樣本更具代表性

年齡	樣本（%）	總體（%）	權重
15～19	14.0	8.6	0.61
20～29	58.0	24.9	0.43
30～39	23.0	25.5	1.11
40～49	2.8	13.9	4.96
50 或以上	2.2	27.1	12.3
合計	100.0	100.0	

　　使用加權預處理時，一定要慎重對待，而且在報告中要提供加權處理的方法並報告處理的結果。

二、變量的轉換

　　根據數據分析的需要，在分析之前可能要對現有的變量進行一定的修改或產生新變量。常見的方式主要有：

(一) 對變量重新分類或重新編碼

　　對於這兩種情況：需要將數據分成更有意義的類別，需要將數據合併成更少的幾個大類別，有必要將原始數據重新分類或重新編碼。

　　在收集數據時，可能採用某種較為方便的格式或類別進行，但是在解釋數據或尋求有用信息時，不同的類別或較少的類別可能會更有意義。例如，有關被訪者的基本特徵如年齡、受教育程度和收入的問答題，常常是按具體的數值或按非常細緻的類別來提問的。比如「請問您的年齡是多少?」「請問您是哪年出生的?」「請問您的月收入大概是多少?（500 元以下，500～1,000 元，1,000～1,500 元，等等）」。但是在實際的分析中，將原始數據合併成新的類別可能會更有意義。比如，按年齡將被訪者分成「青年」「中年」「老年」；按月收入將被訪者分成「低收入」「中低收入」「中等收入」「中高收入」「高收入」；或將五類月收入再進一步合併成三類「低收入」「中收入」「高收入」，等等。

　　將原始數據重新分類或重新編碼合併時，要注意重新構成的類別必須滿足以下三點：所有的情況都已包括在新的類別之中，各個類別之間沒有交叉或重疊，類別間的

差異大於類別內的差異。

(二) 變量轉換

例如要進行聚類分析、因子分析，必須消除量綱的影響，要在分析前先把變量標準化。又如，要進行迴歸分析，為了改進模型的擬合程度，要對變量進行對數變換、平方根變換等。

(三) 虛擬變量

在調查收集的資料中，許多變量是定量度量，如：商品價格、收入、產量等。但也有一些因素無法定量度量，如：職業、性別對收入的影響，季節對產品銷售的影響等。對於這些變量可以用「量化」的方法進行轉變，這種「量化」通常是通過引入虛擬變量來完成的。虛擬變量又稱虛設變量、名義變量或啞變量，用以反應質的屬性的一個人工變量，是量化了的質變量，通常取值為0或1，記為K。例如，反應文化程度的虛擬變量可取為：1：本科學歷；0：非本科學歷。一般地，在虛擬變量的設置中：基礎類型、肯定類型取值為1；比較類型，否定類型取值為0。在模型中引入多個虛擬變量時，虛擬變量的個數應按下列原則確定：如果有 m 種互斥的屬性類型，在模型中引入 (m-1) 個虛擬變量。例如，性別有2個互斥的屬性，引用 2-1=1 個虛擬變量；再如，文化程度分小學、初中、高中、大學、研究生5類，引用4個虛擬變量。

為了某些特定的統計分析（如擬合模型），需要把幾個變量重新組合為一個新變量，重新進行定義。例如，根據被調查者對耐用消費品在若干方面的評價，把各方面的評價值加權平均，就可以得到一個新變量「綜合評價得分」。

本章小結

本章介紹了數據整理的步驟；問卷的登記、篩選無效問卷；編碼方式的選擇、問題變量的編碼、問卷變量編碼；同時建立數據庫把數據資料進行錄入、核對差錯；統計預處理的方法。本章的學習為數據資料的分析做好了準備、數據資料的正確，為調查報告的撰寫提供了重要的現實意義。

思考題

1. 審核原始資料要注意的問題是什麼？
2. 編碼的基本原則是什麼？
3. 前編碼和后編碼有何聯繫？
4. 處理缺失值的方法有哪些？
5. 變量轉換的方式是什麼？

第十章　數據資料的分析

本章學習目標：
1. 理解數據分析的重要性以及通過數據分析所能獲得的信息
2. 理解與頻數有關的數據分析，包括集中趨勢指標和離散趨勢指標
3. 掌握列聯表數據分析和相關的統計量
4. 掌握假設檢驗的分析方法
5. 理解方差分析、相關分析與迴歸分析方法

第一節　基本的數據分析技術

　　一旦完成了數據準備工作，調研人員就應該進行一些基本的數據分析。調研得到的數據本身很難提供太多的意義，而經過分析處理的數據則使我們能理解數據所表達的真實含義。例如「200件飲料」這一數字本身說明不了什麼問題，但如果我們問：這「200件飲料」是什麼的一部分？這時數字的意義就出現了，假若在過去的一個月中，我們共銷售了1,000件飲料，而這200件正是在最后三天賣掉的其中一部分，並且這20%的銷售量正是由於我們在最后三天開展了一項特別的促銷活動而賣掉的，那就更能說明問題了。而為了對數據進行分析以獲得數據所表達的意義，對於一些常用的統計分析方法的運用則顯得必不可少。所謂常用的統計分析方法，是指市場調查分析中最常用的分析方法。一般分為單變量描述統計分析、多變量描述統計分析。

一、單變量描述統計分析

1. 集中趨勢分析

　　集中趨勢分析是對調查數據的「集中」特徵進行分析。比如你很關心大學生畢業后一個月能掙多少錢，那麼如果你詢問已經畢業的校友，他們可能會告訴你這要視各人和各公司的綜合情況而定，從幾百到幾千都有，但這個回答可能不會令你滿意，你會不斷追問，直到對方告訴你一個大體上本校畢業生一月能掙多少的「一般性」信息，你才會作罷。那麼為何這個大體上的、一般性的信息會讓你覺得得到了答案呢？其原因就在於它告訴了你一個數據集（從幾百到幾千）的中心位置到底位於何處。測定數據集中趨勢的常用指標有：平均數、中位數和眾數。

　　（1）平均數（Mean）。它又稱均值，通常用 $\bar{x}$ 表示，是反應數據集中趨勢的最重要的指標，由全部數據加總后除以數據的總個數得到，假定樣本有 n 個觀測值 $x_1, x_2, \cdots,$

x_n，則其平均數計算公式為：

$$\bar{x} = \frac{x_1 + x_2 + \cdots + x_n}{n} \quad (10.1)$$

如果是分組數據，例如收入常常是以分組的形式設計答案的（如 800～999 元，1,000～1,199 元），那麼計算均值時就要先計算出各組的組中值，然後將每一個組中值乘以所對應的頻數 f 求和，並除以頻數之和，其公式為：

$$\bar{x} = \frac{x_1 f_1 + x_2 f_2 + \cdots + x_k f_k}{f_1 + f_2 + \cdots + f_k} \quad (10.2)$$

其中：x_i 為第 i 組的組中值，f_i 為第 i 組內觀測值的個數（頻數），組中值的計算公式為：

$$組中值 = \frac{上限 + 下限}{2} \quad (10.3)$$

當組中值為小數時，可採用四舍五入的辦法將其化為整數后再計算。

（2）中位數（Median）。它通常用 M_e 表示，將樣本觀測值 $x_1, x_2, \cdots, x_n$ 從小到大排序后，處於中間位置的那個數即為中位數。也就是說，一組數據的中位數表示該組數據中有一半的數據小於中位數，另一半則大於中位數。

當數據的個數 n 為奇數時，中位數 M_e 就是排序后觀測值最中間的一個，當數據組的個數 n 為偶數時，中位數就是排序后觀測值最中間的兩個觀測值的平均數。

分組數據的中位數計算依據下式獲得：

$$M_e = L + \frac{\frac{1}{2}\sum f S_{m-1}}{f_m} \cdot h \quad (10.4)$$

式中 L 為中位數所在組的下限值，f_m 為中位數所在組的組頻數，S_{m-1} 為中位數組時累計總頻數，h 為組距。假設有分組數據如表 10.1：

表 10.1　　　　　　　某連鎖超市各店年銷售額統計表

單位：萬元

年銷售額	組中值	商店數目	累計頻數
80～90	85	3	3
90～100	95	7	10
100～110	105	13	23
110～120	115	5	28
120～130	125	2	30
合計	—	30	—

則其分組數據的中位數為：

$$M_e = L + \frac{\frac{1}{2}\sum f - S_{m-1}}{f_m} \cdot n = 100 + \frac{\frac{30}{2} \cdot 10}{13} \times 10 = 103.85$$

（3）眾數（Mode）。它通常用 M_0 表示，是描述數據集中趨勢的統計指標之一，它

是一組數字中出現次數（頻率）最多的那個觀測值，未分組數據的眾數可直接由觀察得到，對於分組數據，粗略的方法可以用眾數所在組的組中值來近似作眾數，更精確的方法是用插值公式近似計算：

$$M_o = L + \frac{\Delta_1}{\Delta_1 + \Delta_2} \cdot h \tag{10.5}$$

式中 Δ_1 表示眾數所在組與前一組的頻數差，Δ_2 表示眾數所在組與后一組的頻數差。依據公式，表10.1中，分組數據的眾數為：

$$M_o = L + \frac{\Delta_1}{\Delta_1 + \Delta_2} \cdot h = 100 + \frac{6}{6+8} \cdot 10 = 104.29(萬元)$$

在市場調研中，均值、中位數、眾數可能都會在數據分析時用到，然而由於每個指標的計算方法不同，這三個集中趨勢指標的數值卻很可能各不相同，那麼到底應該使用哪個指標呢？如果變量是用定類量表測量的，就應該使用眾數。如果變量是以定序量表衡量的，就應該使用中位數。如果變量是以定距或定比量表測量的，眾數和中位數就不太合適，因為在這種情況下它們不能充分利用所有可知的變量信息（讀者可試想用一個李克特5級量表測試消費者態度，用中位數和眾數歸納其集中趨勢會有何結果），在此情況下，均值應該是定距或定比數據最好的集中趨勢指標。但均值對極端值（特別大或小的值）很敏感，如果數據中存在極端值，這時要綜合考慮均值和中位數。此外，當觀察值的分佈為對稱分佈時，均值、眾數、中位數三者一致；分佈偏斜時，眾數位於峰值，中位數相對朝長尾巴方向偏離一些，均值則偏離得更遠。

【資料】集中趨勢的選擇

當我們看到某個小公司所作的公司人員收入報告，對數據的解讀應當謹慎：如果集中趨勢是平均數，它可能掩蓋了數十萬元的年薪與幾萬元年薪間的巨大差別，例如以下表中的數據來看，老板可能喜歡表達為「本公司的平均年薪是57,000元！」，但是眾數會揭示出更多的內容：在這家公司裡，最普遍的支付水平是每年2萬元，而中位數則告訴我們，一半人的收入高於3萬元，另一半人少於3萬元。所以你如果加入這家公司，一年下來，你可能掙到多少呢？

人數	職務	年薪（元）
1	董事長	450,000
1	總經理	150,000
2	副總經理	100,000
1	財務總監	57,000←算術平均數
3	部門經理	50,000
4	部門主管	37,000
1	顧問	30,000←中位數
12	普通員工	20,000←眾數

2. 離散趨勢分析

與集中趨勢相反，離散趨勢分析指的是用一個特別的數值來反應一組數據相互之間的離散程度，它與集中趨勢一起，分別從兩個不同的側面描述和提示一組數據的分佈情況，共同反應資料分佈的全面特徵。同時它還對相應的集中趨勢的代表性作出補充說明。常用的反應數據離散程度的指標主要有：全距、四分位差、方差和標準差、變異系數等。

(1) 全距 (Range)。它又稱極差，即所有觀測值中的最大值與最小值之差，如果全部數據中有一個極端大或者極端小的數值，則全距就會顯得很大，這能夠使我們瞭解關於數據分佈的極端值。

(2) 四分位差 (Inter-Quartile Range)。它之所以稱為「四分位」，是指一組數據從大到小排列后，分別被第75、第50、第25等3個百分位數點分成了四個相等的部分。所謂第 P 個百分位數點就是指有 $P\%$ 的數據點小於它，有 $(100-P)\%$ 的數據點大於它的那個值。四分位差是第75百分位數與第25百分位數之間的差值。即上四分位點與下四分位點之差。四分位差的大小，反應了數據集中於中位數附近的程度。

(3) 方差和標準差。一個觀察值與均值之間的差被稱為離差，方差 (Variance) 就是離差平方的均值，因此方差不能為負。當數據集中在均值周圍時，方差很小，當數據點分佈很分散時，方差就大，因此方差實質上反應的是數據集離散的程度，一個數據集的方差越大，其均值的代表性越差。雖然方差常常在統計中被用到，但它有一個主要的缺憾，即方差表示出的是被平方的測量單位。例如，各個連鎖店的營業額是銷售了多少元人民幣，平均數表現為「元」，而方差卻是「平方元」，與方差相聯繫的平方項使得對於方差的數值很難找到直觀的理解和詮釋。標準差 (Standard Deviation)，通常用 S 或 SD 表示，是方差的平方根，由於方差的單位都是平方項，因此標準差與原始數據的度量單位相同，標準差的這一特性不僅使我們理解數據的離散趨勢更加直觀，也使我們更容易利用其與均值進行比較。樣本標準差 S 的計算如下：

$$S = \sqrt{\frac{\sum_{i=1}^{n}(x_i - x)^2}{n-1}} \tag{10.6}$$

對於分組數據資料，計算標準差的公式略有變化：

$$S = \sqrt{\frac{\sum_{i=1}^{n}(x_i - x)^2 f_i}{\sum_{i=1}^{n} f_{i-1}}} \tag{10.7}$$

其中，f 為 x_i 所對應的頻數。由組距分組資料計算標準差時，只需先計算出各組的組中值，然后按照單值分組資料計算標準差的公式和方法計算即可。

(4) 變異系數 (Coefficient of Variation)。它又稱離散系數，是指標準差與均值的比值，用百分比表示，是一個無單位的相對差異性指標，主要用於不同數據集之間進行數據離散程度的比較，變異系數越小，代表數據集的數據分佈越集中，反之則說明數據越

離散。變異系數 CV 的表達式如公式 10.8 所示，其中，S 代表標準差，$\bar{x}$ 代表均值。

$$CV = \frac{S}{\bar{x}} \qquad (10.8)$$

變異系數既可以運用於同一總體不同指標間離散程度的比較，也可以運用於同一指標不同總體間離散程度的比較。例如某大學行銷專業學生行銷學平均成績 92 分，標準差 17 分，市場調研課程平均成績 75 分，標準差 18 分，那麼你可以運用公式 10.8 輕易地計算出前者的離散系數為 18.5%，後者為 24%，由此可反應出該專業同學在市場調研課程知識的掌握上差異較大，而在行銷學知識的掌握上，大家的差別就要相對小些，這屬於同一總體不同指標間的比較。再如，假設調查發現上海居民的平均月收入 6,800 元，標準差 1,200 元，成都居民月平均收入 3,600 元，標準差 800 元，則前者的離散系數 17.6%，後者的離散系數 22.2% 這說明儘管表面上成都地區居民收入標準差較小，但實際上成都居民間在收入差異程度要比上海居民間的差異程度更大一些。

3. 頻數分佈分析

通過樣本數據的集中趨勢和離散趨勢分析可以描述數據的一些基本統計特徵，但往往我們還需要借助於直方圖和頻數表對變量的分佈進行更進一步的分析，這些圖或表可以提供強烈的直觀效果，從而使我們在整體上對調研數據有更為簡單明瞭的認識。

4. 如何用 Excel 進行描述分析

在上面我們講解了描述分析的相關概念及其計算方法。在實際操作中，由於調研數據的計算繁瑣、複雜，所以總是要借助一些統計軟件如 SAS、SPSS 和 Minitab 等來進行數據處理，這些用戶界面友好的軟件可以進行不同類型數據的統計計算和假設檢驗，它們也提供數據錄入和編輯程序，對於這類軟件更深入的瞭解和熟練運用是每一位學習市場調研的同學所必須掌握的技能之一，同學們可以參閱相關軟件的專業參考資料，在這裡就不再贅述了。其實，微軟的 Excel 程序也有強大的統計分析功能，也能幫助我們進行一些統計分析工作，例如進行頻率分析，下面我們來看看這一過程是如何操作的：

首先，打開 Excel 軟件，點擊工具→數據分析，如圖 10.1：

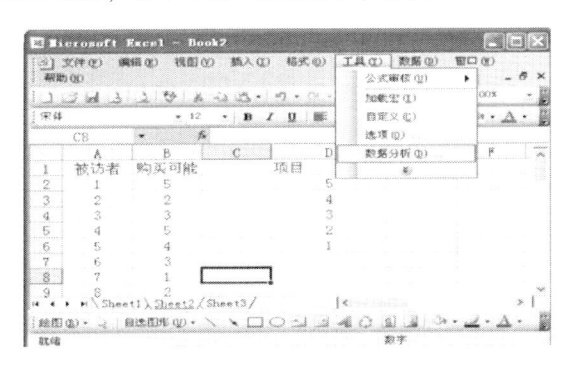

圖 10.1　在 Excel 中點擊工具欄

如果在「工具」一欄中看不到「數據分析」，則要先在「工具」欄中，點擊加載宏→分析工具庫→確定（圖 10.2）。

市場調研

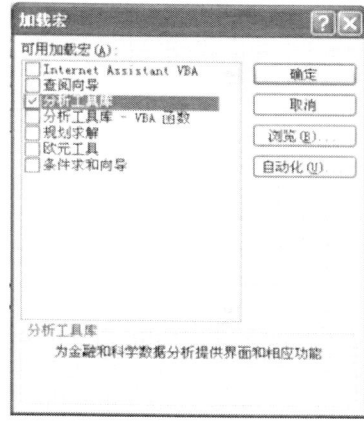

圖 10.2　在 Excel 中激活加載宏和分析工具庫

此時再點擊工具欄，就可找到「數據分析」功能，再點擊它，這時我們可以看到在「數據分析」對話框中出現多項統計功能，例如「方差分析」「F 檢驗」等，我們先選擇「直方圖」(圖 10.3)。

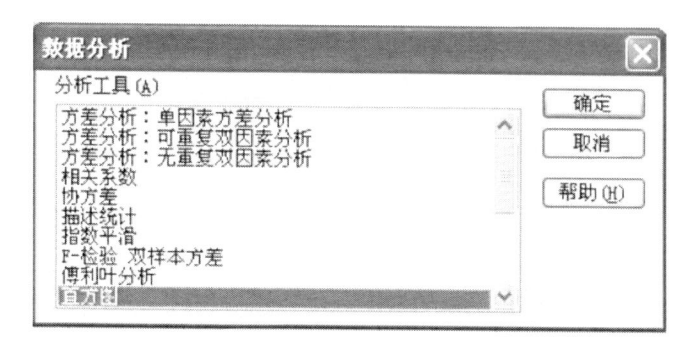

圖 10.3　Excel 數據分析對話框

選擇直方圖，然后點擊「確定」，彈出如下對話框（見圖 10.4）：

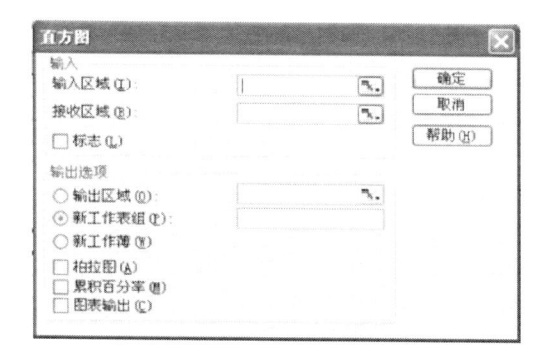

圖 10.4　Excel 直方圖對話框

在圖 10.4 的對話框中，我們看到它有多個選項需要我們自行定義，在輸入區域，要求我們輸入待分析數據，假定我們現在通過調查問卷，收集了某高校 50 名未購買家用汽車的教師在未來六個月內購買汽車的可能性預計，那麼這個數據集的基本分佈應該是我們想要知道的內容。如圖 10.5 中 A 列的第一欄是對被訪者（問卷）的編號，B 列顯示了每個被訪者回答的在六個月內購買的可能性，分別以 1～5 分表示「非常不可能購買」到「非常可能購買」，則我們在直方圖對話框中的輸入區域的數據框中，點擊如圖示意的標註點 1，然后以鼠標從 B 列第 1 行點按拖拉至數據結束行（如圖 10.6），回車，再點擊接收區域的標註點 2，從 D 列第 1 行「項目」拖拉至第六行。所謂「接收」是指要為直方圖的橫軸指定分組的組距，因為我們的目的就是要瞭解各種購買可能的分佈情況，所以我們預先會在項目欄下輸入全部的變量取值。再勾選標誌、累積百分比、圖表輸出等選項，點擊「確定」。

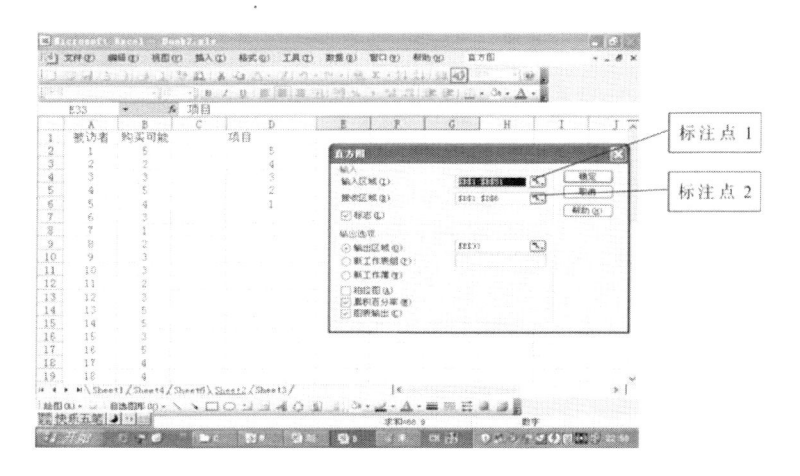

圖 10.5　數據輸入圖

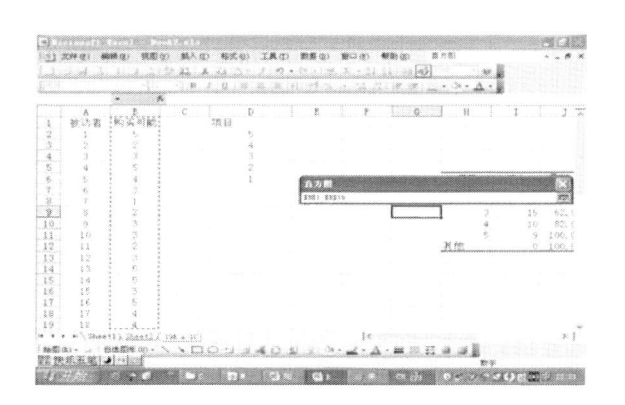

圖 10.6　直方圖數據輸入對話框

然后我們可以得到表 10.2 和圖 10.7 的結果：

表 10.2　　　　　　　　六個月內購買家用車可能性頻率分佈表

項目	頻率	累積（%）
1	7	14.00
2	9	32.00
3	15	62.00
4	10	82.00
5	9	100.00

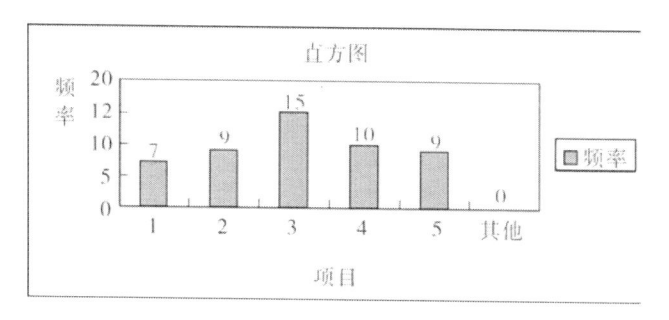

圖 10.7　購買家用車可能性頻率分佈直方圖

　　從上面的圖 10.7 和表 10.2 中，我們可以獲得許多直觀的信息，頻率表反應出在未來六個月內明確表示有購買可能性的人（得分在 4 分及以上）累計為 38%（100%～62%），直方圖表明持「說不準」或「不確定的」的人數最多，而「非常可能買」和「非常不可能買」的人較少，但相對而言，表示非常可能購買的人略多於非常不可能購買的人。此外，從直方圖的整體形態構造上看，這些潛在用戶的購買可能性大體上呈正態分佈。

　　如果我們想要進行描述統計操作，只需點擊工具→數據分析→描述統計→確定，我們就會看到如圖 10.8 的 Excel 描述統計選項。

　　然後在輸入區域中定義數據所在位置，勾選「標誌位於第一行」（如果你定義的數據沒有包括「購買可能」這幾個漢字，則不可勾選），再勾選「匯總統計」「平均數置信度（系統默認95%）」等選項，我們會得到如表 10.3 的結果，表中不僅提供了均值、中位數、眾數等信息，還提供了數據分佈形態（峰度和偏度）、樣本量以及均值在95%的置信度下的區間估計等信息。

圖 10.8　Excel 描述統計選項

表 10.3　　　　　　　　購買家用車可能性匯總描述統計表

平均	3.1	偏度	−0.0759
標準誤差	0.183,503	區域	4
中位數	3	最小值	1
眾數	3	最大值	5
標準差	1.297,564	求和	155
方差	1.683,673	觀測數	50
峰度	−0.969,95	置信度（95.0%）	0.368,764

二、多變量描述統計分析

單變量描述統計用最簡單的概括形式反應出大量數據資料所容納的基本信息，但當我們希望討論兩個以上變量之間的關係時，比如研究品牌的使用者與收入之間的關係、研究品牌的滲透率與地區的關係等問題時，我們就要將幾個變量聯繫起來進行考察，在此情況下，通常要採用交叉分析（也稱列聯表分析）的統計分析方法。

1. 兩變量交叉分析

交叉分析是一種專門用來分析兩個變量聯合分佈的統計技術。進行交叉分析的變量必須是離散變量（也就是定類或定序變量），並且只能是有限個取值，否則要進行分組。交叉分析表易於理解，便於解釋變量間的關係，操作簡單却可以解釋比較複雜的現象，因而在市場調查中應用非常廣泛。

為了說明交叉分析的作用，我們舉一個簡單的例子。假設在一次川內高校的隨機抽樣調查中，我們得到大學生對某明星代言某品牌的態度統計結果如下（見表10.4）：

表10.4　　　　　　　　大學生對某明星代言某品牌的態度統計表

喜歡（%）	討厭（%）	不表態（%）	調查人數（人）
45	45	10	2000

從這一結果中，我們只能得到「該總體中持喜歡和討厭態度的人大致相等」的結論。但是，當我們按性別對此結果進行交叉分類統計時，結果可能會變得很有趣（見表10.5）。

表10.5　　　　不同性別的大學生對某明星代言某品牌的態度統計表（%）

性別＼態度	男	女
喜歡	85	5
討厭	10	80
不表態	5	15

你從上表中讀出了什麼內容？這一結果清楚地向我們表明：不同性別的大學生對這位明星的態度有很大的差別，男性基本上傾向於表示「喜歡」，而女性則主要傾向於表示「討厭」！那麼這一結果就能更深入、更科學地反應出客觀事實。類似地，我們在市場調研中，還可以作出年齡與態度、職業與態度、文化程度與態度等多種交叉分類表，以分別研究不同年齡的人、不同職業的人、不同文化程度的人對位明星代言人的看法有什麼不同，由此得出的結果將更加有利於增強企業對消費者的瞭解，從而更好地開展市場行銷活動。

剛才說過，適用於交叉分析的變量應當只是有限個取值，否則就要分組計算，但如果我們遇到一個連續變量，也可採用這一方法將數據進行轉換，使之由連續變量轉為分類變量。下面來看一個例子：

例如，研究城鎮居民在某地的居住時間與其對當地產啤酒的喜好程度之間的關係，本來喜好程度是多級的定距變量取值，而居住時間則更是一個連續的定比測量，但為了使用交叉分析，我們可將其簡化，在喜好程度上簡化為「喜歡」和「不喜歡」兩類，而居住時間則可歸納為短期（2年以下），中期（2~8年），長期（8年以上），如表10.6所示。

表 10.6　　　居住時間與對本地產啤酒喜好程度的交叉表分析（頻數）

喜好程度＼居住時間	2 年以下	2 年~8 年	8 年以上	合計
不喜歡	55	45	34	134, 132
喜歡	27	52	53	
合計	82	97	87	266

那麼，到底居住時間與對本地啤酒的喜好程度有沒有關係呢？由表 10.7 可見，居住時間在 8 年以上的居民比居住時間低於 8 年的居民似乎更喜歡當地啤酒，進一步計算出百分比，則可以看得更直觀一些（見表 10.7）。

表 10.7　　　居住時間與對本地產啤酒喜好程度的交叉表分析（%）

喜好程度＼居住時間	2 年以下	2 年~8 年	8 年以上
不喜歡	67.1	46.4	39.1
喜歡	32.9	53.6	60.9
合計	100.0	100.0	100.0

由於兩個變量都已交互分類，我們既可以根據行合計計算行百分比，也可以根據列合計計算百分比，那麼到底應當對行還是列計算百分比？這裡有一個基本的原則，即首先要分清在調研問題中哪個是因變量哪個是自變量，一般的規則是沿著自變量的方向計算百分比。以表 10.7 為例，因為我們想要知道居住時間對人們是否喜歡當地啤酒有沒有影響，所以自變量就是居住時間，因變量就是喜歡程度，從表 10.7 可見，居住時間在 2 年以下的居民只有 32.9% 的人聲稱他們喜歡本地啤酒，而這一數字在 8 年以上的老居民中達到了 60.9%，也許我們能得出這樣一個結論，在一個地方住得越久，人們越是喜歡本地的東西。至於這一效應是否可靠，其內在的邏輯是什麼，這需要調研人員進一步發掘，也許是因為久居之後，人們的「本地人」身分標示越容易得到強化，從而變得越加喜歡本地產品吧。

2. 三變量交叉分析

在兩變量交叉分析的基礎上，引入第三個變量後再進行交叉分析，常常能使之前的雙變量之間的聯繫變得更加清晰。具體而言，引入一個新變量後，可能出現以下四種結果：

（1）能夠提煉原有的兩個變量間的關係。例如表 10.8 所示的是購買時裝和婚姻狀況之間的關係的調研結果。調查對象按照對時裝購買頻率的高低被分為兩個組，婚姻狀況也分為已婚和未婚兩類。從表 10.8 可以看出，52% 的未婚者屬於高頻率的時裝消費者，而已婚者中只有 31%，從數字上看未婚者在服裝支出方面比已婚更高一些。

表 10.8　　　　　　　婚姻狀況對服裝購買的影響交叉表分析（%）

時裝購買頻率 \ 婚姻狀況	已婚	未婚
高	31	52
低	69	48
合計	100	100
調查對象數量（人）	700	300

但是當我們引入性別變量，再重新考察時裝購買頻率與婚姻狀況的關係，發現對於男性來說，已婚者與未婚者在服裝購買頻率方面非常接近，分別有35%和40%屬於時裝購買頻率較高的類型，而對於女性，已婚者與未婚者在時裝消費上有著明顯的差別，未婚女性中，有60%屬於高頻率的時裝購買者，而已婚女性中，這一比例只有25%，因此，引入性別變量（第三個變量），改變了婚姻狀況與時裝購買率之間的關係，綜合表10.8和表10.9我們可以看到，未婚的被訪者有更多的人屬於時裝購買的高頻率族群，然而這種特徵主要表現在女性身上，在男性方面的作用並不明顯。

表 10.9　　　　　　　婚姻狀況和性別對服裝購買的影響（%）

婚姻狀況 \ 性別 時裝購買頻率	男性 已婚	男性 未婚	女性 已婚	女性 未婚
高	35%	40%	25%	60%
低	65%	60%	75%	40%
合計	100%	100%	100%	100%
調查對象數量（人）	400	120	300	180

（2）可能否定原有的兩變量間的關係。例如，一家負責促銷高檔汽車的廣告代理公司做了一項研究，目的是對高檔汽車的擁有狀況做出解釋。表 10.10 表明具有大學學歷的人中有32%擁有高檔汽車，而沒有大學學歷的人中只有21%擁有高檔車，調研人員據此可能得出教育水平影響是否擁有高檔車的結論。然而收入也是一個不能不考慮的因素，當研究者決定引入收入變量之後，此時發現無論有無大學學歷，擁有高檔車的比例在各個收入水平下都是相等的。當我們對高收入者和低收入者分別進行考察時發現，教育程度和擁有高檔車之間的關係就不復存在了，這就表明原來觀察到的教育水平與擁有高檔車之間的關係是虛假的（見表10.11）。

表 10.10　　　　　　　　　教育水平對擁有高檔車的影響（%）

擁有高檔汽車 ＼ 學歷	大學學歷	無大學學歷
是	32%	21%
否	68%	79%
合計	100%	100%
調查對象數量（人）	250	750

表 10.11　　　　　　教育水平和收入水平對擁有高檔車的影響（%）

擁有高檔汽車 ＼ 學歷 ＼ 收入水平	低收入		高收入	
	大學學歷	無大學學歷	大學學歷	無大學學歷
是	20%	20%	40%	40%
否	80%	80%	60%	60%
合計	100%	100%	100%	100%
調查對象數量（人）	100	700	150	50

（3）顯示出隱藏的聯繫。例如某國際旅行社通過調研認為，人們出國旅遊的願望受年齡的影響，但是通過對這兩個變量進行的列聯表分析發現這兩者之間並無聯繫，見表 10.12。然而當我們引入性別作為第三個變量時，得到了表 10.13 的結果，這一結果表明，對於男性，較年輕的人（45 歲以下）更願意出國旅遊，這一比例達到了60%，而 45 歲以上則只有 40% 願意出國旅遊。女性的情況剛好相反，45 歲以下的較年輕女性只有 35% 有出國旅行的願望，而在 45 歲以上女性群中，這一比例高達 65%，當我們沒有引入性別變量之時，由於男性和女性在出國旅遊的願望與年齡的關係相反，所以在表 10.12 中這兩個變量的關係由於沒有區分性別而被掩蓋了，但當性別這個變量後，兩者間的聯繫在男女兩個類別中就顯露出來了。

表 10.12　　　　　　　　　年齡對出國旅遊願望的影響（%）

是否希望出國旅遊 ＼ 年齡	45 歲以下	45 歲以上
是	50%	50%
否	50%	50%
調查人數（人）	500	500

表 10.13　　　　　　　　年齡和性別對出國旅遊願望的影響（%）

性別 年齡 是否希望出國旅遊	男性		女性	
	45 歲以下	45 歲以上	45 歲以下	45 歲以上
是 否	60% 40%	40% 60%	35% 65%	65% 35%
調查對象數量（人）	300	300	200	200

（4）原有關係沒有發生變化。有時在原有的兩個變量關係的基礎上引入第三個變量不會改變原來觀察到的關係，無論原始變量是否有聯繫，新變量的引入都不會改變它們之間的聯繫。這種情況表明原有的變量間的關係是真實、穩定的。如果它們的關係是虛假的，就很可能因為真正有效的變量的引入而產生前三種尤其是第二種結果。關於第四種結果在概念上很容易理解，例如家庭規模對是否經常出去吃快餐沒有影響，如果引入家庭收入變量之後，原有的家庭規模對是否經常吃快餐的影響情形依然沒有出現明顯的變化，就說明無論是收入還是規模都不影響人們吃快餐的頻率，那麼作為調研者來說，此時要對影響人們吃快餐的頻率的原因尋找新的解釋。

需要說明的一個問題是，交叉分析表考察的是變量之間的相關性，不是因果關係，兩個變量有因果關係則可能會表現為相關，但兩個變量相關並不一定意味著一個變量是另一個變量的起因，為了考察因果關係，必須採用實驗設計方法控制其他因素的影響，從而對因果關係進行驗證。此外，我們在本節僅舉出對三個變量進行交叉表分析的例子，從理論上說可以對四個或更多的變量進行列聯表分析，但解釋起來非常複雜，所以實際操作中，一般很少這樣做，而是會採用多元統計分析方法。還有一個值得注意的問題是，使用交叉表進行分析時，應當保證每個單元格中有足夠的觀察例數，一般要求每個單元格中至少應當有 5 個以上的樣本，這是最低要求，否則依此去計算它的百分比或進行顯著性檢驗是很不可靠的，關於交叉表的統計顯著性分析，我們將放在下一節進行。

第二節　假設檢驗概述

一、統計顯著性

為了有助於我們理解什麼是顯著性，讓我們先來舉一個簡單的例子：假設有一家零售連鎖公司有一千余家分店，其中某種商品平均每個店月銷售額為 600 件，公司總經理認為前段時間實施的促銷策略會對這種商品以及其他相關商品的銷售產生很大的促進，然後他隨機抽取了 60 家分店作樣本，得到的數值是平均每個店這種商品銷售了 620 件，那麼這位總經理能否據此就得出結論，認為公司的促銷活動是有效的？

上述例子說明，通過市場調研獲得的樣本，僅僅是對樣本的數據特徵（例如均值

和方差）進行描述是不夠的，還常常需要根據樣本信息對總體數字特徵進行統計推斷（例如上一例子中，是否促銷活動確實產生了效果，以至於總體的均值確實高於600件？），統計推斷最根本目的就是從抽樣調查的結果中歸納出總體特徵。其基本信條是：在數學意義上不同的數字在統計學意義上可能並沒有顯著的不同。例如，調查人員要求喝可樂的人蒙眼品嘗兩種不同的可樂並說出自己更喜歡哪一種。結果表明，51%的人傾向於某一種可樂，49%的人傾向於另一種可樂，這裡確實有數值的差別，但這種差別極小以至於它不重要。它可能在我們準確判定自己口味偏好能力的誤差之內，而在統計意義上可能並不顯著。關於差異涉及三個不同的概念：

（1）數學差異。這是指如果幾個數字不完全相同，它們就有差異。然而，這並不能說明差異的重要以及在統計上的顯著。

（2）統計顯著性。如果某一差異大到不可能是由於偶然因素或抽樣誤差引起的程度，那麼這個差異在統計意義上是顯著的。

（3）管理意義上的重要差異。統計上已證明有顯著性的差異，在管理上並不一定有實際意義，而假如數字的差異程度從管理的角度上看是有意義的，那麼我們可以說這個差異是重要的、具有管理意義的。例如，在某個包裝改進的調研中，顧客可能更偏向於喜歡新型的包裝，這種偏好也許反應在統計上是顯著的，但在管理上看這種差別很微小（例如改進之後可能增加0.1%的銷量），不值得投資去做這樣一件事情。

二、假設檢驗

假設是指調研人員或管理者對被調查總體的某些特徵所做的一種假定或猜想。調研人員常常可能面臨這樣的問題：調研結果是否與某種標準有很大的差別，以便決定公司在行銷策略上是否需要做出某些改變，例如：某項調查結果表明，顧客對公司產品的瞭解程度比半年前的瞭解程度要低一些，那麼這一結果是否低到了需要改變廣告策略的程度？再如，銷售經理認為其產品購買者的平均年齡為35歲，然而調查的結果表明購買者的平均年齡為38.5歲，調查結果與預計的35歲的差別是否足以說明銷售經理的感覺不正確或顧客群的結構正在發生某種變化？另外，如某快餐店認為其顧客有60%為女性，40%為男性，但通過調查發現，顧客中55%為女性，45%為男性，那麼調查結果與最初的假設是否有明顯的差別？

上述所有這些問題都可以通過統計檢驗來進行，在假設檢驗中，調研人員考察關於總體特徵的假設是否有可能成立。對於調查結果與假設的數值之間的差異有兩種基本解釋：其一，假設是正確的，差異很可能是因為抽樣的偶然錯誤造成的；其二，假設不正確，我們假設的數值並非總體真正的值。

三、假設檢驗的基本原理

當研究假設形成以後，就進入假設檢驗階段。利用樣本值可以對一個具體的假設進行檢驗，其基本原理就是人們在實踐中經常採用的小概率原理，即發生概率很小的隨機事件在一次試驗中幾乎不可能發生。如果小概率事件在一次試驗中居然發生了，則有理由首先懷疑原假設的真實性，從而拒絕原假設。

例如據報導，某商場採用摸獎促銷，顧客從放有紅白兩色各10個小球的箱子中有放回地連續摸10次。如果10次都摸到紅色球，顧客可以得到大獎，結果真有一位顧客摸了10次都摸到紅球，但商場立即認定顧客作弊，拒付大獎，於是引發一場官司。從假設檢驗的角度來看，商店的懷疑是有一定道理的，因為10次都摸到紅球的概率為 $(1/2)^{10}=1/1,024$ 很小，而這位顧客第一次參加這一抽獎活動竟然就出了這樣一個結果，這在現實中是很難發生的，難怪商場要認為他作弊了。

四、假設檢驗的步驟

檢驗一個假設一般要有5個步驟。

1. 陳述假設

假設主要用兩種形式表示：原假設（零假設）H_0 和備擇假設 H_1，這兩個假設是對立的。例如QQ汽車認為其產品購買者的平均年齡為25歲，為了檢驗其假設，在抽樣調查時隨機選取500名顧客進行調查，則原假設和備擇假設表示如下：

原假設 H_0：購買者的平均年齡 = 35 歲

備擇假設 H_1：購買者的平均年齡 ≠ 35 歲

需要注意的是，這樣表示的原假設和備擇假設不一定都是正確的，需要用可靠的證據來確定哪一種假設「更可能」是真實的。

2. 選擇適當的檢驗統計量

調研人員必須根據調查對象特徵選擇適當的統計檢驗方法。例如在對總體均值的假設檢驗中，以 z 值（$z = \dfrac{\bar{x} - \mu}{\sigma/\sqrt{n}}$）作為檢驗統計量；或者，以 χ（卡方）作為檢驗統計量，以判定不同類別的促銷方式是否帶來了不同的市場效果，從而判定是否應拒絕原假設。

3. 確定顯著性水平

抽樣調查結果與總體參數完全相等的情況幾乎不太可能發生，關鍵的問題是確定實際樣本均值和假設的均值之間的差異是不是偶然發生的，比如說，100 例中只會出現 5 例（$\alpha=0.05$）甚至 1 例（$\alpha=0.01$）。因此，我們需要一個判定規則或標準來決定是否拒絕原假設，這就是通常所說的顯著性水平。顯著性水平 α 在選擇原假設和備擇假設的過程中是很關鍵的，顯著性水平實際是一種可接受的「出錯率」，即當原假設為真時，由於偶然因素，我們抽到了一個非常偏的樣本，導致我們拒絕了原假設而接受備擇假設，這當然是一個錯誤（第一類錯誤），問題在於我們願意以多大的概率來承擔這樣的錯誤。α 值越小，意味著我們願意接受的出錯率越小。

4. 計算檢驗統計量的值

在這一個步驟中，我們要運用適當的公式來計算檢驗的統計量的值，如 z 值、χ 值，然後再按照預定的顯著性水平，把這個計算出的統計量的值與臨界值（通過查表得到）相比較，得出是否拒絕原假設的結論。

5. 表述結果

從初始研究問題角度表述結論，以總結、檢驗結果。

五、假設檢驗中的兩類錯誤

如果原假設已經設定，那麼要做的決定為是否拒絕該假設。根據抽樣分佈理論可知，如果從所研究的總體中抽取很多個樣本，那麼大多數樣本值（如均值）的結果都會接近於總體參數。只有少量的樣本值，比方說5%，有可能會超出總體參數加減1.96個標準差（$\mu \pm 1.96\,SE$）的範圍之外。這就意味著，當原假設為真時，取自該總體的一個隨機樣本的值（例如均值或比例）落在這個範圍之外的概率是很小的。如果原假設為真，但是樣本的值卻落在了這個範圍之外，那麼就會有兩種可能的解釋：

其一，H_0為真，但是我們十分不走運，一次抽樣就抽到了一個很偏的樣本，從而得到一個很不可能出現的樣本值。

其二，H_0根本不是真的，因此觀察到的樣本值離「中心」那麼遠而落在了該範圍之外也就並不奇怪了。

這兩種解釋似乎都有道理，但顯然我們更願意相信第二種解釋，因為它看上去更為合理。然而儘管如此，我們仍然還是有些擔心，因為也許可能恰恰第一種解釋是正確的。為此，我們把結論描述成是「在5%的錯誤水平下」成立的，或者說「檢驗是在5%的顯著性水平下進行的」。

那麼應該如何確定顯著性水平的大小？是否顯著性水平越小，作出錯誤決策的機會也就越小呢？在某種意義上說是這樣的，但這種說法並不確切。假定我們將顯著性水平從5%降到1%，那麼拒絕一個真實原假設的可能性將從100次中大約發生5次減到1次。這聽起業似乎很不錯，但我們也要清醒地看到這樣一個事實，在拒絕真實原假設的可能性減小的同時，接受不真實的原假設的可能性卻增加了。也就是說，在決策過程中，我們是冒著犯兩種不同類型的錯誤的危險的，如表10.14所示。

表10.14　　　　　　　　顯著性檢驗的兩種不同類型的錯誤

	接受 H_0	拒絕 H_0
H_0為真	正確	第一類錯誤
H_0為假	第二類錯誤	正確

如果減小了顯著性水平，那麼在檢驗一個實際上是真實的（正確的）假設時，我們就減小了拒絕該假設的可能性，但是在另一方面，減小顯著性水平卻可能增加了接受不真實的（錯誤的）假設的可能性。

由於顯著性水平的設定會影響作出正確決策和錯誤決策的可能性，因此應當合理地確定，在確定顯著性水平時一般要考慮以下兩個方面：

其一是事前的信念。如果我們對備選假設越是缺乏信心（即對原假設越有信心），那麼就越要將顯著性水平 α 設定得小一些。例如某公司廣告部通過調查發現，在某地電視臺試播了新設計的廣告片之后，公司品牌在當地的知曉率提高了，但公司行銷部

並不相信新廣告設計是成功的（對原假設很有信心），他們寧可要求得更嚴格些；如果「新設計的廣告片有效」，那麼他們希望看到公司品牌在當地的知曉率相比新廣告播出前能有更大的提升幅度，當他們把顯著性水平 α 設定得很小，公司品牌知曉率的播出前後差異就不太容易出現拒絕原假設的結果，換言之他們認為需要更強一些證據才能作出有利於廣告部的判斷。

其二是作出錯誤決策后可能造成的損失。如果第一類錯誤可能造成的損失越大，就要將顯著性水平 α 設定得越小，而第二類錯誤可能造成的損失越大，就要將顯著性水平 α 設定得大些。例如上個例子中，如果新廣告實際上並不比原廣告更有效（第一類錯誤），之所以看到公司品牌知曉率在當地的提升僅是因為偶然的抽樣誤差引起的，但公司卻誤以為新廣告在提升品牌知名度方面有重要效果，於是錯誤地在全國範圍內撤換原廣告改上新廣告從而導致公司增加不必要的成本，那麼這一錯誤的產生是由於將顯著性水平 α 設定得太大了，以至於一個微小的差異就導致了拒絕原假設。

然而需要特別說明的是，在市場調查有限的預算下，我們不可能使兩類錯誤同時變小，因為在預算約束下我們能夠得到的訪問樣本量是有限的，在樣本量確定的情況下，減小第一類錯誤發生的概率必將增大第二類錯誤的概率，反之亦然。因此在設定顯著性水平 α 時，我們顯然應該考慮到兩類錯誤的相對代價或損失。一般情況下，α 的取值範圍在 0.01~0.1，如果第一類錯誤導致的結果嚴重，α 的取值應偏小（等於 0.05 或 0.01 甚至更小）；反之，如果第二類錯誤導致的結果嚴重，則 α 的取值應偏大（等於或接近於 0.1），各種假設檢驗的原理都是一樣的，只是所依據的分佈與相關的參數不一樣而已。

第三節　關於均值和比例的假設檢驗

一、單樣本總體均值的假設檢驗

單樣本總體均值的假設檢驗是顯著性檢驗的最簡單的形式。原假設和對立假設一般用如下的形式表示：

$$H_0: \mu = \mu_0$$
$$H_1: \mu \neq \mu_0 (或 \mu > \mu_0, \mu < \mu_0)$$

假定樣本量是 n，樣本均值為 $\bar{x}$，檢驗的統計量是 $\bar{x}$，$SE = \sigma/\sqrt{n}$ 或 $SE = s/\sqrt{n}$，經過標準化，最終檢驗的統計量是 z 值或 t 值，其檢驗形式為：

$$z = \frac{\bar{x} - \mu}{s/\sqrt{n}} （總體方差未知，大樣本） \qquad (10.9)$$

或者

$$t = \frac{\bar{x} - \mu}{s/\sqrt{n}} （總體方差未知，小樣本） \qquad (10.10)$$

檢驗統計量 z 的值以 $\bar{x} - \mu$ 的形式計算樣本均值與我們想要考察的標準值之間的差異，分母 $s/\sqrt{n}$ 是通常所說的「均值的標準差」，用 $\sigma_{\bar{x}}$ 或 SE 表示。注意它和數據的標

準差 S 有所不同，數據的標準差反應的是原始數據離散的程度，而均值的標準差 $\sigma_{\bar{x}}$ 實際上反應的是抽樣樣本均值（這也是一個隨機變量）的離散程度，結合分子分母，我們可以將公式理解為 z 值實際上反應了 $\bar{x}$ 與 μ 之間相距有多少個「均值標準差」，我們用 z 值作為檢驗統計量來確定樣本均值與我們感興趣的標準值之間的距離是否足夠遠，進而判斷是否拒絕原假設。

當我們計算出檢驗統計量的值以後，用其與我們預先確定的顯著性水平 α 對應的臨界值對比，如果它的值落入臨界值以外，則說明差異是顯著的，應拒絕原假設，否則差異是不顯著的，不能拒絕原假設。

例 10.1　某廣告公司對某地區居民隨機抽樣了 100 人作電話訪問，對被訪者每週收看電視的平均時間進行調查。結果平均每週收看電視的時間是 10.5 小時，標準差為 7.75 小時，總體均值和總體方差未知，請問該廣告公司是否有足夠的理由相信該地區居民每週收看電視的平均時間是 9 小時？（顯著性水平 $\alpha = 0.01$）

解：原假設 $H_0 : \mu = 9$，對立假設 $H_1 : \mu \neq 9$
檢驗統計量是

$$z = \frac{\bar{x} - \mu}{s / \sqrt{n}} = \frac{10.5 - 9}{7.75 / \sqrt{100}} \approx 1.94$$

Z 值計算出來為 1.94，由於顯著性水平預設為 $\alpha = 0.01$，則其對應的臨界值為 2.58（查表可得），故不能拒絕原假設，可以認為當地居民每週平均看電視的時間大約為 9 小時左右。

二、兩個獨立樣本總體均值之差的假設檢驗

兩個獨立樣本均值的顯著性檢驗是市場調研中常用的檢驗類型，要求樣本服從正態分佈原假設和對立假設可表示為：

$$H_0 : \mu_1 = \mu_2$$
$$H_1 : \mu_1 \neq \mu_2$$

假定兩個樣本取自兩個獨立的總體，樣本量分別為 n_1 和 n_2，樣本均值分別為 $\bar{x}_1$ 和 $\bar{x}_2$，在應用中，總體標準差往往不知，因此要用樣本標準差來估計，檢驗的統計量是樣本均值之差 $x_1 - x_2$，樣本均值之差的標準誤差可以用下式估計：

$$SE = s_{合} \sqrt{\frac{1}{n_1} + \frac{1}{n_2}} \qquad (10.11)$$

其中 $s_{合}$ 被稱之為合併標準差：

$$S_{合}^2 = \frac{\sum (x_1 - \bar{x}_1)^2 + \sum (x_2 - \bar{x}_2)^2}{n_1 + n_2 - 2} \qquad (10.12)$$

大樣本的情況下，合併方差也可以用下式近似計算：

$$S_{合}^2 = \frac{n_1 s_1^2 + n_2 s_2^2}{n_1 + n_2} \qquad (10.13)$$

檢驗的統計量是 t，大樣本時，可把 t 看作 z，

$$t = \frac{|\bar{x}_1 - \bar{x}_2|}{S_{合}\sqrt{\frac{1}{n_1} + \frac{1}{n_2}}} \quad (自由度\ df = n_1 + n_2) \tag{10.14}$$

具體的評判規則與單樣本總體均值的假設檢驗相類似。

例 10.2 某公司進行調查以瞭解其廣告投放后顧客喜歡的程度，男性被訪者 240 人，對該廣告的評分平均為 31.5 分，標準差 12 分，女性被訪者 180 人，平均評分為 26.3 分，標準差為 19 分，研究者現在想知道的是總體中男性和女性消費者對該廣告的評分有無差異？（顯著性水平 1%）

解：設立假設：

$$H_0 : \mu_1 = \mu_2 \quad (男女對該廣告評價無差異)$$
$$H_1 : \mu_1 \neq \mu_2 \quad (男女對該廣告評價有差異)$$

$n_1 = 240$, $n_2 = 180$, $\alpha = 0.01$, $\bar{x}_1 = 31.5$, $\bar{x}_2 = 26.3$, $s_1 = 12$, $s_2 = 19$

$$S_{合}^2 = \frac{n_1 s_1^2 + n_2 s_2^2}{n_1 + n_2} = \frac{240 \times 12^2 + 180 \times 19^2}{240 + 180} = 237$$

$$S_{合} = 15.4$$

$$SE = s_{合}\sqrt{\frac{1}{n_1} + \frac{1}{n_2}} = 15.4 \cdot \sqrt{\frac{1}{240} + \frac{1}{180}} = 1.52$$

$$t = \frac{31.5 - 26.3}{1.52} = 3.43$$

取顯著性水平 $\alpha = 0.01$，臨界值為 $t_{0.005}(418) = 2.6$，由於檢驗統計量大於臨界值，所以可以在 1% 的顯著性水平下，拒絕原假設，即認為男性和女性對該廣告的評價具有顯著差異，男性對該廣告的評價要高於女性。

三、單樣本比例的假設檢驗

單樣本比例 p 的假設檢驗方法與單樣本均值的假設檢驗類似。假定樣本量是 n，則樣本比例 p，總體方差為 $p(1-p)$，$SE = s/\sqrt{n} = \sqrt{p(1-p)/n}$，其檢驗統計量為：構造檢驗統計量

$$z = \frac{\bar{p} - p_0}{\sqrt{\frac{p_0(1-p_0)}{n}}} \tag{10.15}$$

如果 $n \cdot p > 5$、$n(1-p) > 5$，則 p 的抽樣分佈近似服從正態概率分佈，因而可以採用 z 檢驗。

例 10.3 某研究者估計本市居民家庭的電腦擁有率為 30%，現隨機抽查了 200 個家庭，其中 68 個家庭擁有電腦。試問該研究者的估計是否可信？（$\alpha = 0.05$）

解：依題意建立假設

$H_0 : p = 30\% \quad H_1 : p \neq 30\%$

根據檢驗統計量

$$z = \frac{\bar{p} - p_0}{\sqrt{\frac{p_0(1-p_0)}{n}}} = \frac{34\% - 30\%}{\sqrt{\frac{30\% \times 70\%}{200}}} = 1.23$$

因為 $z_{0.025} = 1.96$，從而不能拒絕 H_0，即沒有證據表明研究者的估計不可信。

四、兩個獨立樣本總體比例的假設檢驗

檢驗形式為，$H_0:p_1 = p_2$，$H_1:P_1 \neq P_2$

檢驗統計量為
$$z = \frac{\bar{p}_1 - \bar{p}_2}{\sigma_{p_1 p_2}} \tag{10.16}$$

其中
$$\sigma_{p_1 p_2} = \sqrt{\bar{p}(1-\bar{p})\left(\frac{1}{n_1} + \frac{1}{n_2}\right)} \tag{10.17}$$

$$\bar{p} = \frac{n_1 \cdot \bar{p}_1 + n_2 \cdot \bar{p}_2}{n_1 + n_2} \tag{10.18}$$

其顯著性水平的拒絕法則與前幾種類似。

第四節　交叉表分析的 χ^2 假設檢驗

χ^2（卡方）檢驗是利用隨機樣本對總體分佈與某種特定分佈擬合程度的檢驗，也就是檢驗測量值與理論值之間的緊密程度。χ^2 檢驗主要用於擬合優度檢驗和獨立性檢驗，這樣關於諸如性別、教育等分類變量都可以進行統計分析，還有如消費者是否知道某一輪胎品牌，若干公司的市場佔有率是否發生了變化等等。其基本操作步驟是：

（1）設定原假設且確定每一個回答的期望頻數。
（2）確定適當的顯著性水平。
（3）通過樣本的觀測頻數與期望頻數計算 χ^2 的值。
（4）通過比較計算出的 χ^2 的值與 χ^2 的臨界值，做出統計決策。

一、擬合優度檢驗

為了說明上述過程，讓我們引入一個例子。

例 10.4　某產品的市場主要佔有者分別為 A、B、C 三家公司，分別佔有市場份額的 30%、50% 和 20%，近來公司 C 開發了一種新型換代產品，並且已經取代了其當前佔有市場的產品。某市調公司受雇之後，為公司 C 做了調查，在回收了 200 份問卷之後，被訪者表達對公司 A、B、C 的購買偏好分別是公司 A：48 人，公司 B：98 人，公司 C：54 人，那麼現在公司 C 希望從這些數據中知道，新產品的推出是否改變了市場份額的格局？（顯著性水平為 5%）

為了回答這一問題，首先我們要建立如下的原假設和對立假設：

H_0：公司的市場佔有率 P 分別為 $p_A=0.3$，$p_B=0.5$，$p_C=0.2$

H_1：總體比例不是 $p_A=0.3$，$p_B=0.5$，$p_C=0.2$

如果樣本分析結果導致拒絕 H_0，則有證據證明新產品的引進對市場份額有影響。

下面進行擬合優度檢驗，以確定 200 被訪者的偏好與原假設是否相符。擬合優度檢驗基於將觀察結果同期望結果做比較，如果觀察頻數與期望頻數之差較大則會引起拒絕原假設（即市場份額不是 $p_A=0.3$，$p_B=0.5$，$p_C=0.2$）為此，我們可以用 χ^2 統計量來衡量：

$$\chi^2 = \sum_{i=1}^{k} \frac{(f_i - e_i)^2}{e_i} \qquad (10.19)$$

式中，f_i 類別的觀察頻數，e_i 類別的期望頻數，k 類別總數，注意當所有種類的期望頻數均大於或等於 5 時，檢驗統計量服從自由度為 $k-1$ 的 χ^2 分佈。

詳細的計算過程請見表 10.15：

表 10.15　　　　　　市場份額 χ^2 檢驗統計量的計算過程

類別	假設比例	觀察頻數 （f_i）	期望頻數 （e_i）	差 （$f_i - e_i$）	差的平方 （$f_i - e_i$）^{2}	差的平方與 期望頻數相除 （$f_i - e_i$）$^2 / e_i$
公司 A	0.3	48	60	-12	144	2.40
公司 B	0.5	98	100	-2	4	0.04
公司 C	0.2	54	40	14	196	4.90
總計	—	—	200	—	—	7.34

從表 10.15 可見，如果我們以顯著性水平 5% 檢驗關於多項總體比率的原假設 $p_A=0.3$，$p_B=0.5$，$p_C=0.2$，對應的 5% 的臨界值（查表）為 $\chi^2_{0.05}=5.99$，自由度為 $k-1=3-1=2$，由於觀察頻數與期望頻數之差較大，達到了 7.34 大於 5.99，所以我們拒絕 H_0，結論為公司 C 引進新產品將改變當前市場份額。

二、獨立性檢驗

上面是擬合優度的例子，χ^2 檢驗的另一個重要的應用涉及用樣本數據檢驗兩個變量的獨立性。這與我們前部分所討論的交叉表有關，但我們在這裡關心的是構成交叉表的兩個變量是否相互獨立的問題，或者說要考察兩個變量是否有關聯，因為一旦拒絕了變量獨立假設，變量間自然就是有關聯的了。獨立性檢驗的統計量與擬合優度檢驗類似：

$$\chi^2 = \sum_i \sum_j \frac{(f_{ij} - e_{ij})^2}{e_{ij}} \qquad (10.20)$$

式中，f_{ij} 為列聯表中第 i 行第 j 列的觀察頻數，e_{ij} 為列聯表中第 i 行第 j 列的期望頻數，對於 n 行 m 列的交叉表，檢驗統計量服從自由度為 $(n-1) \times (m-1)$ 的 χ^2 分佈，其中所有類別的期望頻數都要求大於或等於 5。

下面再來看一個獨立性檢驗的例子，具體的計算方法與上一個例子非常類似。

例 10.5　某公司調查 150 位潛在顧客，請他們發表對該公司新產品概念創意的看法，結果不同性別的潛在顧客對這一概念表示的偏好如表 10.16：

表 10.16　　　　性別與新產品概念測試偏好樣本資料（觀察頻數）

性別＼態度	喜歡	一般	討厭	合計
男	20	40	20	80
女	30	30	10	70
合計	50	70	30	150

表 10.16 中各行列單元格中的數字是公司觀察到的頻數，有了觀察頻數表之後，還需要一個期望頻數表，期望頻數表的計算方法十分簡單，只需將各行列單元格對應的兩個邊緣合計數之積，除以總觀察數，即可得到該單元格中的期望數值。例如在單元格（1，1）中，觀察到的頻數是 20，該單元格對應的行、列合計分別為 80 和 50，總觀察數為 150，所以其期望頻數為（80×50）/150 = 26.67。至於這樣計算期望頻數的道理，是基於這樣一個推理，即如果對顧客的概念偏好與性別無關，那麼表示「喜歡」的顧客共有 50 名，這占了全部 150 名被訪者的 1/3，則全部 80 名男性中「應該」有 80×（1/3）= 26.67 的人表示「喜歡」，而無論其原來觀察值是多少，依此類推，我們可以計算得出每一個單元格中的期望頻數（表 10.17）。

表 10.17　　　　性別與新產品概念測試偏好的期望頻數表

性別＼態度	喜歡	一般	討厭	合計
男	26.67	37.33	16	80
女	23.33	32.67	14	70
合計	50	70	30	150

從表 10.17 中我們可以看到對於每個單元格中的期望頻數都大於 5，因此可以進行 χ^2 統計量的計算，其計算過程見表 10.18。

表 10.18　判定性別與新產品概念測試偏好是否獨立 χ^2 檢驗統計量計算過程表

性別	態度	觀察頻數 f_i	期望頻數 e_i	差 $f_i - e_i$	差的平方 $(f_i - e_i)^2$	差的平方與期望頻數相除 $(f_i - e_i)^2 / e_i$
男	喜歡	20	26.67	-6.67	44.49	1.67
男	一般	40	37.33	2.67	7.13	0.19
男	討厭	20	16.00	4.00	16.00	1.00

表 10.18（續）

性別	態度	觀察頻數 f_i	期望頻數 e_i	差 $f_i - e_i$	差的平方 $(f_i - e_i)^2$	差的平方與期望頻數相除 $(f_i - e_i)^2/e_i$
女	喜歡	30	23.33	6.67	44.49	1.91
女	一般	30	32.67	-2.67	7.13	0.22
女	討厭	10	14.00	-4.00	16.00	1.14
合計	150	—	—	—	—	$\chi^2 = 6.13$

通過計算可以看到檢驗統計量 $\chi^2 = 6.13$，其自由度為 $(n-1)\times(m-1) = (2-1)\times(3-1) = 2$，對於設定的顯著性水平 5%，查表可得臨界值為 $\chi^2_{0.05} = 5.99$，由於檢驗統計量 $\chi^2 = 6.13$ 大於這一臨界值，於是該公司可以拒絕原假設並得出性別與新產品概念偏好不獨立的結論。

上述計算過程並不複雜，但實際工作運用手工計算也是很麻煩的，Excel 可以幫助我們簡化一部分工作量，例如運用 Excel 計算期望頻數會比較方便，然后再利用 Excel 的函數功能可以計算出概率值和卡方值，具體過程如下：

（1）根據調查數據整理出觀察頻數和期望頻數。如圖 10.9 所示。

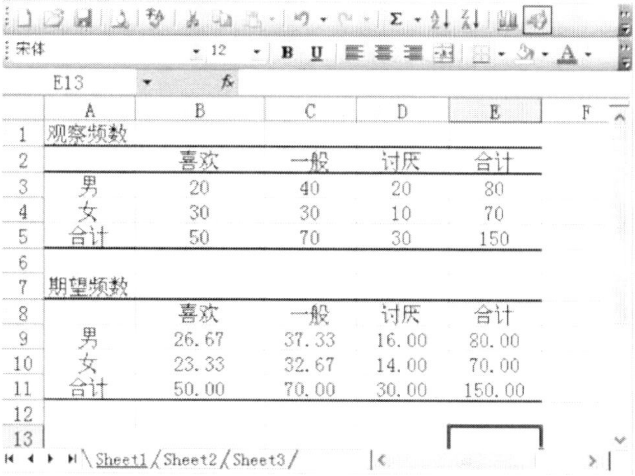

	A	B	C	D	E
1	观察频数				
2		喜欢	一般	讨厌	合计
3	男	20	40	20	80
4	女	30	30	10	70
5	合计	50	70	30	150
6					
7	期望频数				
8		喜欢	一般	讨厌	合计
9	男	26.67	37.33	16.00	80.00
10	女	23.33	32.67	14.00	70.00
11	合计	50.00	70.00	30.00	150.00

圖 10.9　觀察頻數和期望頻數

（2）先將鼠標任意單擊一個單元格，以作為運算后返回概率值的單元格。在例 10.5 中，我們點一下「E13」，然后點擊插入→函數，彈出「插入函數」對話框。在對話框中點擊下拉菜單，選擇「統計」。然后在「選擇函數」框中選擇「CHITEST」確定（CHI 是指卡方，TEST 是指檢驗）。如圖 10.10 所示。

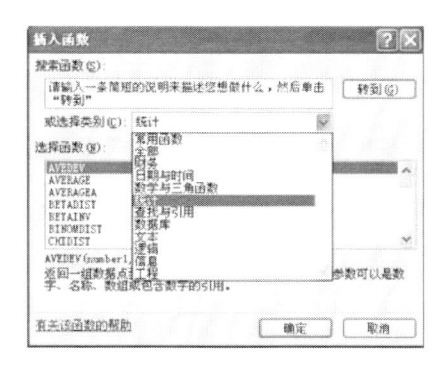

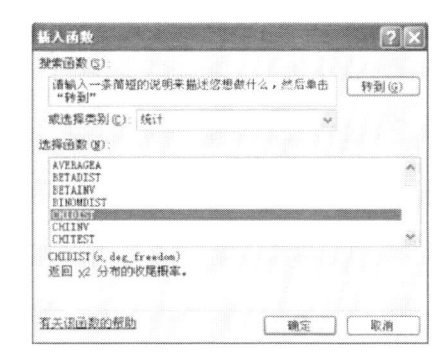

圖 10.10　插入函數對話框

（3）此時彈出了「函數參數」對話框，點擊「Actual‐range」欄尾端小箭頭處，再以鼠標在觀察頻數上拖拉，確定后，觀察頻數所在單元格數據即被定義到數據框中。依此辦法，將期望頻數所在數據單元也輸入「expected ＿ range」數據框中（圖10.11）。

圖 10.11　插入函數對話框

（4）此時計算結果在「函數參數」對話框中已經可以看到，回車后該數據出現在「E13」的單元格中。在本例中，Excel 返回的值是 0.046,83，這是指拒絕原假設要承擔的犯第一類錯誤的概率，由於它小於5%的顯著性水平，因此我們應當拒絕原假設。有一點需要說明的是，在此操作過程中，輸入數據時只用鼠標拖拉定義觀察或期望數據，不要將「合計」欄中的數據（無論是行合計還是列合計）定義到數據欄中，否則會反饋回錯誤的結果。

如果我們還想更進一步知道 χ^2 值，可用鼠標再任意單擊一個單元格，注意只要不單擊在 E13 上即可，比如「D13」，然後點擊插入→函數，按照前面的方法在「選擇函數」框中選擇「CHIINV」，這個函數的功能是返回卡方分佈的單尾概率的反函數值，即卡方值。確定之后仍然會彈出對話框要求輸入數據，此時請在「probability」欄中輸入 E13，表示讓該欄讀取 E13 單元格中的數據，在「Deg ＿ freedom」中輸入自由度，本例中是 $(n-1) \times (m-1) = (2-1) \times (3-1) = 2$，所以我們在「Deg ＿ freedom」中輸入2，確定后可在「D13」單元格中返回數據6.122，這就是我們前面通過手

199

工計算得出的卡方統計量的值。有興趣的同學可將圖 10.9 中的數據輸入 Excel，重複驗證這一過程。

第五節　方差分析

方差分析是比較若干總體均值是否具有統計意義的差別時最常用的方法。在方差分析中，我們將那些影響實驗指標的條件稱為因素（自變量），將因素所處的條件稱為「水平」（即自變量的取值）。傳統上，方差分析主要是用來分析實驗取得的數據，當有多於兩個總體的均值需要進行比較時，方差分析是非常合適的統計工具。但在市場調研中，方差分析也可以用於分析調查和觀察的數據，常用的有「單因素方差分析」和「雙因素方差分析」。

一、單因素方差分析

單因素方差分析只檢驗一個變量的影響，其原假設可以表示為：

$H_0: \mu_1 = \mu_2 = \mu_3 \cdots = \mu_k$　H_1：總體均值不全相等

其意義是指，假定有取自 k 個待比較總體的 k 個獨立樣本，其樣本量分別為 $n_1, n_2, \cdots, n_k$，樣本均值分別為 $\bar{x}_1, \bar{x}_2, \cdots, \bar{x}_k$，k 個樣本合併后的總樣本的樣本量為 n，總均值為 $\bar{\bar{x}}$，分別用 SS_b（Sum of Squares Between Categories），SS_w（Sum of Squares Within Categories）和 SS_t（Total Sum of Squares）表示組間方差、組內方差和總方差。其中組間方差 SS_b 表示各組（各分類樣本）的均值 $\bar{x}_i$ 與總均值 $\bar{\bar{x}}$ 之間的差異，組內方差 SS_b 反應的是每組組內的樣本觀察值與該組均值 x_i 之間的差異，總方差 SS_t 可以分解為組間方差和組內方差之和，對應的總的自由度也可以分解為組間自由度和組內自由度之和。有關的計算公式為：

$$ss_b = \sum_{j=1}^{k} n_j (\bar{x}_j - \bar{\bar{x}})^2 \qquad (10.21)$$

$$ss_w = \sum_{j=1}^{k} \sum_{i=1}^{n_j} (x_{ij} - \bar{x}_j)^2 \qquad (10.22)$$

$$ss_t = ss_b + ss_w \qquad (10.23)$$

檢驗 H_0 的最終統計量為 F 比值，它是平均組間方差與平均組內方差的比值，它表示了可以用組間差異來解釋的方差相對於不能解釋的方差的大小。計算公式為：

$$F = \frac{ss_b/(k-1)}{ss_w/(n-k)} \text{（自由度 } df = (k-1, n-k)) \qquad (10.24)$$

利用 F 分佈表，可以查到給定顯著性水平下的臨界值，從而判定是否拒絕原假設，當原假設被拒絕，則說明各個樣本組的均值是有差異的，如果我們還想進一步瞭解到底是哪些組之間存在顯著的差異，可能還需要應用兩個獨立樣本均值的假設檢驗方法去進行兩兩比較，才能得到比較確切的結論。

例 10.6 某消費者因產品使用不當出現問題,故狀告產品製造商,引起當地公眾在一定範圍內的關注。公司隨后聘請了市場調查公司,希望考察利用不同媒體渠道獲知這一事件的公眾,是否對該事件真實情況的瞭解具有程度上的差別(顯著性水平 α 設定為5%),以作為日后公司公關活動的參考,問卷由多項問題組成,最后按百分制計分,其數據結果如表10.19。

表 10.19　以四種不同媒介作信息來源的公眾對該事件的瞭解程度

序號	報紙	廣播	電視	互聯網
1	65	32	81	81
2	47	45	63	62
3	60	54	42	45
4	43	35	76	54
5	55	48	69	73
6	32		51	51
7	78		47	36
8	51		72	
9			43	
各組樣本均值 $\bar{x}_j$	$n_1=8$	$n_2=5$	$n_3=9$	$n_4=7$
	$\bar{x}_1=53.88$	$\bar{x}_2=42.8$	$\bar{x}_3=60.44$	$\bar{x}_4=57.43$

解:

原假設 $H_0: \mu_1 = \mu_2 = \mu_3 = \mu_4$

總樣本均值 $\bar{\bar{x}} = 8 \times 53.88 + 5 \times 42.8 + 9 \times 60.44 + 7 \times 57.43 / (8+5+9+7)$

$\qquad = 54.86$

$ss_b = \sum_{j=1}^{k} n_j (\bar{x}_j - \bar{\bar{x}})^2$

$\quad = 8 \times (53.88 - 54.86)^2 + 5 \times (42.8 - 54.86)^2 + 9 \times (60.44 - 54.86)^2 + 7 \times (57.43 - 54.86)^2$

$\quad = 1061.36$

$ss_w = \sum_{j=1}^{k} \sum_{i=1}^{n_j} (x_{ij} - \bar{x}_j)^2$

$\quad = [(65-53.88)^2 + \cdots + (51-53.88)^2] + [(32-42.8)^2 + \cdots + (48-42.8)^2] + [(81-60.44)^2] + \cdots + (43-60.44)^2] + [(81-57.43)^2 + \cdots + (36-57.43)^2]$

$\quad = 5,009.61$

$F = \dfrac{ss_b/(k-1)}{ss_w/(n-k)} = \dfrac{1,061.36/3}{5,009.61/25} = 1.77$

查 F 分佈表(分子自由度3,分母自由度25)得原假設在5%顯著性水平上臨界值為2.99,而計算出的 F 檢驗統計量的值為1.77 小於這一臨界值,因此我們無法拒絕原假設,只能認為各個總體均值之間沒有顯著的差異。這意味著在本例中,無論公眾是

通過何種方式對事件進行瞭解，其瞭解程度並無不同。

在實際工作中，上述計算過程常常是以統計軟件完成的，當然 Excel 也有統計功能模塊，利用它也能輕鬆地完成上述過程。

具體而言，打開 Excel 軟件，點擊工具→數據分析→方差分析：單因素方差分析→確定。如圖 10.12 所示。

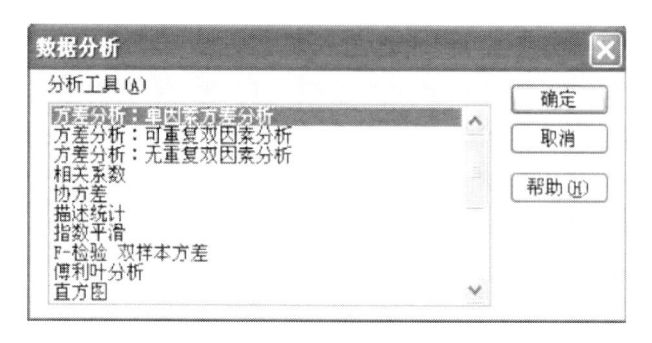

圖 10.12　數據分析→方差分析對話框

在「輸入區域」，點擊方框末端小箭頭，再以鼠標在數據集上拖拉，注意在行數上要以有最多觀察樣本數的那列為準（見 10.11 圖虛框所示），然後再勾選「標誌位於第一行」，顯著性水平 α 值默認為 0.05，如圖 10.13 所示，當然我們也可將其改為我們預定的任意數值，此時原則上即可「確定」，但如果你希望看到輸出結果與數據在同一張工作表上，你可以再點擊「輸出區域」並以鼠標點擊工作表中任意你想要開始輸出結果的單元格，所有的輸出結果就會從你點擊的單元格開始往右下方呈現（見表 10.20 和表 10.21）。

圖 10.13　單因素方差分析對話框

表 10.20　　　　　　　　　　單因素方差分析描述匯總表

組	觀測數	求和	平均	方差
報紙	8	431	53.875	199.5536
廣播	5	214	42.8	83.7
電視	9	544	60.444,44	224.0278
互聯網	7	402	57.428,57	247.619

表 10.21　　　　　　　　　　單因素方差分析結果表

差異源	SS	df	MS	F	P-value	F crit
組間	1061.83	3	353.94	1.766	0.179	2.9912
組內	5009.61	25	200.38			
總計	6071.44	28				

　　從上面的表 10.20 和表 10.21 可以看到 Excel 產生了兩張表，前一張表是對用於方差分析的原始數據的描述，后一張表才是方差分析的結果，我們可以看到前面我們手工計算的那些重要的數據結果都集中到這張表上了，表頭的 F 這一列所對的數字，即是我們先前計算出的 F 檢驗統計量的值，在給定的 5% 的顯著性水平下，臨界值的 F 值（F-crit）為 2.99，F 檢驗統計量的值小於臨界值，表明不能拒絕原假設，其對應的概率值（P-value）為 0.179。

二、雙因素方差分析

　　前面介紹的單因素方差分析方法只考查了一個變量的影響，但在許多實際問題中，往往不能只考查單一因素各種水平下的影響，而必須同時考查兩個甚至兩個以上因素的影響作用。比如例 10.6 中，除了考慮到不同的信息獲取方式可能給事實認知帶來的影響，公眾的受教育程度也可能會對公眾對事件的理解產生影響，甚至不同性別、不同社會地位也都可能產生影響。

　　在雙因素方差分析法中，通過檢驗不同水平組合之間的因變量均值，由於受不同因素的影響，以判定其是否存在差異。這一分析過程不僅可以分析每一個因素的作用，也可以分析因素之間的交互作用，所謂「交互作用」又稱之為交互效應，是指一個因素對因變量的作用與另一個因素的水平（類別）有關。例如，假定我們在例 10.6 中，看到使用互聯網方式瞭解事件的公眾得分最高，並且通過了單因素方差分析的顯著性檢驗，因此我們得出「使用互聯網獲悉該事件的公眾對事件真相的瞭解程度顯著高於通過其他獲悉方式獲悉該事件的公眾」的結論，這僅是單因素方差分析的結果；由此更進一步，假定我們只在高學歷的人群中才看到上述結論成立，而在低學歷人群中上述結論並不成立，我們就可以說在「學歷」與「使用媒體方式」之間，存在著對事件真相認知程度的交互效應。

　　對於雙因素方差分析，我們從實際應用角度出發，運用例子直接給出利用 Excel 的操作性步驟，至於其統計學的公式和計算步驟，有興趣的讀者可進一步參閱相關的統

計學資料。

例 10.7　某高校對某屆畢業生（包括本科生和碩士研究生）工作三年後的年薪收入進行調查，總共取得了 24 個有效樣本，其數據如表 10.22 所示：

表 10.22　　　　　　　某高校畢業生三年後年薪收入數據表

學歷 \ 院系		因素 A		
		經管院	理工院	人文院
因素 B	本科生	4.6	5.6	4.2
		5.8	4.6	5.3
		6.2	5.8	4.1
		6.1	6.1	4.5
	研究生	5.2	5.4	4.8
		5.4	6.2	4.8
		5.6	6.1	4.9
		4.7	5.9	5.7

將上表數據錄入 Excel，尤其是數據，仍須按表中的方式排列（在 Excel 中，排列方式很重要，否則可能無法運算或得出錯誤的結果）。這一排列方式表明，我們的數據是按照（2×3=6）水平組合設計的，即 2 個學歷類別，3 個學院類別，由此形成 6 個不同的組合單元，每個單元中有 4 例觀察值，這樣我們可以考察不同二級學院的畢業生的收入差別和不同學歷層次的收入差別，以及不同學院和不同學歷之間是否有交互效應。然後點擊工具→數據分析→可重複雙因素分析，並點擊確定（見圖 10.14）。其中，「可重複」的意思是說我們每個類別單元（區組）中都有 4 個樣本，而非只有 1 個，「可重複」在這裡是指的這種一個區組內有多個觀察值的情況。如果是同一受試對象不同時間（或部位）重複多次測量所得到的資料稱為重複測量數據（Repeated Measurement Data），對該類資料不能應用隨機區組設計的兩因素方差分析進行處理，需採用重複測量數據的方差分析。

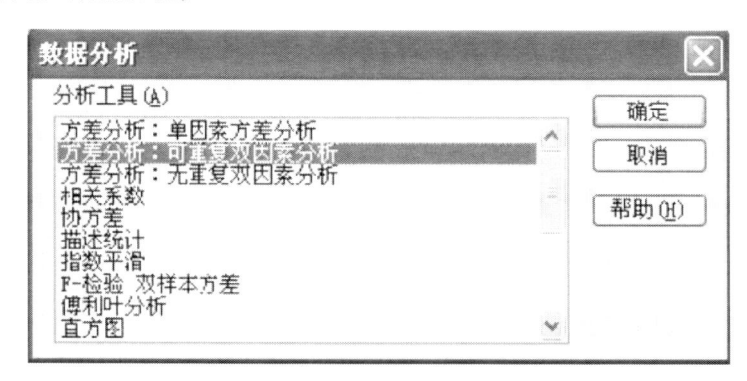

圖 10.14　雙因素方差分析對話框

然後再在輸入區域末端點擊標註點，再以鼠標在數據所在單元格中拖拉，請看圖

10.15 的虛線區域，這就是應當定義的數據區，注意到它是不包括「因素 A」和「因素 B」的字符在內的，否則會令 Excel 無法識別。接下來要在「每一樣本的行數」對話框中輸入因素 B 各水平中的行數，每個水平必須包含同樣的行數，因為每一行代表數據的一個副本，在例 10.7 中，我們觀察到因素 B 有兩個水平（本科和研究生），每個水平的行數是 4 個代表著有 4 個觀察，因此我們輸入「4」。顯著性水平 α 以及輸出選項可以採用默認，然後點擊確定。

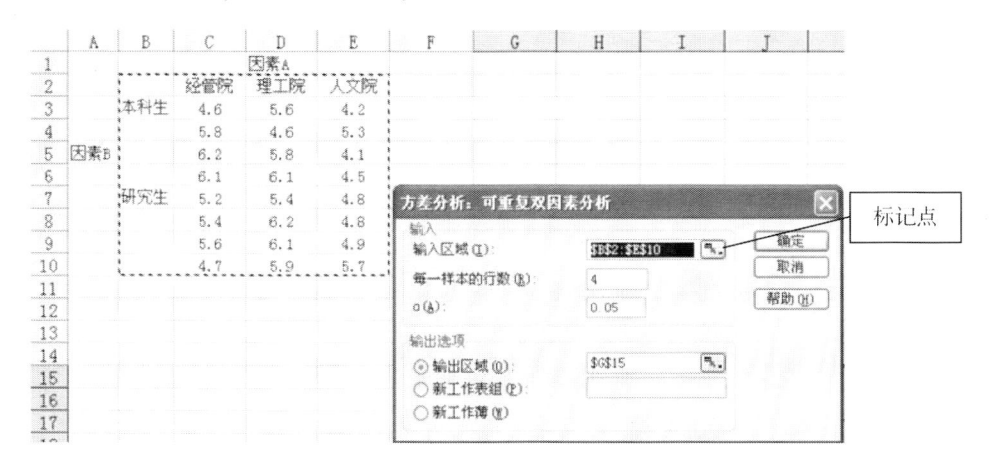

圖 10.15　雙因素方差分析對話框

最后我們得到了如表 10.23 所示的結果。由此分析表中的「差異源」，在這一列可以看到，「樣本」反應的是因素 B 的差異，「列」反應的是因素 A 的差異（因為我們因素 A 的各水平是按列劃分的），因素 A 的 F 值為 6.317，對應的臨界值 3.555，概率 0.008 較之預定的顯著性水平 5% 小，甚至小於 1%，可見在 1% 顯著性水平下，可以拒絕原假設，認為各個學院的畢業生三年后的薪資收入有顯著差異。而對於因素 B，檢驗的 F 值為 0.469，α = 0.05 的臨界值為 4.414，由於檢驗統計量小於臨界值，因此我們不能拒絕原假設，至少在暫時的情況下，只能認為學歷層次對畢業生三年后的薪水沒有顯著影響。最后，交互作用 F 值為 1.916，可以注意到它對應的概率值為 0.176，這意味著我們無法在 10% 的顯著性水平下識別出顯著的交互作用，因此，沒理由認為不同學歷對三個不同學院的畢業生的收入會產生不同影響。

綜合上述分析的結果，我們可以知道經管院的畢業生三年后平均年收入可達 5.45 萬元；而理工院的年收入最高，為 5.71 萬元，相對而言，人文院的畢業生年收入最低，為 4.79 萬元，我們可以期望經管院和理工院的學生收入之間沒有統計意義上的區別，因為他們看上去很相近，當然可以再進一步做雙樣本均值分析（t 檢驗）驗證，但是人文學院的畢業生收入看起來明顯比其他學院要差一些，如果我們能確定這一點，那麼我們可以建議學校的就業指導部門應當考慮為這些學生提供更多的幫助和指導，以提高其職場競爭力。

表 10.23　　　　　　　年薪收入數據雙因素方差分析表

差異源	SS	df	MS	F	P - value	F - crit
樣本	0.135	1	0.135	0.469	0.502	4.414
列	3.636	2	1.818	6.317	0.008	3.555
交互	1.103	2	0.551	1.916	0.176	3.555
內部	5.180	18	0.288	—	—	—
總計	10.053	23	—	—	—	—

第六節　相關分析與迴歸分析

在市場調查研究中，常要分析變量間的關係，如廣告與銷售收入、研發投入與市場佔有率、消費者的品牌認知與價格敏感度等，相關與迴歸就是研究這種相互關係的統計方法。本節只介紹相關與迴歸中最簡單、最基本的兩個變量間呈直線關係的分析方法。

一、相關分析

1. 相關分析簡介

相關分析是描述兩變量間是否有線性關係以及線性關係的方向和密切程度的分析方法。迴歸分析法是描述兩變量間依存變化的方法，實際工作中有時並不要求由自變量估計因變量，而關心的是兩個變量間是否有線性相關關係，如有，那麼它們之間的關係是正相關，還是負相關以及相關程度如何等，此時可採用相關分析。

線性相關又稱簡單相關，是指在兩個隨機變量中，當一個變量由小到大變化時，另一個變量也相應地由小到大（或由大到小）地變化，並且測得兩變量組成的坐標點在直角坐標系中呈線性趨勢，就稱這兩個變量存在線性相關關係。兩變量間的線性相關關係用相關係數 r 描述，線性相關的性質可由散點圖（圖 10.16）直觀地說明。

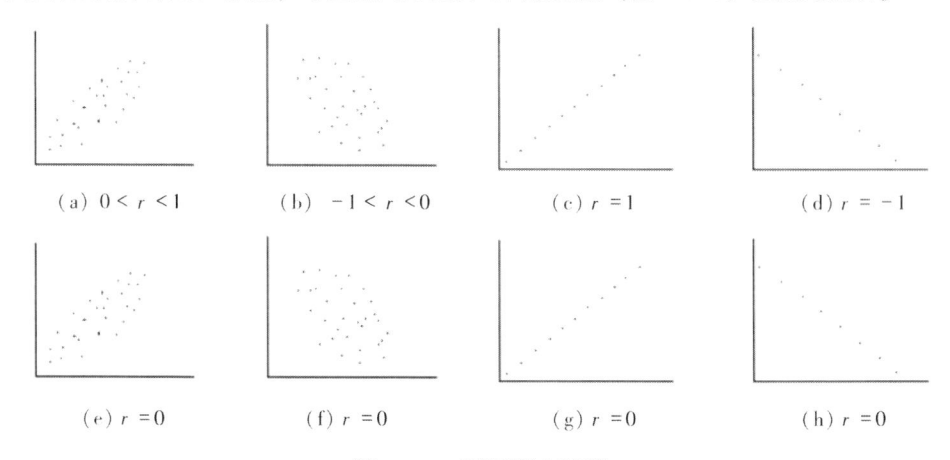

(a) $0 < r < 1$　　(b) $-1 < r < 0$　　(c) $r = 1$　　(d) $r = -1$

(e) $r = 0$　　(f) $r = 0$　　(g) $r = 0$　　(h) $r = 0$

圖 10.16　相關係數示意圖

圖a，由散點圖可見兩變量橫軸（X）與縱軸（Y）變化趨勢和方向是相同的，稱為正線性相關或正相關（0 < r <1）；反之，圖b中的X、Y呈反向變化，稱為負線性相關或負相關（-1 < r <0）。圖c的散點落在一條直線上且X、Y是同向變化，稱為完全正相關（r =1）；反之，圖d稱為完全負相關（r = -1）。由圖e到圖h，兩變量間毫無聯繫或可能存在一定程度的曲線聯繫而沒有線性相關關係，稱為零相關（r =0）。正相關或負相關並不一定表示一個變量的改變是另一個變量變化的原因，有可能同受另一個因素的影響。

2. 相關係數的意義及計算

一般習慣上用r表示樣本相關係數，用於描述有線性關係的兩變量間聯繫的密切程度。其計算公式表示

$$r = \frac{\sum (X - \bar{X})(Y - \bar{Y})}{\sqrt{\sum (X - \bar{X})^2 \sum (Y - \bar{Y})^2}} \qquad (10.25)$$

相關係數沒有單位，其值為$-1 \leq r \leq 1$，其值越大，表示X和Y之間的線性關係越明顯，當$|r|=1$表示兩變量間為完全相關。完全相關屬相關分析中的待例，由於現實市場環境中影響因素眾多以及個體變異的不可避免，完全相關是幾乎不存在的。

例10.8 某音像設備商場，為了測量廣告數目X，與銷售量Y之間的線性相關係數，通過調查得到下列數據，如表10.24所示：

表10.24　　　　　　　音像商場廣告和銷售數據表

周次	報紙廣告數目	銷售額（萬元）	周次	報紙廣告數目	銷售額（萬元）
1	2	50	6	1	38
2	5	57	7	5	63
3	1	41	8	3	48
4	3	54	9	4	59
5	4	54	10	2	46
均值	X = 3		Y = 51		

利用表10.24的數據，我們可逐步得出要計算相關係數所需的基礎數據如下表10.25：

表10.25　　　　　　　計算樣本相關係數所需的有關數據

x	y	$(X - \bar{X})$	$(Y - \bar{Y})$	$(X - \bar{X})^2$	$(Y - \bar{Y})^2$
2	50	-1	-1	1	1
5	57	2	6	4	36
1	41	-2	-10	4	100
3	54	0	3	0	9
4	54	1	3	1	9
1	38	-2	-13	4	169

表 10.25（續）

x	y	$(X-\bar{X})$	$(Y-\bar{Y})$	$(X-\bar{X})^2$	$(Y-\bar{Y})^2$
5	63	2	12	4	144
3	48	0	-3	0	9
4	59	1	8	1	64
2	46	-1	-5	1	25
				$\sum(X-\bar{X})^2=20$	$\sum(Y-\bar{Y})^2=566$

由公式 10.24 有：

$$r = \frac{\sum(X-\bar{X})(Y-\bar{Y})}{\sqrt{\sum(X-\bar{X})^2 \sum(Y-\bar{Y})^2}} = \frac{(2-3)\times(50-51)+\cdots+(2-3)\times(46-51)}{\sqrt{20\times 566}}$$

$= 0.93$

上述過程可以用 Excel 完成，其過程非常簡單：

點擊工具→數據分析→相關係數→確定，然后在輸入區域定義數據所在的位置，鼠標拖過的區域如下圖中虛框所示，分組方式選擇「逐列」（圖10.17），因為我們的原始數據是按照「列」的方式呈現的，一列代表著一個變量，注意到虛框是包含了表頭的漢字的，因此我們可以勾選「標誌位於第一行」（否則不可勾選），輸出區域選擇默認，回車，然后見到表10.26。

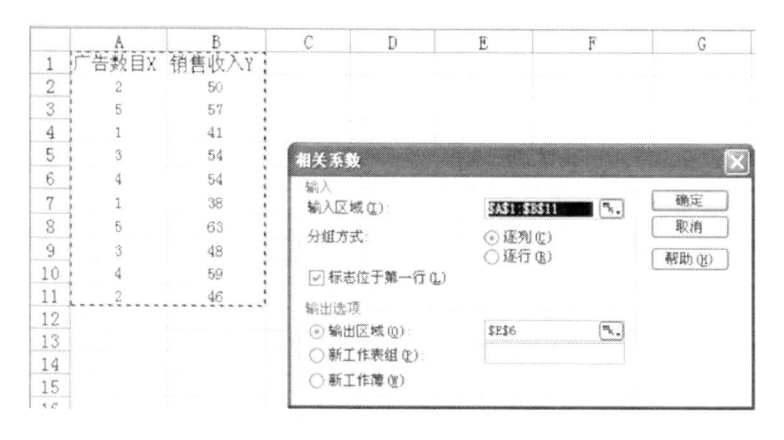

圖 10.17　相關係數數據輸入圖

從表10.26中可以見到輸出結果是呈下三角矩陣的形式排列的，矩陣的主對角線上的相關係數都是1，這是因為該變量與其本身當然是完全相關的，廣告數目這一列對應到銷售收入這一行，我們可以看到數字是0.930,4，這一數字與我們先前通過表格和公式計算出的結果完全相同，不過要顯得更精確些。因此，我們可以推論在廣告數目和銷售額之間有強的線性相關關係。

表 10.26　　　　　　　　　　廣告和銷售收入相關係數表

	廣告數目 X	銷售收入 Y
廣告數目 X	1	
銷售收入 Y	0.9304	1

3. 相關係數的假設檢驗

相關係數 r 是樣本相關係數，它只是總體相關係數 ρ 的估計值。從同一總體中抽出的不同樣本會提供不同的樣本相關係數，因而，樣本相關係數也存在變異性。所以，即使從 $\rho=0$ 的總體做隨機抽樣，由於抽樣誤差的影響，所得 r 值，也不一定等於零。故當算出 r 值后，接著應做 $\rho=0$ 的假設檢驗，以判斷兩變量的總體是否有線性相關關係。常用 t 檢驗，檢驗統計量 t 值的計算公式如下：

$$t = \frac{r-0}{S_r} = \frac{r}{\sqrt{\frac{1-r^2}{n-2}}}, \quad df = n-2 \qquad (10.26)$$

如例 10.8 中，

$$t = \frac{0.93}{\sqrt{\frac{1-0.93^2}{10-2}}} = 7.156$$

由於自由度為 $10-2=8$，查 t 分佈表可知，$\alpha=0.01$ 時雙尾 t 檢驗臨界值為 3.355，而我們得出的 t 統計量大於臨界值，因此可以認為兩個變量間具有線性相關關係，並且因為 r 的符號大於零且接近於 1，說明廣告投放與銷售收入為很強的正相關關係。

4. 線性相關分析時的注意事項

（1）並非任何有聯繫的兩個變量都是線性關係，在計算相關係數之前可以首先利用散點圖來判斷兩變量間是否具有線性聯繫，變量間是曲線關係時不能用線性相關進行分析。

（2）有些研究中，一個變量的數值隨機變動，另一個變量的數值卻是人為選定的。如研究降價促銷與銷量的關係時，一般是選定不同降價幅度，然后觀察每種幅度下銷量的變化，此時得到的觀察值就不是隨機樣本，計算出的相關係數 r 會因降價幅度的選擇方案不同而不同，故當一個變量的數值是由人為選定時不宜作相關分析。

（3）作相關分析時，必須剔除異常點。異常點即為一些特別大或特別小的離群值，相關係數的數值受這些點的影響較大，有這個點時兩變量相關，無此點時可能就不相關了。所以，應通過散點圖及時檢查，對由於測定、記錄或計算機錄入的錯誤數據，應予以修正和剔除。

（4）相關分析要有實際意義，兩變量相關並不代表兩變量間一定存在內在聯繫。如根據小樹樹高與兒童身高的資料算得的相關係數，即是由於時間變量與兩者的潛在聯繫，造成了兒童身高與樹高相關的假象。

（5）分層資料不要盲目合併作線性相關分析，否則可能得到錯誤結論。

二、迴歸分析

1. 迴歸分析與相關分析

通過調查取得的多變量數據，如果某一個變量隨著另一個變量的變化而變化，並且它們的變化在直角坐標系中呈直線趨勢，就可以用一個直線方程來定量地描述它們之間的數量依存關係，這就是線性迴歸分析。

線性迴歸分析中兩個變量的地位不同，其中一個變量是依賴另一個變量而變化的，因此分別稱為因變量（Dependent Variable）和自變量（Independent Variable），習慣上分別用 y 和 x 來表示。其中 x 可以是規律變化的或人為選定的一些數值（非隨機變量），也可以是隨機變量。在相關分析中，雖然可以利用相關係數 r 來表示兩變量間相關關係的方向和相關關係的密切程度，然而相關分析卻無法解決當一個變量 x 發生變化時，另一個變量 y 相應地發生了多大的變化。迴歸和相關都是對市場現象中數量依存關係的分析，在理論基礎和方法上具有一致性。只有存在相關關係的變量才能進行迴歸分析，相關性越高，迴歸測定的結果越可靠，相關係數也是判定迴歸效果的一個重要依據，此外相關係數和迴歸模型中的參數可以相互換算。相關係數的平方 r^2 稱為「決定系數」，是迴歸平方和與總的離差平方和之比，即總平方和中能被估計的迴歸方程解釋的百分比，迴歸平方和越接近總平方和，則 r^2 越接近1，說明自變量對因變量的解釋效果越好，反之，則說明引入效果不好或意義不大。

迴歸分析與相關分析的差別在於：

（1）相關分析是研究變量之間的共變關係，這些變量相互對應，不必分主次和因果關係。迴歸分析卻是在控制或給定一個變量或多個變量的條件下來觀察對應的某一個變量變化，給定的變量稱為自變量，它不是隨機變量，被觀察的那個變量稱為因變量，是一個隨機變量。當給定一個自變量數值時，因變量可能有多個取值，而且在通常的研究中也假定它們呈正態分佈，並且對應自變量的不同取值，因變量均具有相同的方差。

（2）相關分析主要是測定變量之間關係的密切程度和變量變化的方向。而迴歸分析卻可以對具有相關關係的變量建立一個定量模型來描述變量之間具體的變動關係，通過控制或給定自變量的數值來估計或預測因變量可能的數值。

相關分析和迴歸分析既有聯繫又有區別，實際研究中，通常是把它們結合在一起應用的。迴歸分析根據研究的問題和收集的資料也有很多形式，一元線性迴歸模型是最簡單也是最基本的一種迴歸模型。

2. 一元線性迴歸模型

在市場調查中，我們可能希望瞭解兩個變量是如何聯繫的，例如 Y =「銷售量」，X =「廣告投入」，那麼廣告投入對銷售量的影響如何，就可能是我們感興趣的問題，設想我們將「銷售量 Y」與「廣告 X」的樣本觀察值作出散點圖，如果在圖中發現 Y 與 X 之間存在高度的正相關，那麼我們就會想到如何去求得一個直線方程，使得圖中的所有點盡可能接近地擬合這條直線。這就叫作簡單迴歸分析，求得的方程稱之為迴歸方程，其一般形式為：

$$\hat{Y} = a + bX \qquad (10.27)$$

其中 $\hat{Y}$ 為因變量 Y 的估計值，也稱理論值，X 為自變量，a 與 b 是待定系數。其中，b 稱為迴歸系數，其含義為當 X 每變化 1 個單位時，$\hat{Y}$ 的變化單位；a 稱為截距，為迴歸直線或其延長線與 Y 軸交點的縱坐標。在迴歸前要注意考察兩變量的變化趨勢應呈直線趨勢，且因變量 Y 屬於正態隨機變量。

方程 $\hat{Y} = a + bX$ 中的 a 和 b 是兩個待定系數，根據樣本實測的自變量和因變量值計算 a 和 b 的過程就是求迴歸方程解的過程。我們知道，除非兩個變量之間完全相關，否則大多數實際觀測值與預測的迴歸線上的點都存在差異，為使方程能較好地反應各點的分佈規律，應該使實際觀測值與預測的迴歸直線的距離的平方和 $\sum (y-\hat{y})^2$ 最小，這就是最小二乘法原理，按以下公式計算：

先求 b：

$$b = \frac{\sum (X-\bar{X})(Y-\bar{Y})}{\sum (X-\bar{X})^2} = \frac{l_{xy}}{l_{xx}} \qquad (10.28)$$

式中 l_{xy} 為 X、Y 的離差積和，l_{xx} 為 X 的離差平方和

再求 a：

$$a = \bar{Y} - b\bar{X} \qquad (10.29)$$

3. 直線迴歸方程的假設檢驗

迴歸系數的檢驗亦即是迴歸關係的檢驗，又稱迴歸方程的檢驗，其目的是檢驗求得的迴歸方程在總體中是否成立，即是否樣本代表的總體也有線性迴歸關係。我們知道即使 X、Y 的總體迴歸系數 β 為零，由於抽樣誤差的原因，其樣本迴歸系數 b 也不一定為零，因此，需作 β 是否為零的假設檢驗，方法如下：

利用 t 檢驗，基本思想是利用樣本迴歸系數 b 與總體迴歸系數 β 進行比較來判斷迴歸方程是否成立，實際應用中因為迴歸系數 b 的檢驗過程較為複雜，而相關係數 r 的檢驗過程與之相類似，故一般用相關係數 r 的檢驗來代替迴歸系數 b 的檢驗。

統計量 t 的計算公式為：

$$t = \frac{b-0}{S_b}, df = n-2 \qquad (10.30)$$

$$S_b = \frac{S_{YX}}{\sqrt{\sum x^2 - (\sum x)^2/n}} = \frac{\sqrt{\dfrac{\sum (Y-\hat{Y})^2}{n-2}}}{\sqrt{\sum x^2 - (\sum x)^2/n}} \qquad (10.31)$$

式中，S_b 為樣本迴歸系數的標準誤；S_{YX} 為剩餘標準差，它是指扣除了 X 對 Y 的線性影響後，Y 的變異，可用以說明估計值 $\hat{Y}$ 的精確性。S_{YX} 越小，表示迴歸方程的估計精度越高。

例 10.9 某市場研究人員收集了消費者對某品牌的滿意度（總分為 30 分）與品牌忠誠（總分為 10 分）的關係，獲得 13 個有效數據（見表 10.27），並將這些數據作迴歸分析。

解：以滿意度作為自變量，品牌忠誠作為因變量，作散點圖（圖 10.18），發現呈直線趨勢，可擬合直線迴歸方程。

表 10.27　　　　　　　　　顧客滿意度與品牌忠誠的關係

編號	滿意度（X）	品牌忠誠（Y）
1	25.5	9.2
2	19.5	7.8
3	24.0	9.4
4	20.5	8.6
5	25.0	9.0
6	22.0	8.8
7	21.5	9.0
8	23.5	9.4
9	26.5	9.7
10	23.5	8.8
11	22.0	8.5
12	20.0	8.2
13	28.0	9.9

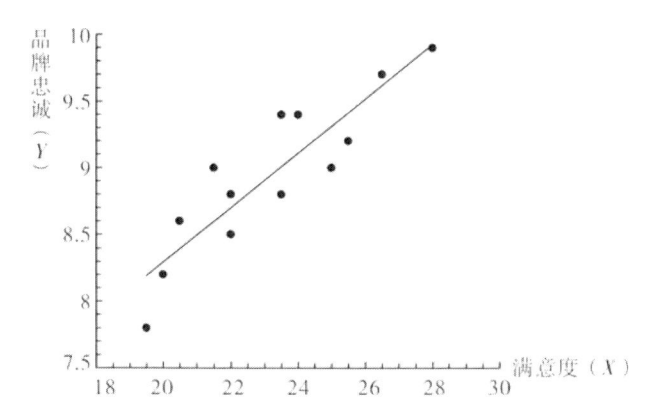

圖 10.18　調查 13 名顧客滿意度與品牌忠誠的關係

下面求解迴歸方程：

本例中　　$n = 13$，$\sum x = 301.5$，$\sum x^2 = 7,072.75$，

$\sum y = 116.3$，$\sum y^2 = 1,044.63$，$\sum xy = 2,713.65$

$\bar{x} = 23.19$，　　$\bar{y} = 8.95$

$l_{xx} = \sum x^2 - (\sum x)^2 / n = 7,072.75 - 301.5^2 / 13 = 80.269,2$

$l_{yy} = \sum y^2 - (\sum y)^2 / n = 1044.63 - 116.3^2 / 13 = 4.192,3$

$$l_{xy} = \sum xy \left(\sum x\right)\left(\sum y\right)/n = 2713.65 - 301.5 \times 116.3/13 = 16.384,6$$

故 $b = \dfrac{l_{xy}}{l_{xx}} = \dfrac{16.384,6}{80.269,2} = 0.204,1$，$a = \bar{y} - b\bar{x} = 8.95 - 0.204,1 \times 23.19 = 4.212,1$

所以迴歸方程為 $\hat{y} = 4.2121 + 0.2041x$

接下來要對迴歸方程進行 t 檢驗：

H_0：迴歸系數 $\beta = 0$，即顧客滿意與品牌忠誠之間不存在線性關係

H_1：迴歸系數 $\beta \neq 0$，即顧客滿意與品牌忠誠之間存在線性關係

$$S_{yx} = \sqrt{\dfrac{\sum(Y-\hat{Y})^2}{n-2}} = \sqrt{0.077,1} = 0.277,6 \text{，} s_b = \dfrac{s_{yx}}{\sqrt{l_{xx}}} = \dfrac{0.277,6}{\sqrt{80.269,2}} = 0.030,98$$

$$t = \dfrac{b}{s_b} = \dfrac{0.204,1}{0.030,98} = 6.59$$

按自由度 $df = 11$ 查 t 檢驗臨界值表，在顯著性水平取 $\alpha = 0.05$ 時，得臨界值為 2.201，再取顯著性水平 $\alpha = 0.01$ 時，得臨界值為 3.106，由於 t 統計量值為 6.59，因此可在 $P < 0.01$ 水平下拒絕 H_0，接受 H_1，認為顧客滿意與品牌忠誠之間存在線性關係。

上述計算過程，各位同學有興趣的可以自己利用 Excel 表計算驗證一下結果。實際工作中，一般採用 SPSS 或 SAS 等統計軟件進行分析，可以很方便地得出迴歸分析的各項擬合和檢驗結果。下面簡介一下利用 Excel 計算的操作：

點擊工具→數據分析→迴歸分析→確定，得到圖 10.19，在「輸入」區中分別定義 y 值和 x 值的輸入區域，注意如果輸入區域中包括了第一行的漢字字符提示如「品牌忠誠」，則要在對話框中勾選「標誌」選項，否則不可勾選。「置信度」選項默認為 95%，是指能有多大的把握保證迴歸系數取值的上下限不包括零值，否則我們無法在給定的顯著性水平下拒絕原假設，該選項默認為 95% 時，對應的顯著性水平就是 5%。此外還可勾選殘差圖和正態概率圖等選項，以考察數據是否服從正態分佈。此處我們勾選了「線性擬合圖」目的是要考察迴歸直線對 y 的觀察值的擬合效果。

確定回車後，出現迴歸分析的有關結果（見表 10.28 表和 10.29 所示），表 10.28 對應的第一欄是常數項（截距）和自變量名稱；第二欄「Coefficients」是系數，我們可以看到常數項是 4.212 而自變量 x 的系數為 0.204，比較一下前面我們曾經給例 10.9 計算出的迴歸方程擬合結果：$\hat{y} = 4.212,1 + 0.204,1x$，兩者完全一致；第三欄是標準誤差，注意看自變量 x 所對應的數值是 0.031，這也就是 s_b 的值；第四欄「t Stat」是 t 檢驗統計量值的結果，臨界值表中未給出，也不需要給出，因為軟件會自動計算出在對應的自由度下小於檢驗統計量的最小臨界值對應的概率。在本例中，由 t 統計量的值很大，甚至遠大於 1% 的顯著性水平所對應的臨界值，因此在第五欄「P - value（概率值）」中直接給出了 0.000 的概率，這表示有足夠證據能夠拒絕原假設，認為自變量前的系數不為零，自變量與因變量存在線性關係。注意 t 檢驗的臨界值在 5% 顯著性水平

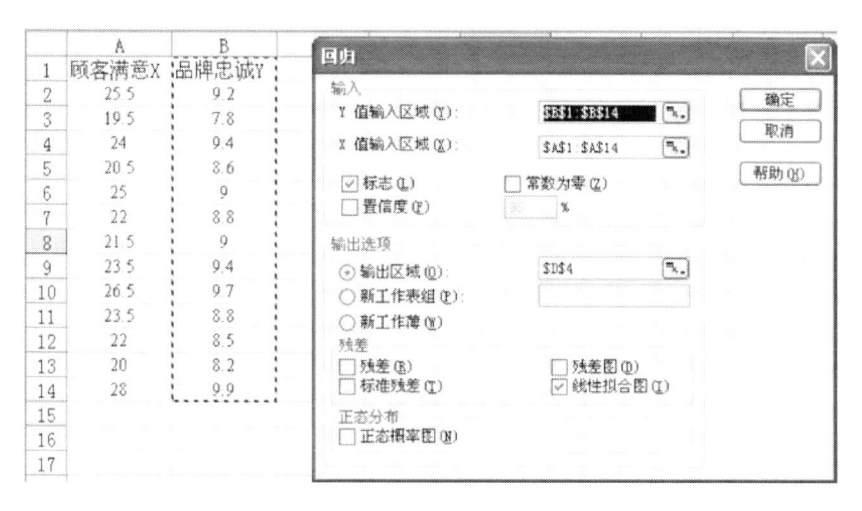

圖 10.19 「迴歸」數據輸入圖

（自由度 11）下為 2.201，以該值乘以標準誤差所對應的系數標準差 s_b = 0.031，可得 0.204±2.201×0.031，這恰好是 Lower 95% 和 Upper 95% 所對應的值，表明在 95% 的置信度下，系數 b 的取值是在 0.136～0.272 之間，換言之，這位市場研究人員可以推斷說總體的迴歸系數為零的可能性相當小。接下來的表 10.28 給出了迴歸擬合的有關信息，「Multiple R」給出的是樣本相關係數的信息，在此為 0.893，「R Square」給出的是決定係數的信息，在此為 0.7978，也就是說 y 變量的變化有 79.78% 可以被 x 變量所解釋，這應該說是一個不錯的擬合結果，「Adjusted R Square」是指根據樣本規模調整後的決定係數的修正值，它可以更準確地反應線性模型的擬合度，標準誤差的值為 0.277,6，是殘差的標準差 σ 的估計值，即是我們前面介紹過的 S_{yx}，它反應了迴歸直線估計的精度。

表 10.28　　　　　　　　　　迴歸分析系數及檢驗表

	Coefficients	標準誤差	t Stat	P - value	Lower 95%	Upper 95%
Intercept	4.212	0.723	5.828	0.000	2.621	5.803
顧客滿意（X）	0.204	0.031	6.587	0.000	0.136	0.272

表 10.29　　　　　　　　　　迴歸擬合情況表

迴歸統計	
Multiple R	0.893,172
R Square	0.797,756
Adjusted R Square	0.779,371
標準誤差	0.277,631
觀測值	13

4. 應用直線迴歸的注意事項

（1）作迴歸分析要有實際意義。實際工作中，切忌犯為迴歸而迴歸的毛病，不能把毫無關聯的兩種現象，隨意進行迴歸分析，忽視事物現象間的內在聯繫和規律。如對銷售量增長的數據與小草生長的數據進行迴歸分析既無道理也無用途。另外，即使兩個變量間存在迴歸關係時，也不一定是因果關係，必須結合專業知識作出合理解釋和結論。

（2）直線迴歸分析的資料，一般要求因變量 Y 是來自正態總體的隨機變量，自變量 X 可以是正態隨機變量，也可以是精確測量和嚴密控制的值。若稍偏離正態分佈要求時，一般對迴歸方程中參數的估計影響不大，但可能影響到標準差的估計，也會影響假設檢驗時概率值的真實性。

（3）進行迴歸分析時，應先繪製散點圖。若提示有直線趨勢存在時，可作直線迴歸分析；若提示無明顯線性趨勢，則應根據散點分佈類型，選擇合適的曲線模型，經數據變換後，化為線性迴歸來解決。一般來說，不滿足線性條件的情形下去計算迴歸方程會毫無意義，最好採用非線性迴歸方程的方法進行分析。

（4）繪製散點圖後，若出現一些特大特小的離群值（異常點），則應及時復核檢查，對由於測定、記錄或計算機錄入的錯誤數據，應予以修正和剔除。否則，異常點的存在會對迴歸方程中的系數 a、b 的估計產生較大影響。

（5）迴歸直線不要外延。直線迴歸的適用範圍一般以自變量取值範圍為限，在此範圍內求出的估計值稱為內插；超過自變量取值範圍所計算的稱為外延，若無充足理由證明，超出自變量取值範圍後直線迴歸關係仍成立時，應該避免隨意外延。

本章小結

圍繞著不同的調查目的，針對不同類型的市場調查數據，適用的統計分析方法是不同的。根據研究的目的不同，統計分析可以有多種方法，其中描述統計分析是最基本的方法，分為單變量的集中趨勢（包括均值、中位數、眾數等）和離散趨勢（包括全距、方差和標準差、四分位數、變異系數等）的分析；描述兩個或兩個以上變量的聯合分佈的交叉列聯表分析等，通過這些分析，我們能夠提煉原有的兩個變量間的關係，或可能否定原有的兩變量間的關係或顯示出變量間隱藏的聯繫等。描述統計儘管可以表明數據之間的差別，但無法推斷總體以說明其差別的程度，因此我們還需要假設檢驗，假設檢驗依據的是發生概率很小的隨機事件在一次試驗中幾乎不可能發生的原理，本章介紹了關於均值和比例的假設檢驗，以檢查樣本均值和比例是否與標準值具有統計學意義上的差別，以及研究變量間關係的交叉表分析（χ^2 檢驗）、相關分析、迴歸分析等，此外本章還結合實際運用所需，介紹了在 Excel 軟件上實現這些統計方法運用操作的步驟等。

思考題

1. 市場調查中常用的統計分析方法有哪些？分別適用於什麼場合？
2. 比較均值、中位數和眾數的異同。
3. 變異系數的含義是什麼？
4. 什麼是假設檢驗的兩類錯誤？彼此間有何聯繫和區別？
5. 顯著性水平的選取是隨意的嗎？請陳述你的理由。
6. 某公司的市場部認為，如果聲稱「喜歡」他們某品牌廣告的某地消費者低於30%，則應當改變廣告的策略，現經過調查300個隨機樣本，84個調查對象表示他們喜歡這個廣告，該廣告的訴求策略應當改變嗎？為什麼？
7. 某班學生共26人，其市場調研課程考試成績分數如下：

| 男 | 78 | 81 | 45 | 56 | 75 | 84 | 51 | 72 | 86 | 87 | 62 | 90 | 54 | 75 |
| 女 | 89 | 92 | 56 | 79 | 86 | 95 | 57 | 83 | 73 | 75 | 89 | 98 | | |

要求：

（1）將該班考試成績數據分組，分為優（大於85分者）、中（不足85分大於60分者）、不及格三類，編製頻數分佈表。

（2）編製學生性別和考試成績的交叉表。

（3）綜合運用所學統計分析方法，定量分析該班市場調研課程成績情況。

案例分析

某大型連鎖超市集團公司為了確定促銷活動在競爭中的作用，收集了公司在上個季度全國二十餘個主要城市的促銷與銷售業務數據，由於促銷活動的效果往往取決於競爭對手的反應，所以這次他們不僅僅是考察公司自己的促銷費用支出，而是把重點放在相對於競爭對手的促銷支出水平和銷售水平上，這兩項數據以促銷費用指數和銷售額指數的形式呈現，以公司在該城市中的最主要的競爭對手在上個季度的促銷費用和銷售量為基準指數100，依據收集到的情報資料編製了如下的數據表：

城市編碼	促銷費用指數	銷售額指數	城市編碼	促銷費用指數	銷售額指數
1	101	105	8	115	126
2	106	113	9	80	86
3	119	130	10	77	82
4	119	130	11	98	103
5	94	98	12	85	94
6	90	93	13	95	100
7	105	112	14	104	110

表（續）

城市編碼	促銷費用指數	銷售額指數	城市編碼	促銷費用指數	銷售額指數
15	77	82	20	80	90
16	84	90	21	130	116
17	88	95	22	75	101
18	110	121	23	99	91
19	79	84	—		

現在，假定你就是負責數據分析的人員，試進行數據分析並向經理講解促銷指數（相對促銷費）和銷售指數（相對銷售額）之間的聯繫。

提示：

（1）做出這兩個指標的散點圖，並解釋圖形之意義。

（2）考慮選擇何種統計量描述這兩個變量之間的關係？為什麼？

（3）試用迴歸分析描述兩者之間的關係，解釋迴歸係數的意義，檢驗迴歸分析的顯著性，說明決定係數的意義。

第十一章　撰寫調研報告

本章學習目標：
1. 解釋調研報告對整個調研項目的溝通
2. 概括調研報告的格式和各組成部分
3. 討論在調研報告中使用統計圖的重要性
4. 列舉調研報告易犯的錯誤
5. 討論調研報告的撰寫流程
6. 怎樣口頭匯報調研報告

　　市場調研人員如何才能更有效地溝通調研結果？一份「好」報告應包括什麼？撰寫調研報告時應避免哪些錯誤？什麼因素決定使用還是不使用調研報告的發現？以上諸問題將在本章中得到解答。

　　無論調研設計得多麼科學，數據分析多麼恰當，市場多麼能夠具有代表性，問卷調查表達得如何仔細，數據收集的質量控制得多麼嚴格，以及調研本身是多麼與調查目標相一致，如果調研人員不能夠與決策者進行有效的溝通，那麼，這一切努力都將付諸東流。

　　本章首先討論溝通過程，然後深入探討調研報告的組織結構，明確如何高效地撰寫報告。之後討論怎樣促使經理們使用調研結論。另外，由於在市場調研中口頭匯報很常見，所以本章還將包括這方面的討論。

第一節　有效的溝通

　　把諸多數據組織成一份清晰簡潔的市場調研報告，是行銷決策過程中重要的一個環節。如果結果溝通不利，決策者就不能有效地採取行動。

　　撰寫調研報告的目的是有效地傳達我們在調研中的發現。有效的傳達有賴於良好的溝通，良好的溝通是指個體之間能以動作、物質、文字或口語形式傳遞彼此間意圖的過程。

　　溝通的本質在於分享觀念與彼此理解，換句話講，溝通將使兩個或兩個以上個體能夠分享諸如一個動作、一個單詞或一個標誌等概念的意義。

　　完美的溝通或許根本不存在，因此，市場調研人員撰寫調查報告時應把清晰、明瞭作為傳遞信息的目標。現實生活中，有許多因素會影響或阻礙溝通，市場調研人員

向決策者匯報調查結果的過程中，會受到其中一部分因素的影響。

一、噪聲

在溝通理論中，阻礙受眾接收一種信息的任何事物均被稱作噪音。噪音可能是物質形態的，如談話時背景中的機器運轉聲、咳嗽聲、腳步拖曳聲或其他能被注意到的導致注意力分散的物質。噪音也可能是某種心理情結，例如心煩意亂的思考、傾聽時的情緒騷動，甚至包括錯誤的思考過程均是噪音。如果經理人員在傾聽市場調研人員口頭匯報時突然想到公司如何提高生產率等其他無關問題，那麼，我們也說他遇上了一個阻礙溝通的噪音。

二、注意力集中度

每個人的注意力集中的時間都是有限度的。注意力集中的時間長短因人而異，主要取決於個體對話題的興趣、身體條件和意識條件。在向決策者匯報調查結果的過程中，調研人員始終受到注意力集中度的困擾。調研人員習慣於以大量數據資料、成堆的電腦輸出信息匯編而成的信息匯報表格作為工作手段，然而這一切並不一定奏效。因為，也許調研人員對某一特定調研領域可以長時間地集中注意力，而決策者卻習慣於對某一問題在短時間內保持高度注意。因此，儘管調研人員已提供了調研結果、摘要以及其他內容，他仍還需要多吸引聽眾或讀者的注意力而作出努力。

三、選擇性知覺

調查報告撰稿人必須對選擇性知覺有清醒的認識。通常，經理人員及其他報告使用者傾向於「看其所想看」。一位新產品經理也許樂於在測試市場上看到一個較高的最初購買率，卻忽視較低的市場重複購買率。或者，一個經理也許能對調查項目作一般性的評述，但卻忽略了形成結果的樣本的局限性。一個人通常下意識地漏掉其不感興趣的信息，或者和其預想不一致的看法。人們總是傾向於避免敵意、異議和不和諧。由此造成了一種情況：人們總是選擇那些能夠支持其預想觀念的特別信息，或借用某一特定的憑證，而忽視或輕視那些無助於支持其預想的信息。

市場調研人員如何才能克服選擇性知覺、注意力集中度和噪音呢？這些問題很不容易解決，目前還沒有一種萬無一失的辦法來實現完美無缺的溝通。不過，仍有許多可以幫助我們克服這些溝通阻礙的指導方針，我們將在本章后面討論這一問題。

第二節　調研報告格式

撰寫調研報告是為了把精彩的發現、中肯的建議傳達給管理者或其他人。雖然我們一般所說的調研報告指的是文字報告，配合電腦幻燈片進行口頭匯報也是必要的。項目大小不同，所需報告的簡繁程度也就不同。對較小的項目，可能僅需要一個關於調研結果的簡短口頭或文字的報告；而大項目可能涉及許多文本文件、臨時報告和一

份較長的最終的文字報告，和幾個口頭匯報。

本章的內容既針對正規調研報告，也適用於較簡短的、不太正規的報告。我們還詳細描繪了一個調研報告撰寫過程，對於大家很可能遇到的麻煩，我們提出了一些簡單易行的建議，包括幾條組織、撰寫和修改的原則。

調研項目千差萬別，幸好調研報告還是有很多通用的慣例。一般來說一份完整的調研報告包含圖11.1中的部分：

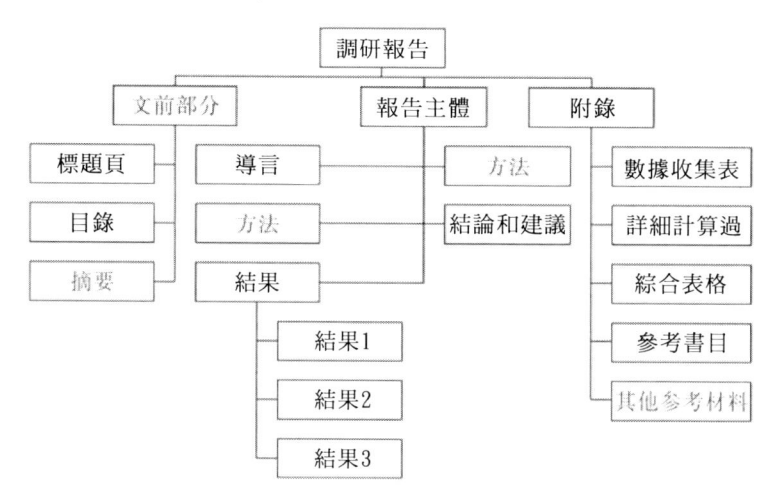

```
                        調研報告
         ┌─────────────────┼─────────────────┐
       文前部分            報告主體             附錄
    ┌────┤           ┌─────┤           ┌──────┤
   標題頁  導言         方法              數據收集表
   目錄   方法         結論和建議         詳細計算過
   摘要   結果                          綜合表格
              ├─ 結果1                  參考書目
              ├─ 結果2                  其他參考材料
              └─ 結果3
```

圖11.1　調研報告結構

在這份標準格式基礎上，你可以根據自己的偏好以及項目規模大小修訂出自己的版本，事實上很多公司都有自己公司的標準調研報告格式，從內容到排版，融入公司視覺識別系統（CI）中，成為其中頗具內涵的閃光點。

一、根據項目規模調整報告格式

上面的標準格式適合大多數正規場合。在組織內部作的大型項目的報告或由調研代理公司為客戶公司所作的調研的報告，通常裝訂上永久型書皮，並且可能有數百頁。

對不太正式的報告，每一部分都較簡短，且有些部分可以省略掉。當項目的規模由大到小變化時，我們可以根據圖11.2（見下頁）來調整標準調研報告格式，只保留精彩的核心部分。就如出席頒獎典禮需要穿燕尾服，好友聚會只需要T恤牛仔即可。

二、報告的各部分

（一）標題頁

標題頁包括報告的標題、報告呈閱人、撰寫報告的人名和發布或上交日期。標題應該是簡要的但是能夠完全表明調研項目的。製作者和接受者的地址和職務也可以包含在內。對最正規的報告，在標題頁之前有標題扉頁，標題扉頁只有標題。

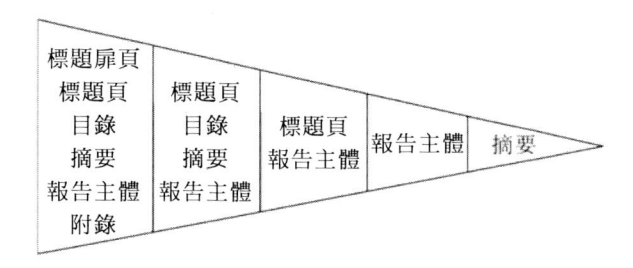

圖11.2　根據項目規模調整報告格式

（二）目錄

目錄對於任何幾頁長的報告都是重要的。它應該列出標有頁碼的報告的章節。目錄是以報告的最終大綱為依據的，但是它只應該包括到節。對較簡短報告只包括章就足夠了。如果報告包含許多圖形或表格，這些列表應該緊接在目錄之後。

（三）摘要

摘要簡要的說明為什麼進行調研項目，考慮哪些方面的問題，結果是什麼，和應該做什麼，它是報告的重要部分。已經有研究得出，大多數經理總是只閱讀報告的摘要，而只有少數經理閱讀報告的其他部分。因此，一個報告撰寫人能起作用的唯一機會可能在摘要中。

摘要應該在報告的其他部分完成後撰寫，它代表報告的精華。它的長度應該是一頁（或者至多兩頁），所以撰寫人必須細心地挑選出什麼是足夠重要的來放入摘要中。注意報告中的不同部分可能被壓縮的比其他部分多——在摘要中的字數與各節的相對長度不成比例。摘要應該被撰寫成自給自足的。事實上，將摘要與報告分開，單獨傳閱摘要也是行得通的。

摘要包含四個部分。第一，陳述報告的目的，包括最重要的背景和項目的特定目的；第二，給出主要結果，與各個目的相關的主要結果也應該被包括在內；第三，給出結論，這些是以結果為依據的觀點，且構造結果所含內容的解釋；第四，以結論為依據給出建議或工作提議。

（四）主體

主體是報告的最大的部分，首先是導言，它陳述項目的必要性和報告目的這兩個背景因素。接著討論研究方法、結果和局限。最后是基於研究結果的結論和建議。

導言一節解釋實施這個項目的原因和目的。相關的背景應該緊接在后面。應該有足夠的對項目是值得實施的原因的解釋，但不必要的歷史背景應該刪除。導言的最后部分解釋項目所要達成的目標。這裡給出的每一個目標都應該在后面的報告中有相應的陳述結果的一節。

主體的第二部分解釋調研方法。這個部分是撰寫的難點，因為技術程序必須根據受眾接收程度進行解釋。本節中的材料可在附錄中給出更詳細的補充，也可以包含一

個技術術語表。報告的這部分應該陳述五個主題：

1. 調研設計

調研是探索性的、描述性的還是因果性的？為什麼這種特定的設計適合這項調研？

2. 數據收集方法

數據是一手資料還是二手資料？數據是通過調研、觀測、還是試驗進行收集？相應的調研問卷冊或觀測表格應該包含在附錄中。

3. 抽樣設計

目標總體是什麼？使用什麼抽樣框？使用什麼樣本單位？怎樣進行抽選？詳細的抽樣計算應該保存在附錄中。

4. 現場調研

使用多少現場工作人員，使用什麼類型的現場工作人員？他們接受什麼樣的培訓和監管？工作核實過嗎？本節對於結果的精確性很重要。

5. 數據分析

這一節應該概括出研究中使用的一般統計方法，但是這裡給出的信息不要與結果相重複。

結果一節將佔有報告的很大篇幅，而這一節以某種邏輯順序，水到渠成地推出研究成果，當然研究成果肯定包含項目目標。這一成果應該令人信服，但不要過度吹噓。應該利用綜合表和圖輔助討論，全面而詳細的圖表應該放在附錄中。

沒有完美的報告，所以指出報告的局限性是重要的。如果有未回覆誤差或抽樣程序的問題，應該對它們進行討論。但是對局限的討論應該避免過分強調缺點。

報告主體的最後部分以研究成果為依據給出結論和建議。此處的結論和建議要比摘要中的更詳細，並且有充分的論證理由。

（五）附錄

任何放在報告主體部分過於技術性或過於詳細材料都應該放在附錄中。這裡包括只對某些讀者感興趣的資料，或與目的沒有直接關係的輔助材料。附錄材料的一些例子是收集數據的表格、詳細的計算過程、高度技術性問題的討論、詳細而全面的結果圖表和一個參考書目。

第三節　有效利用圖形

一圖抵千字。正確地使用圖形輔助工具可以闡明難點或強調一個信息，但是不正確地或粗糙地使用圖形則可能轉移注意力或起誤導作用。有效使用圖形的關鍵是使它們與正文融為一體，指出圖表的主要元素與正文的關聯所在。當然報告撰寫人無需用盡全力解釋一幅一目了然的圖表。

調研報告中經常用到表格、圖形、地圖、圖解等。下面簡要討論最常用的一些表格和圖形的運用規範。

一、統計表

　　表格是給出數值信息最有用的，尤其當討論收集到幾部分關於各條目信息時。表格中的信息用文字敘述的話，要弄懂它會很困難。使用表格允許撰寫人不必陷入細節中就可以抓住重點。再次強調，只有相對簡短的匯總表可以放在報告的主體中，詳細的表格應該放在附錄中。

　　表格的編號：一個表格編號允許從正文到表格的簡單的參考。如果有許多表格，表格的目錄應該放置在緊接內容目錄之後。

　　標題：標題應該指明表格的內容且不看正文就能完全識別。既然表格是從上到下閱讀，表格編號和標題通常放置在表格上方。

　　列標題和行標題：列標題包括表格各列的標題，行標題包括各行的標題。

　　腳註：對特定表格的條目或部分的任何解釋或條件應該在腳註中給出。

　　來源：如果一個表格是以二手來源的資料為依據的，不是以本項目產生的新數據為依據，數據來源應該進行標註，通常位於表格的下面接在腳註后面。

二、統計圖

　　統計圖將複雜的數值信息轉化成人類擅長的圖像信息，當然數字的精確度有可能被減弱。各種統計圖應該包括下列內容：

　　圖形的編號：統計圖（和其他的解釋性資料）應該進行與表格不同的序列編號。編碼允許容易地從正文到圖形的參考。如果有許多圖形，圖形的目錄應該放置在緊接內容目錄之后。

　　標題：標題應該指明圖形的內容且獨立於正文的解釋。圖形的編號和標題可以放置在圖形上方或下方。

　　圖例說明：應該為圖形給予足夠的解釋使讀者不必參考相應的正文。這樣的解釋應該包括坐標軸的標記、標尺刻度、關鍵是對被繪製的不同量等。

　　來源和腳註：任何數據的二手來源都應該被標出。雖然圖形使用腳註不如表格常用，如果需要用腳註解釋條目，也可以使用。

第四節　調研報告的撰寫過程

　　撰寫報告的第一步是擬訂大綱，大綱規劃報告內容的順序並劃分主要章節層次。第二步是撰寫初稿。撰寫初稿的關鍵是抑制「自我批評」。最后，修改初稿，可能需要修改幾遍才能得到最終的定稿。修改的關鍵是站在報告閱讀者的角度，使報告具有客觀性。應遵照可讀性、正確性、適應性和思想性四個準則進行修改。下面重點談一下如何撰寫初稿和修改初稿（圖11.3）。

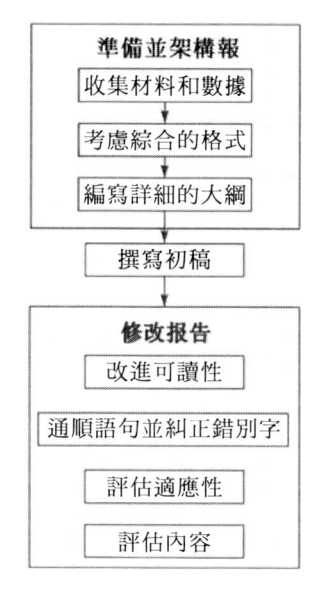

```
┌─────────────────────┐
│    準備並架構報      │
│  ┌───────────────┐  │
│  │ 收集材料和數據 │  │
│  └───────┬───────┘  │
│  ┌───────▼───────┐  │
│  │ 考慮綜合的格式 │  │
│  └───────┬───────┘  │
│  ┌───────▼───────┐  │
│  │ 編寫詳細的大綱 │  │
│  └───────────────┘  │
└──────────┬──────────┘
       ┌───▼────┐
       │ 撰寫初稿 │
       └───┬────┘
┌──────────▼──────────┐
│      修改報告        │
│  ┌───────────────┐  │
│  │  改進可讀性   │  │
│  └───────────────┘  │
│  ┌───────────────┐  │
│  │通順語句並糾正錯別字│  │
│  └───────────────┘  │
│  ┌───────────────┐  │
│  │   評估適應性   │  │
│  └───────────────┘  │
│  ┌───────────────┐  │
│  │   評估內容    │  │
│  └───────────────┘  │
└─────────────────────┘
```

圖 11.3　報告撰寫過程

一、撰寫初稿

下面是對撰寫初稿一些有益的建議：

（1）為正式寫作留出完整的、沒有人打擾的時間段，關掉電話。

（2）利用零星時間勾畫提綱，思維導圖是勾畫提綱的最佳工具，也是進入寫作狀態的極佳工具。

（3）如果你要口頭匯報調研報告，那麼在撰寫報告之前先完成幻燈片初稿，報告初稿完成后再修改幻燈片。

（4）最先寫你最有把握的部分。

（5）摘要和導言是最困難的部分，最后再寫。

（6）把腦子裡的任何東西直接寫出來，不要管連不連貫，千萬不要修改。

（7）如果你說起來滔滔不絕，寫起來却惜墨如金，那麼把初稿「說」到錄音機裡，再根據錄音整理成書面文字。

二、修改初稿

有效修改的關鍵是站在報告閱讀者的角度，使報告具有客觀性。在撰寫初稿時，你面對的挑戰是抑制自我批評的衝動；在修改中，你面對的挑戰是把初稿當成別人（最好是對手）寫的。「這是我的，修改它就是打我自己的耳光」之類的想法是修改初稿的敵人。修改初稿之前最好先把它在旁邊放一兩天，甚至放一兩個小時也有助於你站遠一點來看報告。另一個建議是請別人看你所寫的報告，但不要告示他們那是你寫的，鼓勵他們大膽提意見。

怎樣進行修改？從可讀性、正確性、適應性和思想性四方面著手即可。

(一) 可讀性原則

可讀性原則涉及作品表達得清楚與否。調研報告的寫作體裁應該是透明的，使內容清晰且決不引起對它的注意。當讀者將注意力集中在所說內容的方式上時，他們就不再注意所說的內容是什麼了。按照讀者的需求編輯報告。對明顯的內容做過分冗長的討論或分析會侮辱讀者。在報告涉及的領域裡，讀者通常瞭解得比撰寫人少，語言的使用應該適合。

最難克服的一個語言問題是不適當的使用行話，行話相當於術語，在懂得它的人之間，它使溝通迅速清楚。但是，當對外行說或寫時，行話妨礙理解。如果一份報告是針對沒有適當技術背景的受眾，應該對技術術語進行翻譯或在對術語進行清楚的定義後使用。

就句子而言，要注意句子長度，技術性段落的平均句子長度應該縮短，在段落層次上，每一個段落應該有其唯一的主題。在第一個句子中陳述主題將有助於撰寫人將思想集中在這一段落上，也有助於讀者抓住主要思想。應保持合理的長度段落。

導言應該陳述報告的目標和如何達到它。主體應該遵照導言中安排的計劃，結論應該給出已經達到的目標。就像在報告的開始給讀者一幅較簡略的地圖，然後放置路標和指示牌，最后當報告結束時，告訴讀者目的地已經到達。

(二) 正確性原則

正確性是報告被接受的必要條件，但是它不能充分保證報告一定被接受。如果一份報告滿是錯別字，標點符號標註混亂，甚至語句不通，即使它的新發現的內容具有震撼力，也沒有人理會。

正確的格式同樣重要。許多公司都有標準的報告格式。在那樣的情況下，撰寫人應該遵循格式或使它適合個人報告。這裡的另一個考慮是諸如頁邊的空白、各節的標題的格式、圖形和表格的標題等元素的「正確性」。這裡也包括整潔和準確的打字等因素。許多撰寫人忽視這些事情，寄希望於他們的秘書、打字員或校對來處理。打字員和秘書當然是不可缺少的，但是撰寫人在為最后打字準備草稿、給出指示、校對和檢查最終的成品時，也需要注意這些因素。最終，撰寫人而非秘書的名字將寫在報告上。

(三) 適應性原則

適應性原則指的是報告的「語氣」，它反應撰寫人對報告和報告閱讀者的態度。調研報告通常寫給撰寫人所在組織的上級或其他組織的客戶。在給上級的報告中，撰寫人應避免明顯的奉承，不然會讓人懷疑報告的客觀性。給外面客戶的報告，撰寫人需要意識到報告代表撰寫人所在組織，應給予客戶應有的尊重，要適應客戶的需要，適應所要做的決策而非撰寫人最熟悉的技術問題。

(四) 思想性原則

思想性原則將重點從形式轉移到內容。如果準備不充分，項目超出調研人員的能力，報告的分析太少，或者論證有誤，那麼這份報告必須在正式提交之前徹底修改！

三、調研報告中容易出現的問題

撰寫調研報告的過程中會遇到一些常見的錯誤。對此，我們應牢記並在寫作過程中盡量避免。

(一) 篇幅不代表質量

調研報告中常見的一個錯誤觀點是：「報告越長，質量越高。」通常經過了對某個項目幾個月的辛苦工作之後，調研人員已經全身心投入，並試圖告訴讀者他所知道的與此相關的一切。因此，所有的證明、結論和上百頁的打印材料都被納入到報告當中，從而導致了「信息超載」。不過很難說服一名年輕的調研人員相信大多數經理人員根本不會通讀全部報告。事實上，如果報告組織得不好，這些經理或許根本連看都不看。總之，調研的價值不是用重量來衡量的，而是以質量、簡潔與有效的計算來度量的。

(二) 解釋不充分

某些調研人員只是簡單地重複一些圖表中的數字，而不進行任何解釋性工作。儘管大多數人能夠讀懂圖表，但如果某一頁有統計圖表而未做出任何解釋，讀者就會疑惑為什麼在這兒會有圖表？

(三) 偏離目標或脫離現實

在報告中堆滿與調研目標無關的資料是報告寫作中的另一常見毛病。讀者想知道的是，對行銷目標來說調研結果意味著什麼？現在能達到目標嗎？是否需要其他資源？產品或服務是否需要重新定位？不現實的建議同脫離目標的結論一樣糟糕。對每一個市場都增加一萬元的促銷費用也許已超過了公司的財務能力。

(四) 過度使用定量技術

一些報告的撰寫者會因「泡沫工作」而感到慚愧。所謂「泡沫工作」是指通過高技術手段和過度使用定量技術而完成的一種報告。有時，廣泛使用多樣化的統計技術卻是由於錯誤的目標與方法導致的。一個非技術型行銷經理往往會拒絕一篇難以理解的報告。

(五) 虛假的準確性

在一個相對小的樣本中，把引用的統計數字保留到兩位小數以上常會造成或毫無理由的對準確性的錯覺或虛假的準確性。例如，「有 68.47% 的被調查者偏好我們的產品」這種陳述會讓人覺得 68% 這個數是合理的。讀者會認為，調研人員已經把數字保留到 0.47%，那麼 68% 肯定是準確無誤的了。

(六) 調研數據單一

某些調研人員把過多精力放在了單一統計數據上，並依此回答客戶的決策問題。這種傾向在購買意向測試和產品定位中時常見到。測試的關鍵點在於購買意向，如果「確實會買」和「也許會買」的人加在一起達不到預想的標準，比如說 75%，那麼這種產品概念或測試產品就被放棄了。但在產品定位的問卷調查中可能包含著 50 個用以

獲取定位信息、市場細分資料和可預見的優劣勢的問題。然而，所有這些問題都從屬於購買意向。事實上，並不能根據某一個問題決定取捨，也不存在某一個預先確定好的一刀切的標準。過度依賴調研數據有時會錯失良機，在某些情況下會導致行銷錯誤的產品。

(七) 資料解釋不準確

調研人員有義務對目標做出正確的解釋，但有時也會出現失誤。例如，在不精確的數據分析中，比例分析就是比較容易出現的一種。調研人員測試咖啡產品「A」和「B」，當用 -2、-1、0、+1 和 +2 的分值衡量從「非常苦」到「一點都不苦」的五個等級時，A 產品的平均得分是 1.2，B 產品是 0.8。前者減去後者，然後計算一個簡單的百分比，結果是「B」要比「A」苦 50% 以上。

但如果使用不同的權數，又會出現另外一種情況。假設 1～5 代表上面所指「非常苦」到「一點都不苦」的程度，「A」的得分為 4.2，「B」為 3.8，在同樣的受調查者、同樣的咖啡和同樣的調查問卷的條件下，卻得出不同的百分比差異，即僅有 11.5%。那麼現在看起來咖啡 B 還不算太壞。

現在第三次來看同樣的資料。此時，調研人員使用 1～5 級別，但改變了順序，「一點都不苦」現在是 1，而「非常苦」等於 5，這就使咖啡「B」的得分為 2.2，咖啡「A」的得分為 1.8，那麼其差別的百分比僅為 18.2%。

要想準確地解釋問題，報告撰寫者必須熟悉比率假設、統計方法，並瞭解各研究方法的局限性。

(八) 虛張聲勢的圖表

一圖抵千言，但一張糟糕的圖不僅毫無用處；而且還會產生誤導。它也許是藝術化、絢麗多彩和引人注目的作品，但卻不能支持我們的論點。圖表能使事實形象生動，但有些圖表卻過於眼花撩亂了，這類圖表稱作虛張聲勢圖。

作一個虛張聲勢的圖表很容易。畫出一張正確的圖，把底下部分切掉，在左側的縱向部分加入一些凸出和凹進，暗示這部分沒有結束。這時，進行任何向上或向下的移動，都會使圖看上去更舒服。

第五節　讓調研報告真正發揮作用

對於有些項目來說，調研報告完成了，每個參與者獲得了應有的報酬，整個事情就結束了，之後沒有任何人再提起它。這是一個乾淨利落的結局，也是一個可悲的結局！因為這樣的調研項目只有唯一的作用，那就是寫出一份報告，然后束之高閣。

一、怎樣讓調研報告真正發揮作用

絕大多數的行銷經理都相信市場調研是非常有用、非常有價值的，但他們又表示他們所見到的大多數報告並沒有給他們提供所需要的信息。

公司要從它的調研團隊那裡得到什麼？我們從決策審計工作開始來尋找答案。

在調研人員能改變現狀之前，他們應該瞭解他們過去所做的項目對企業產生了什麼影響。每個報告都做了哪些決策，為此發生了多少成本？做出了哪些建議，其中又有哪些被採納了？這些問題的答案可以使人們清楚組織是怎樣運作的，以及它對調研工作的重要性。

（一）行動說明

除了諸如「去開拓」「去決定」「去瞭解」之類的含糊用語之外，每份調研建議都必須說明調研的原因。在顧客導向性組織中，調研目標就是「決策」。調研人員還必須確定用於決策的標準，調研中的每項行動都必須與這些標準直接相關。這些可以讓調研部門與管理部門聚集起來共同討論可能的行動系列與各項行動的決策標準。

（二）行動建議

每份報告都要包括行動建議。在研究型組織中，他們的調研報告包含了大量的數據，但沒有行動建議。事實上，研究型組織的報告的第一部分通常就是方法的討論，而這卻是委託商最不感興趣的方面。他們的報告也許會談到顧客想什麼，感覺到什麼，但卻避開了最基本的——需要去做什麼。

（三）研究的匯報

僅靠40頁報告中的摘要並不能有效地影響決策者。在辦公室之間以郵件形式發出報告的方式應該被淘汰。我們應該把主要人物集合起來，一起對調研結果進行逐項檢查。這為提出意見、探討以後的措施提供了機會。

（四）成功秘訣

要讓高層管理者參與到調研中來。通常來說，他們最能接近顧客的方式就是一份書面報告或一次正式的口頭匯報。如果能實現經理與顧客之間面對面的溝通，這無疑有利於建立正確的觀念和戰略。

二、決策者是否會採用調研報告

本章到目前的討論都集中在如何完成一份調研報告上，所強調的重點不僅是寫一份報告，而且是一份能有助於管理者做出管理決策的報告。也就是說，調研結果是管理者願意採納的。現在，我們來轉換一下情境，把你假設為調研報告的使用者。

你是否會採用一份市場調研的決定將最終歸結於一點——質量。報告的質量取決於製作報告的一步步過程的質量。要正確評價一份調研報告的質量，必須要回答以下一些問題：

(1) 問題是否得到了正確的界定？
(2) 調研的設計對眼前的問題是否有針對性？
(3) 是否選用了最好的調研方法來解決問題？
(4) 使用的抽樣程序正確嗎？
(5) 收集資料的方式是否合理、及時？

（6）分析資料時所使用的分析工具正確嗎？
（7）從統計資料結果推出結論的過程符合邏輯嗎？
（8）建議是從結論的基礎上合乎邏輯地推出的嗎？

如果以上問題均能得到肯定、確實的回答，那麼你就可以放心地按調研結果行動了。

三、口頭匯報

大多數客戶都希望能聽到調研報告的口頭匯報。這種匯報可以達到多重目的。它可以將多個有關群體聚集在一起，使其熟悉調研目標和調研方法；還可能從中發現一些意外的新發現。最重要的是，它能突出強調調研結論。事實上，對公司的某些決策者來說，口頭匯報是瞭解調研結果唯一的途徑。因為他們幾乎從不閱讀文字報告。其他一些經理也許會在聽取口頭匯報的基礎上，只是瀏覽一下書面報告來驗證自己的記憶力。總之，口頭匯報是實現有效溝通的重要一環，以下我們推薦四種用於口頭匯報的輔助材料。

（一）匯報提要

每位聽眾都應該有一份關於匯報流程（主要部分）和主要結論的提要。需要注意的是，這份提要中不應出現統計資料或圖表，同時應預留出充裕的空間以利於聽眾記錄或評述。

（二）輔助工具

最常見的視覺輔助工具是電腦和投影機。依靠這些現代化手段，可以有效地展示顯示圖表。調研人員能根據聽眾提出的問題，展示出「如果……那麼」的假設情況。摘要、結論和建議也應製作成可視材料。

（三）摘要

每名聽眾都應有一份摘要的複印件（最好在幾天前就發出），這樣可以使經理們在聽取口頭匯報前就能思考所要提出的問題，使匯報中的討論更熱烈、更有收穫。

（四）最終報告的複印件

調研報告是調研結果的一種實物憑證。調研人員在口頭匯報中省略了報告中的許多細節。作為對此的補充，在口頭匯報結束時應準備一些報告複印件，以備對此感興趣者索取。

（五）進行口頭匯報

有效的口頭匯報應以聽眾為核心展開。匯報者不僅要充分考慮聽眾的偏好、態度、偏見、教育背景和時間因素，而且還應注意相關的詞語、概念，對不易理解的數字進行解釋。良好的口頭匯報應在匯報最後留出時間供聽眾提問，並對此開展討論。

口頭匯報失敗的原因之一或許在於，沒有充分理解本章開始所列舉的阻礙有效溝通的因素；原因之二是，沒有意識到或不承認調研報告的目的在於說服。這當然不是

說要歪曲事實，而是應用調研的發現來強化調研的結論和建議。

在準備口頭匯報的過程中，調研人員應時刻注意以下幾個問題：
(1) 數據的真正含義是什麼？
(2) 它們有什麼影響？
(3) 我們能從數據中獲得些什麼？
(4) 在現有的條件下，我們應做些什麼？
(5) 將來如何才能進一步提高這類研究水平？
(6) 如何能使這些信息得到更有效的運用？

本章小結

撰寫報告是調研項目的最后階段。因為只有調研結果被有效地溝通后，項目才能影響管理決策，所以有效地撰寫並匯報調研報告非常關鍵。

溝通的實質是分享觀念。有許多因素會影響或阻礙有效的溝通，這些因素包括噪音、有限的注意力集中度和選擇性知覺。

調研報告的通常格式包括一些文前部分、報告主體部分和附錄部分。報告的格式應該按照具體項目情況進行增減。一份正式報告的文前部分包括一個標題頁、目錄和摘要。摘要是報告中閱讀最頻繁的部分，它應該包括一個對調研的目的、結果、結論和依據的調研環境、建議的簡要陳述。報告的主體包括闡明背景和目標的引言、方法的陳述、結果的討論、它們的局限和水到渠成的結論和中肯的建議。附錄包括各種放在報告主體過於專業的材料。圖形圖表的有效使用可以增強報告的表現力。

在撰寫報告的過程中會出現一些常見的錯誤。篇幅並不必然地代表著質量。只是一味地重複圖表中的數字會降低你報告的質量。而且，調研報告應多次提到調研目標。報告中還應保證足夠的資料解釋。

行銷經理能使用並且合理地使用調研信息是十分重要的。市場調研人員必須瞭解經理們是如何思考的，以及可能妨礙信息使用的因素。

口頭匯報需要借助以下四種輔助材料：匯報提要、視覺輔助、執行性摘要、最終報告的複印件。有效的口頭匯報應該能夠識別聽眾的特點，並努力去滿足聽眾的要求。

思考題

1. 影響有效溝通的因素有哪些？試舉例說明。
2. 調研報告中常見的錯誤有哪些？請就每種錯誤舉例說明。
3. 對結果、摘要、結論和建議進行區分。
4. 討論調研報告的各個組成部分。
5. 列出評價一份報告的標準，並就每條標準舉例說明。

6. 為了保證口頭匯報的成功要採取哪些措施？

案例分析　　　　　　某大學優先運動項目調查報告

下面的這份報告是由某大學的一組市場調研專業高年級學生做的（本報告的相關附錄在此未給出）。

摘要：

本項研究的目的是確定本大學的學生對非收益性運動項目的態度。非收益性運動項目包括了除男子足球和籃球以外所有的大學生運動項目。為了深入探討這個問題，我們採訪了大學的前任總教練，現任體育科學院專家李博士。李博士提供的信息、調研團隊成員的意見以及二手資料都是我們的假設得以形成的基礎。

我們選擇了一份調查問卷作為資料收集的工具。在時間和費用限定的條件下，這最終被證實是一種最有效的方法。每個成員按問卷向被調查者當面提問，並把答案記錄下來。

在調查中，我們使用了一個包括120名大學全日制學生的分層隨機樣本。選取這個樣本數量，是為了保證每個層面都能有相同數量的學生。

我們的調查中有幾點局限和不足。

我們運用計算機技術把調查結果製成表格。特別要提到的是一種用於社會科學研究的統計軟件包。這個軟件包是專為頻率表、交叉表格、區別性分析等分析計算功能而設計的，而這些計算功能都是有利於解釋我們的調研結果的。

我們將在報告的總結部分討論這項研究的結果和某些支持性建議。

介紹：

由於最近的立法規定要求平等地對待男女運動項目，因此，大學體育社團面臨的在男女運動項目中合理分配資金的壓力日趨增加。為了更公平合理地分配資金，最後就必須淘汰一些非收益性的運動項目。但是，一旦討論到應該淘汰哪一項運動，決策是應由體育部獨立做出還是應該考慮學生意見時，問題和爭論就出現了。

背景：

為了拓寬我們對於這個主題的瞭解，我們決定進行各種形式的二手調研。事實證明，這種描述性的研究對我們的課題是非常有用的。

對李博士的採訪給我們小組提供了與我們課題相關的背景信息。對相關主題資料的分析也增加了我們在這方面的瞭解。這些信息資料的整合為我們提供了如何設計這項研究的框架構想。

意義：

這項研究的意義在於它給大學體育部提供了學生對優先性運動項目的態度等有關信息。我們提供的這些信息在體育部決定應淘汰哪一項運動項目時是十分有用的。在做這項決策時首先應該考慮學生的意見。

目標：

這項研究的首要目標是確定學生對非收益性運動項目的態度。尤其是：

. 評價各項運動的標準（輸—贏、費用、收益）；

. 各項運動的參與情況；

. 支付入場費的意願。

第二個目標是要確定，額外的收入來源與更有效的媒介宣傳配合是否會有益於一些「小」運動項目的保留（小運動項目是指除足球和男子籃球以外的其他項目）。

方法：

（1）對象界定。我們秋季在校的大學全日制學生中選取樣本，其中不包括入校少於45小時的新生和各種類型的UGA體育部會員。這種限制將把一批學生排除在外，他們或對小運動項目的認識和接觸有限，或由於加盟體育部而對某種運動項目有極端的偏好。

（2）樣本框架。在研究中，我們從秋季在校的大學的全日制學生中選取樣本。

（3）抽樣方法。樣本包括對120名學生的個人訪談。我們依據性別和班級對樣本進行層次劃分樣本中大約有60名男生和60名女生。這兩組又進一步被分為相同人數的二年級學生、三年級學生和四年級學生（每一年級有20人）。我們是以簡單隨機樣本為基礎來組織人員訪談的，同時我們也意識到這個樣本的代表性並不強。

（4）樣本規模。由於時間和費用等各種限制，我們把樣本的規模選定為120名，這個規模也使我們能在每個層次上取得相同數目的被調查者。

（5）抽樣規劃。我們在校內校外選擇了多個調查區域來做調查。選擇這些地區是為了盡可能地提高樣本的代表性。因此，我們在校內和校外選取了相同數目的調查對象。這樣，調研結果就不會過多的偏向於學校或任何校外居住區。

假設：

本項研究做出以下假設：學生願意通過參與或付費觀看來支持「小」運動項目。因此，學生對於制定發展運動項目標準的意見是重要的，應予以充分考慮的。

資料收集的技術：

人員訪談是我們用來收集所需資料的最佳方式。在研究受到各種限制的條件下，它也是我們的唯一選擇。

第一種約束是，我們要在訪談中使用視覺輔助工具。這就排除了電話訪談和信件式問卷調查等調查技術。另一種限制是對訪談時間的限制。這減少了我們對資料收集方式的選擇，因為冗長的郵寄調查問卷的回覆率是很低的，人們也很少願意接受長時間的電話訪談。

問卷設計：

我們以在背景調查中獲得的信息為基礎來設計問卷。當決定哪類問題最適於我們所需信息時，我們也常使用個人的經驗判斷。

在設計問卷格式時，我們採用了標準化的程序。問卷以一般性問題開始，隨著問卷的深入引出更具體的問題，最後是幾個人口統計特徵的問題。

問卷中大部分是二項選擇或判斷對與錯的問題。問卷中也有一些多項選擇題，但它們不是主要形式。

事先檢測：

我們就調查問卷請各位調研員做了事先檢測。將他們的意見收集起來並進行討論：問卷要做怎樣的改進，有沒有過於關注和相互矛盾的內容，問卷的整體質量怎麼樣。討論之後，我們把最初的那份問卷整理成一份更有效、內容更豐富的問卷。

事實證明，這種方法對於消除問卷中的許多瑕疵是有很大作用的。經過事先檢測，一份最終的問卷設計出來並得到了大家的認可。

收集程序：

人員訪談採用了每人一份問卷的形式，因此被調查者的回答可以直接記錄在問卷上。在調研過程中，我們還使用了各種形式的卡片等視覺輔助工具來幫助被調查者回答問題。

局限性：

任何一項調查研究都難免會遇到一些限制。我們的研究也不例外。時間的緊迫性是一項最大的限制，因為要在10周內完成一項內容廣泛的調查並非易事。

缺少資金支持也限制著我們的研究。如果能取得更多的資金支持，那麼我們就可以擴大研究範圍（樣本規模）。那樣，研究結果也就更有代表性了。

本項調查和許多調查一樣，無法避免調研員的偏差。由於開放性問題涉及探測性技術，因此可能強化調研員的偏差。但是，我們的研究中沒有任何開放性問題，從這方面看，我們減少了調研員偏差對研究的影響。

我們此次調查的主要局限在於選擇了一個缺乏代表性的樣本。在時間和費用受到限制的情況下，限制樣本規模是必要的。不過，樣本規模的限制也破壞了它的代表性。

項目評價與審核技術圖：

為最有效地利用現有的資源，我們根據研究項目製作了一份PERT圖。

頻次分析數據：

頻次分析的結果揭示出許多有啓發性的事實。在120名學生中，我們發現有82.5%的人認為均衡的運動項目對他們的教育是有益的。

在與運動認識有關的問題中我們發現，學生對於女子排球和女子籃球這兩個項目瞭解甚少。而其他11項運動項目都多少有一批愛好者。

分析還表明，與男子網球、男子壘球、女子籃球等項目的參與程度相比，男女越野跑、女子排球和女子長跑的愛好者是極少的。由此可以假設，對一項運動項目缺乏認識會影響到人們對這項運動的參與。

學生對男女網球、男子籃球和男女體操等項目有很強的支持傾向（願意支付入場費），而其他項目或許也會得到支持，但支持率都要低得多。這項分析表明，這些運動項目有可能成為收益性運動項目。

最有效的媒介形式是朋友，有49.2%的學生說他們是從夥伴那裡瞭解到事件、日期和時間的。報紙被列為第二大媒體（28.3%），但是結果顯示，報紙並沒有預期的那麼有效。也許通過報紙來加大廣告宣傳可以使一些運動項目受益。

學生願意淘汰的運動項目第一是女子排球，第二是男子越野跑，第三是女子越野跑。學生評價一項運動項目的標準首先是輸贏紀錄，其次是參與的人數，然後是費用、

收益和運動員人數。

樣本結構分析：

在120名大學生的樣本中，48.3%的是男生，51.7%的是女生。在樣本的年級層次構成中，18.3%的是二年級學生，29.2%的是三年級學生，35.8%的是四年級學生，其他學生占16.7%。在樣本的居住區層次構成中，54.2%的學生居住在校外，34.2%的學生住在校內宿舍，11.7%的學生住在大學生聯誼會裡。

問題：

1. 請評述報告。
2. 如何才能改進這項調查的質量？

國家圖書館出版品預行編目(CIP)資料

市場調查(第二版) / 劉波 主編 . -- 第二版.
-- 臺北市：崧燁文化，2018.08
　　面　；　公分
ISBN 978-957-681-555-3(平裝)
1.市場調查
496.3　　　　107014211

書　　名：市場調查(第二版)
作　　者：劉波 主編
發行人：黃振庭
出版者：崧博出版事業有限公司
發行者：崧燁文化事業有限公司
E-mail：sonbookservice@gmail.com
粉絲頁　　　　　　　網　址：
地　　址：台北市中正區重慶南路一段六十一號八樓815室
8F.-815, No.61, Sec. 1, Chongqing S. Rd., Zhongzheng Dist., Taipei City 100, Taiwan (R.O.C.)
電　　話：(02)2370-3310　傳　真：(02) 2370-3210
總經銷：紅螞蟻圖書有限公司
地　　址：台北市內湖區舊宗路二段121巷19號
電　　話：02-2795-3656　傳真：02-2795-4100　網址：
印　　刷：京峯彩色印刷有限公司（京峰數位）
　　本書版權為西南財經大學出版社所有授權崧博出版事業有限公司獨家發行
　　電子書繁體字版。若有其他相關權利及授權需求請與本公司聯繫。

定價：400 元
發行日期：2018 年 8 月第二版
◎ 本書以POD印製發行